番茄糖代谢调控研究

崔 娜 著

科学出版社

北 京

内 容 简 介

番茄是世界上最重要的蔬菜作物之一。蔗糖是番茄的光合运转糖,蔗糖代谢直接影响番茄的产量和品质。研究蔗糖的代谢规律及其调控机理,对利用调控手段促进果实糖分积累、改善果实品质具有重要意义。本书主要介绍了番茄果实生长发育过程中蔗糖代谢的时空变化规律、生长素和茉莉酸在番茄糖代谢中的调控作用及内部调控因子 14-3-3 蛋白在糖代谢中的作用,并构建了 14-3-3 基因的过表达和沉默载体,分析遗传转化番茄后对番茄生长发育的初步影响。

本书可供蔬菜学、植物学、植物生理学、生物化学、分子生物学等专业科研工作者、教师和研究生参考。

图书在版编目(CIP)数据

番茄糖代谢调控研究 / 崔娜著. —北京:科学出版社,2018.6
ISBN 978-7-03-057920-1

Ⅰ. ①番… Ⅱ. ①崔… Ⅲ. ①番茄-代谢-研究 Ⅳ. ①Q945.1

中国版本图书馆 CIP 数据核字(2018)第 127227 号

责任编辑:丛 楠 张静秋 / 责任校对:樊雅琼
责任印制:赵 博 / 封面设计:蓝正设计

科 学 出 版 社 出版
北京东黄城根北街 16 号
邮政编码:100717
http://www.sciencep.com

北京厚诚则铭印刷科技有限公司印刷
科学出版社发行 各地新华书店经销

*

2018 年 6 月第 一 版 开本:787×1092 1/16
2025 年 1 月第二次印刷 印张:11 1/2
字数:260 000

定价:79.00 元
(如有印装质量问题,我社负责调换)

前　言

　　番茄是世界上最重要的蔬菜作物之一。番茄作为一种肉质性果实，是研究果实发育和成熟的理想模式材料。长期以来，植物果实品质的调控一直是研究重点，其中高糖番茄更是品质调控研究的热点。蔗糖是番茄的光合运转糖，蔗糖代谢直接影响番茄的产量和品质。研究蔗糖的代谢规律及其调控机理对利用调控手段促进果实糖分积累、改善果实品质具有重要意义。

　　本书是作者率领研究团队对番茄糖代谢调控长达 15 年的研究成果总结。全书分为 6 章，第 1 章绪论部分主要介绍了国内外的研究进展，第 2 章介绍了番茄果实发育过程中糖代谢的时空变化规律，第 3 章归纳了生长素在番茄果实糖代谢中的调控作用，第 4 章利用突变体研究了茉莉酸在番茄糖代谢中的调控作用，第 5 章主要介绍了番茄内部调控因子 14-3-3 蛋白对果实糖代谢的调控作用，第 6 章介绍了番茄遗传转化体系的优化，及番茄 14-3-3 基因 *TFT1* 和 *TFT10* 的克隆及遗传转化。

　　本研究得到了辽宁省公益基金、辽宁省教育厅项目基金、沈阳市科技局项目基金、沈阳农业大学博士后基金、沈阳农业大学青年基金等的大力支持。本研究团队已经在 SCI 期刊和中文核心期刊上发表了与本研究成果相关的论文 47 篇。

　　参与本研究的有：沈阳农业大学生物科学技术学院范海延和于洋老师，发育生物学和植物学专业的硕士研究生王卫平、郭彩杰、于志海、任婧祺、韩明利、王利、赵晓翠、于广超、王楠、张凯悦、张佳楠、朱伟伟、宋宇、张杨、姚佳羽、张彤彤、商亦聪、庞舒予、仇聪等。值此出版之际，向所引用文献的作者和参加研究工作的同事、研究生一并表示诚挚谢意。

　　由于研究者水平所限，所取得的成果是有限和初步的，许多方面还有待进行更为系统和深入的研究，不足之处亦必颇多，恳请同行、专家、学者批评指正。

著　者

2017 年 12 月于沈阳

目　录

目　录　iii

第1章　　　　　　　　绪　论

1.1　研究目的与意义

番茄（*Solanum lycopersicum*），又称西红柿、番柿，起源于热带、亚热带地区，属茄科（Solanaceae）茄属（*Solanum*），是世界上最重要的蔬菜作物之一。番茄作为一种肉质性果实，被视为研究果实发育和成熟的理想模式材料。长期以来，植物果实品质调控一直是研究的重点，其中高糖番茄更是品质调控研究的热点。提高果实品质不仅具有重要的商业意义，也是了解果实生长发育过程和营养物质积累、代谢的重要组成部分。

糖积累是果实品质形成的关键，果实中糖的组成与含量是决定果实品质的重要因子。糖是果实生长发育的物质基础，与果实发育密切相关。果实中糖的种类及比例也直接关系到果实的甜度和风味。蔗糖代谢是果实糖积累、转化的重要环节。在番茄栽培过程中，水分胁迫、盐胁迫等逆境可以提高果实的糖含量，但都以牺牲产量为代价。很多研究发现，普通栽培型番茄（*S. lycopersicum*）果实成熟时蔗糖含量远低于近缘野生种'克梅留斯基'番茄（*S. chmielewskii*），但机理尚不清楚。

高糖浓度可以提高番茄果实的整体口感和风味，蔗糖的积累对提高番茄果实可溶性固形物有更大的效率。蔗糖是源-库叶片光合同化物的主要运输形式，其运输和代谢在果实发育和物质积累中起关键作用。

目前已明确有三类关键酶参与蔗糖代谢，即转化酶（invertase，Inv）、蔗糖合成酶（sucrose synthase，SS）和蔗糖磷酸合成酶（sucrose phosphate synthase，SPS），Inv 和 SS 主要催化蔗糖的分解，而 SPS 是蔗糖合成途径中的一个重要控制点，它的活性直接反映了植物体内蔗糖合成的能力，并且是植物光合产物向蔗糖和淀粉分配的关键调控点。

调控果实生长发育和糖积累的因子主要有内在的遗传因子、外在的自然因子和栽培措施，外在因子主要有高温、低温、干旱等逆境，均能通过影响糖代谢关键酶的活性和基因表达从而影响糖的积累和代谢，但不能改变果实中糖的组分。

内部因子主要有内源激素、转录因子和"看家蛋白"。与糖积累直接相关的酶 SPS 活性的变化和基因表达也受内外因素的调控，外界因素主要受环境条件改变的影响，而内部因素主要受可逆磷酸化修饰的影响。SPS 蛋白普遍存在 3 个磷酸化位点，分别为 14-3-3 蛋白特异结合位点、光调控位点及渗透胁迫激活位点。其中 14-3-3 蛋白是一种非常重要的小分子调节蛋白，能够与多种靶蛋白相互作用来调节靶蛋白活性，也是重要的信号分子。其对细胞的多种生理过程均有重要调节作用，如可作为碳、氮代谢的重要调控因子，通过与蔗糖磷酸合成酶、硝酸还原酶等的相互作用来调控糖、氨基酸等物质的生物合成。

研究蔗糖的代谢及其调控机理不仅对人们利用调控手段促进果实糖分积累、改善果实品质具有重要的理论意义，也为利用基因工程改良调控植物光合产物的分配和积累开拓了新思路，因此，研究糖代谢及调控至关重要。

1.2 国内外研究进展

普通番茄是一种世界性经济作物，也是目前我国设施园艺生产的主要栽培种类之一。

植株通过叶片光合作用制造有机物供给自身生长发育需要。净光合作用形成植物体几乎所有的干物质。光合物质生产能力强，意味着植株有较高的生物产量。从较高的生物产量变成较高的经济产量，其中就存在一个同化产物的运输与分配问题。干物质在植株各器官间进行合理地运输分配，才能保证植株营养生长与生殖生长的平衡，保证果实发育所需要的营养，以获得较高的产量，因此番茄光合物质的生产、分配及代谢对番茄的生产实践非常重要。

番茄果实含糖量是衡量和决定其品质和风味的重要因子，因此果实品质形成的关键在于糖的积累。蔗糖是多数高等植物重要的光合产物，也是碳水化合物贮藏、积累和运输的重要形式，因此糖的积累取决于蔗糖向果实的运输和果实中的蔗糖代谢。而蔗糖向果实的运输与果实的库强密切相关，蔗糖代谢与蔗糖代谢相关酶的变化密切相关。因此研究调控植物果实中的库强，果实中蔗糖积累、代谢及代谢相关酶活性的变化与相关基因的表达，对于调控植物果实品质和产量具有重要意义。

1.2.1 植物果实中蔗糖代谢研究进展

1.2.1.1 植物果实中的主要糖类物质

（1）植物果实中主要糖的种类

果实品质在很大程度上取决于果实内所含糖的种类和数量，果实的糖分是从源器官（叶）通过韧皮部以蔗糖或山梨糖的形式经过长距离运输而来，在进入果实前或进入后转化成特定形式，一般是葡萄糖和果糖等六碳糖。

成熟番茄果实中全糖含量约占鲜重的 3%或干物质重的 50%，大部分为果糖和葡萄糖，还有部分蔗糖。葡萄糖和果糖二者所占的比例相似，总和最多可占可溶性固形物的 75%，尽管蔗糖是碳水化合物在植物体内进行长距离运输的主要形式，但在成熟番茄果实中所占的比例相当少，一般占干物质重的 5%左右。

不同植物果实中糖的种类和积累不同。葡萄是果实中糖分积累较高的作物，可达鲜重的 25%或干重的 80%左右，大多数成熟葡萄果实中的糖分主要是葡萄糖和果糖，葡萄浆果蔗糖浓度很低，其含量不足总糖的 4%，主要集中在维管束组织区。开始成熟之前，果皮和果肉中央果糖和葡萄糖含量最高，成熟之后果肉中央和周围维管束的下部果糖和葡萄糖含量最高，说明蔗糖离开维管束系统后即被快速分解。果糖和葡萄糖的积累非常快，浆果几乎在一天之内开始软化，果糖和葡萄糖含量迅速上升。荔枝因品种不同果实积累糖的成分也不同，科研人员以'糯米糍'和'妃子笑'两个荔枝品种为试验材料研究发现，'糯米糍'以积累蔗糖为主，蔗糖与还原糖的比值约为 1.5，'妃子笑'以积累还原糖为主，蔗糖与还原糖比值约为 0.4。苹果果实成熟时主要积累果糖和葡萄糖，其中果糖为果实中可溶性糖的主要成分，占 45%～60%。草莓、杏等果实主要积累蔗糖。柑橘果实中以蔗糖为主，其次是果糖和葡萄糖。在柑橘汁胞中，甜橙和宽皮柑橘含 1%～2.3% 葡萄糖、1%～2.8%果糖和 2%～6%蔗糖，葡萄柚含 2%～5%还原糖和 2%～3%蔗糖，柠檬和来檬含 0.8%～0.9%葡萄糖和果糖及 2%～3%蔗糖。

同一植物果实不同发育期各种糖的含量比例也有不同。桃果实发育早期含有大量的果糖和葡萄糖，发育后期直至成熟则主要含蔗糖。脐橙幼果期蔗糖含量高于果糖和葡萄糖，但含量都很低，果实膨大期糖含量迅速上升，果实膨大后期还原糖含量增加比蔗糖快，而温州蜜柑果实在细胞膨大期蔗糖显著增加，葡萄糖和果糖没有太大变化，成熟期主要积累蔗糖。

（2）光合运转糖在库中的卸载

植物叶片产生的光合同化产物，很大部分最终是以蔗糖和/或山梨醇的形式，经韧皮部长途运输后卸载到发育过程中的果实内。糖从叶片合成到进入果实要经历一系列复杂的过程，主要过程如下：叶绿体同化二氧化碳生成磷酸丙糖；磷酸丙糖经磷酸丙糖转运蛋白（triose phosphate translocator，TPT）介导运到叶肉细胞的细胞质中，在细胞质中合成蔗糖；合成的蔗糖经短途运输运到韧皮部装载区；蔗糖装载到韧皮部，在筛管中长距离运输，而后从韧皮部卸出；再经韧皮部后运输（postphloem transport）进入果实代谢和贮藏。这些步骤相互关联、互为协调。果实中积累糖分的贮藏薄壁细胞通常位于韧皮部卸出后的非维管区（nonvascular area）。光合产物在韧皮部卸出后非维管区运输急剧减慢，因此，果实中的韧皮部后非维管区运输是果实糖分积累的限速因子。对番茄的研究表明，控制糖分积累的关键步骤位于正在发育的果实内部，而不是源叶输出光合产物的能力或韧皮部运输的效率，果实内部蔗糖从韧皮部卸出、韧皮部后运输速率、库细胞中糖代谢酶的成分与活力及糖的跨膜运输能力将决定果实糖分的积累。

蔗糖经筛管从叶片长途运输到果实后，从筛管伴胞（SE/CC）复合体卸载到果实内一般有两条细胞学途径：一是质外体（apoplastic）途径，即蔗糖从 SE/CC 复合体卸载到质外空间，依赖于特异运输蛋白，将糖从质外体穿膜运入贮藏薄壁细胞中；二是共质体（symplastic）途径，即糖通过 SE/CC 复合体与周围韧皮部薄壁细胞的胞间连丝运输到库细胞，不离开共质体空间，不经过任何膜运转步骤。在同一植物的同一器官中这两条途径可能会同时存在，或是在不同的发育时期采取不同的途径。番茄在开花后 13～14 d 主要积累淀粉，筛管和伴胞之间及伴胞和周围韧皮薄壁细胞之间存在大量的胞间连丝，蔗糖的卸载以共质体途径为主，但到开花后 23～25 d 果实内积累大量高渗透的己糖——果糖和葡萄糖，韧皮薄壁细胞之间的胞间连丝数量下降，胞间隙扩大，质膜的表面积增加，糖的卸载途径以质外体途径为主。

细胞的中央大液泡约占细胞体积的 80%～90%，是果实中可溶性糖的主要贮存场所。苹果中的主要糖成分——果糖和葡萄糖几乎都在液泡中积累，蔗糖主要分布于质外空间和胞质中。苹果果实细胞中各个不同区域的可溶性糖浓度为：液泡 888 mmol/L、胞质 37 mmol/L、质外空间 57 mmol/L。伏令夏橙果实中全部的蔗糖和 75%的果糖和葡萄糖存在于液泡中。番茄果实糖吸收进果肉细胞的液泡中是通过易化扩散的方式，番茄果肉中细胞壁结合型的转化酶水解韧皮部卸出的大部分蔗糖，形成韧皮部卸出过程所需的蔗糖浓度梯度，并且己糖的运输与 H^+-ATPase 活力相偶联。

1.2.1.2 植物果实中蔗糖代谢相关酶及其基因表达

果实中糖的积累水平是由源-库关系调控的，并且糖对源-库关系也起调控作用，即糖的积累水平是光合产物的生产、运输、分配及在果实中的代谢等一系列过程共同作用的结果。但最终运入果实的同化产物是由其在果实中的代谢决定的，因而，在了解糖的生产、运输及分配之后，掌握糖在果实中的代谢规律及其调控机制将更有助于实现对果实糖含量及组成的科学调控。蔗糖是植物光合产物运输的主要糖，是库代谢的主要基质，也是细胞代谢的调节因子，可能通过影响基因表达发挥作用；蔗糖同时具有信号功能，可以诱导或阻遏某些基因的表达。

（1）蔗糖代谢循环特点及代谢相关酶

番茄果实糖代谢调控的主要特征包括以下 4 个严格联系在一起的无效循环。①细胞内快速连续地降解和重新合成蔗糖，这一循环中蔗糖的降解由蔗糖合成酶催化，而蔗糖的合成由蔗糖合成酶和蔗糖磷酸合成酶催化。②液泡酸性转化酶催化蔗糖的水解，大部分己糖在液泡中被螯合，还有一些在胞质内重新合成蔗糖。这两个相反的过程主要是增加区室内蔗糖储藏的有效性。表明酸性转化酶主要的生理作用是为蔗糖和己糖在液泡中的平衡提供一个储藏场所。③在质外体中，由细胞壁转化酶催化韧皮部卸出的蔗糖，生成的己糖大部分在细胞质中又重新用于合成蔗糖。④在成熟期或早期积累淀粉的果实中，其造粉体中还存在淀粉合成与降解的循环，在这一循环中，合成与降解的相对速率决定淀粉积累的量。上述蔗糖合成与分解代谢循环的协同作用调控了果实糖积累的进程。番茄果实中糖的积累与蔗糖代谢相关酶——转化酶、蔗糖合成酶和蔗糖磷酸合成酶的活性密切相关。

（2）蔗糖代谢相关酶的作用

1）转化酶的作用　　转化酶（invertase，Inv，EC3.2.1.26）又称蔗糖酶或 β-呋喃果糖苷酶（β-fructofuranosidase），在蔗糖代谢中催化如下反应：蔗糖＋H_2O→果糖＋葡萄糖。转化酶既存在于植物光合组织中，又广泛存在于非光合组织中（如果实、块根、块茎等）。转化酶在高等植物糖代谢中起关键作用。许多研究已发现在高等植物组织中（包括果实）存在多种 Inv 同工酶形式。这些同工酶可根据它们的亚细胞定位、溶解性、最适 pH 和等电点来区分。转化酶是分解蔗糖的酶，根据其最适 pH 可分为酸性转化酶（acid invertase，AI）、中性转化酶（neutral invertase，NI）和碱性转化酶（alkaline invertase），也有许多报道将中性转化酶和碱性转化酶看做是同一种酶。AI 的最适 pH 为 3.0～5.0，又可分为可溶性 AI 和不溶性 AI 两种，前者分布在液泡或细胞自由空间中，后者存在于细胞间隙并结合在细胞壁上。NI 的最适 pH 在 7.0 左右，大多认为是一种胞质酶，定位于细胞质中。

研究表明，转化酶在库器官——果实的蔗糖代谢中起重要作用。植物幼果期处于细胞分裂、分化高峰期，需要构建各种细胞器、细胞壁和细胞液成分，高的蔗糖分解酶活力有利于将输入到果实的蔗糖迅速分解生成单糖和 UDPG，为果实合成淀粉、纤维素和各种细胞成分，及呼吸消耗等旺盛的生理活动提供能量。在甜瓜中，AI 活性的增强可为组织的快速生长提供作为碳源的己糖。细胞壁结合的转化酶通过保持蔗糖和库组织之间的蔗糖浓度梯度而在光合产物的运输中起重要作用，被认为是蔗糖卸载的关键酶。液泡可溶性酸性转化酶在成熟库器官——液泡蔗糖积累中起作用，可以控制番茄果实的糖分组成和含量，可溶性 Inv 调节冷藏马铃薯的己糖：蔗糖值，通过液泡的蔗糖循环，可能调节蔗糖从叶输入液泡的有效性。有研究认为在细胞中存在一个酸性转化酶活性的阈值，当酸性转化酶活性超过阈值时，蔗糖就不会积累。

转化酶除了在植物果实的蔗糖代谢中起作用，植株中高的转化酶活性还与其他库组织的快速生长有关，一般在植物的分生组织和快速生长的幼嫩组织和器官（如幼嫩的叶、茎、花芽、根尖等）中 Inv 活性较高。Inv 活性强的叶不但截取阳光多，且光合作用能力强，光合作用合成的蔗糖一部分经 Inv 转化生成还原糖，供给嫩叶生长，另一部分蔗糖运输到茎中贮存积累或供给幼嫩的茎组织生长。

2）蔗糖合成酶的作用　　蔗糖合成酶（sucrose synthase，SS，EC2.4.1.13）是一种存在于细胞质中的可溶性酶，也有附着在细胞膜上的不溶性蔗糖合成酶，在不同的作物或环境条件下起不同的作用。蔗糖合成酶在植物生长发育中催化如下可逆反应：果糖＋UDPG⇌蔗糖＋UDP。蔗糖合成最适 pH 8.0～9.5，蔗糖裂解最适 pH 5.5～6.5。SS 是由分子量为 83～100 kD 的亚基构成的四聚体。

蔗糖合成酶既能催化蔗糖合成又能催化蔗糖分解，但有报道认为它在蔗糖代谢中是起合成还是分解蔗糖的作用与其是否被磷酸化有关。科研人员研究柑橘果实发育过程中输导组织和汁胞中的蔗糖代谢酶活力发现，在汁胞生长最快阶段，从庞大的韧皮部运输和卸出区域提取的 SS 活力显著高于汁胞组织。有研究发现汁胞中 SS 和转化酶在柑橘果实汁胞糖代谢中起重要作用。在菜豆果实发育过程中，SS 出现的两次高峰与干物质的积累相一致，干物质积累处于低水平时，SS 的活性也处于低水平，由此认为蔗糖合成酶是菜豆果实积累糖的关键酶。桃果实在发育早期虽然蔗糖含量很低，但成熟时蔗糖的含量达到总糖含量的 80%，且桃果实发育过程中很少积累淀粉，所以认为 SS 在桃果实中的作用是合成蔗糖。

蔗糖合成酶可以通过影响果实的库强来影响果实的糖积累。有研究认为蔗糖合成酶影响库强的可能作用机理是：在柑橘果实汁胞外的蔗糖合成酶催化蔗糖分解为 UDPG 和果糖，UDPG 和果糖经三羧酸循环后生成 ATP（腺苷三磷酸），ATP 供能启动汁胞膜上的 H^+ 泵，H^+ 泵将胞外的 H^+ 泵入到汁胞内，这样果实汁胞内的 H^+ 浓度增加，pH 降低，有利于汁胞内的蔗糖被酸水解为葡萄糖和果糖，进而提高了细胞液浓度，降低了果实汁胞内的水势，增强了果实的渗透调节，由于汁胞外产生了 H^+ 浓度梯度，胞内高浓度的 H^+

被运转到胞外的同时，胞外的蔗糖也随之被转入到胞内。

科研人员研究日本梨果实糖代谢时发现，在果实发育过程中产生两种不同形式的 SS：一种在未成熟的果实中催化蔗糖分解；另一种在成熟果实中催化蔗糖合成。在葫芦果实中发现，SS 合成蔗糖能力强，反映在 SS 合成方向上。对脐橙的研究表明，脐橙开花 150 d 后影响果实内蔗糖合成的主要酶是蔗糖合成酶，且果实糖含量与 SS 活性呈显著正相关。蔗糖合成酶还与韧皮部功能有关系，是影响库强的关键酶，在果实开始积累糖分时，蔗糖合成酶通过调节果实内蔗糖的浓度平衡来影响果实库强，进而影响果实糖分积累。

此外，蔗糖合成酶还参与调控果实输入蔗糖多少和代谢蔗糖的能力，参与细胞构建，如在细胞发育过程中 SS 提供 UDPG 构建细胞壁或胼胝质，调节淀粉合成，SS 调控着 UDPG 的产生，在此过程中 UDPG 可被焦磷酸化酶转变成 1-磷酸葡萄糖，继而可转化为合成淀粉的底物 ADPG。

3）蔗糖磷酸合成酶的作用　　蔗糖磷酸合成酶（sucrose phosphate synthase，SPS，EC2.4.1.14）是合成蔗糖的关键酶，是存在于细胞质中的一种可溶性酶，活性最适 pH 约为 7.0，催化如下反应：UDPG＋6-磷酸果糖→6-磷酸蔗糖＋UDP。上述反应的生成物 6-磷酸蔗糖通常由 SPP（磷酸蔗糖磷酸化酶）迅速降解成蔗糖和磷酸根离子；而 SPS 和 SPP 又是以复合体的形式存在于植物体内，所以 SPS 催化蔗糖生成在事实上是不可逆的，它的活力调节蔗糖的合成及光合初级产物在淀粉和蔗糖之间的分配。1955 年 Leloir 和 Cardini 首次在小麦胚芽中检测到 SPS 活性，之后在萌发的小麦和水稻种子中也发现其存在，随着研究材料范围的扩大和深入，人们发现光合组织和非光合组织（果实）中都广泛存在 SPS。SPS 是一种低丰度蛋白（不到可溶性蛋白的 0.1%），且不稳定。

Huber（1983）曾指出，SPS 活力越高蔗糖积累越多。SPS 活力的高低代表了冬小麦旗叶光合产物转化为蔗糖的能力。在甘蔗茎中蔗糖的含量依赖于 SPS 的活力。甜菜、猕猴桃、柑橘中蔗糖的积累与 SPS 的活性升高有关，蔗糖积累型的番茄、网纹甜瓜蔗糖水平的提高与 SPS 活性的提高和转化酶活性的降低相关。番茄中 SPS 对果实竞争同化物的能力、果实的糖分组成及含量具有重要的调节作用，还调控叶的碳代谢。但有报道认为成熟期的普通番茄果实中蔗糖含量很低，其 SPS 活性在整个果实的发育过程中都很低，而蔗糖积累型番茄果实中蔗糖含量明显高于普通栽培型番茄，其 SPS 活性也很高。香蕉是典型的输入蔗糖积累淀粉的果实，果实充分成熟采收后，由于淀粉水解为可溶性糖（主要是蔗糖）而使果实变甜，充足的证据显示 SPS 参与了香蕉果实成熟过程中乙烯诱导的由淀粉向蔗糖转换的过程。

（3）蔗糖代谢相关酶基因的表达

1）转化酶基因的表达　　研究表明转化酶是由一个多基因家族编码的蛋白质。根据基因编码转化酶功能及基因序列同源性将高等植物转化酶的基因家族分为两个亚基因家族：编码细胞壁转化酶的基因家族和编码液泡转化酶的基因家族。在番茄中，编码液泡转化酶的基因有 1 个——*TIVI*，*TIVI* 的 mRNA 在成熟、完熟的果实中高度表达，在其他组织中则很少；编码细胞壁转化酶的基因有 4 个——$Lin5$、$Lin6$、$Lin7$ 和 $Lin8$，位于番茄的第 9 和第 10 染色体上，其中的 $Lin6$ 在旺盛生长的库组织中特异表达。在植物中尚未有编码中性、碱性胞质转化酶的基因或 cDNA 克隆的报道。已分离的转化酶基因一般长 2000～2500 bp，包含 1 个 1000 bp 以上的开放阅读框。报道的转化酶的分子量为 50～80 kD，为单体或二聚体。

转化酶活力在植物生长发育的不同阶段和不同器官部位有所差异，因此转化酶的基因表达具有时间和空间的差异，即具有发育和组织器官特异性表达的特性，马铃薯的贮藏库和使用库中包含了少量 Inv 蛋白及 mRNA，而在幼嫩的源器官（叶、根、萌发的种子）中则有大量的 Inv 蛋白及其 mRNA，从时间上来看，不同的发育阶段光合和非光合器官中均有不同的 Inv 表达。转化酶时空表达的差异可能与蔗糖信号有关。转化酶基因的表达还受某些激素的控制，如赤霉素、乙烯、脱落酸等能提高转化酶的表达。

2）蔗糖合成酶基因的表达　蔗糖合成酶同转化酶相似，也由多个基因编码，蔗糖合成酶由 3 个大的家族（Class1、Class2 和 Class3）组成，依次为单子叶植物 SUS 族、双子叶植物 $SUS1$ 族和双子叶植物 $SUSA$ 族，单子叶植物 SUS 族又可分为两个亚族——Group1 和 Group2，分别以玉米 $Sh1$ 和 $Sus1$ 为代表。不同形式的 SS 完成不同的代谢功能，拟南芥中编码 SS 的是一个多基因家族，分别为 $AtSus1$、$AtSus2$、$AtSus3$、$AtSus4$、$AtSus5$ 和 $AtSus6$ 基因，各个基因在应对各种反应时表达不同，如 $AtSus1$ 和 $AtSus4$ 在厌氧条件下表达增加，$AtSus2$ 仅在开花后 12 d 特异性高度表达，$AtSus3$ 在叶片失水、渗透胁迫及后熟的种子等各种脱水条件下的各个器官中均有表达，而 $AtSus15$ 和 $AtSus6$ 在所有组织中的表达不受胁迫条件的影响。

大多数植物中至少有两种 SS 的同工酶，通常都有较高的氨基酸序列同源性和相似的生化性质，多数存在于细胞质中，也有附着在细胞膜上的不溶性蔗糖合成酶，蔗糖合成酶基因表达有发育和器官特异性。番茄果实中 SS 在中果皮、胶质胎座和维管束细胞中大量表达。玉米中有 3 个编码 SS 的基因——$Sh1$、$Sus1$ 和 $Sus3$，$Sh1$ 在胚乳中特异性高度表达，$Sus1$ 在根、茎和叶中均有表达，$Sus3$ 在胚乳、胚珠、根和幼芽中表达。马铃薯有 2 个 SS 基因 $Sus3$ 和 $Sus4$，$Sus3$ 基因在茎中高水平表达有利于维管束物质运输，$Sus4$ 基因在贮存器官和块茎维管束组织中的表达能促进库功能；在根尖，$Sus3$ 基因在细胞分裂区高水平表达，$Sus4$ 在分生组织和根冠中表达。

蔗糖合成酶基因的表达调节在转录水平和转录后水平上，蔗糖合成酶基因启动子有一个高的组织表达特异性。番茄果实中主要的蔗糖合成酶是 $TOMSSF$ 基因家族的表达产物，这种酶至少在两个不同的位点上高度磷酸化，通过磷酸化来调节亚基的不同构象。

3）蔗糖磷酸合成酶基因的表达　蔗糖磷酸合成酶由 A、B、C 三个基因家族编码，这 3 个基因家族的表达有时间和空间上的差异，拟南芥的 SPS 基因 B 家族在根中没有表达，C 家族的表达受光暗调节，水稻的 SPS 基因 B 家族仅在叶肉和萌发种子的盾片及未成熟花序的花粉中表达。

科研人员在柑橘中克隆了 3 种 SPS 同工酶 cDNA 片段——$CitSPS1$、$CitSPS2$ 和

CitSPS3，其中 *CitSPS1* 在柑橘可食组织中表达；*CitSPS2* 在成熟阶段表达水平呈上升趋势；果皮组织中 *CitSPS1* 呈低水平表达，*CitSPS2* 与在可食组织中的表达相同，*CitSPS3* 比前两个基因转录少一些。这些结果表明 *CitSPS1* 和 *CitSPS2* 在决定柑橘果实蔗糖的成分和积累中发挥重要作用，在果皮组织中 3 个基因的转录与 SPS 活性相一致，表明 *SPS* 基因是独立调节表达的，表达方式上有时间和空间差异。对柑橘的研究发现，在汁胞生长最快阶段 SPS 和碱性转化酶活力最活跃，可溶性酸性转化酶活力在幼果期较活跃，但随着糖的积累开始几乎消失，SPS 成为成熟期汁胞中活性最高的酶。在温州蜜柑中也发现进入着色期果实中蔗糖的迅速积累与 SPS 的活性升高一致。在许多库组织中，蔗糖分解和再合成的无效循环需要 SPS 和 SPP，这些无效循环可用来对碳水化合物代谢和分配进行更为灵活和灵敏的调控，而且可能通过在库组织内部建立浓度梯度来促进蔗糖由韧皮部向发育的种子卸载。

1.2.1.3　蔗糖代谢的调控

（1）跨质膜和液泡膜载体的调控

溶质的主动运输有初始主动运输（primary active transport）和次级主动运输（secondary active transport）两种，初始主动运输过程同时伴随 ATP 分解将化学能转变为渗透能。次级主动运输需要传递体（porter）运载，包括共向传递体（symporter）、反向传递体（antiporter）或单向传递体（uniporter），不能透过疏水的膜脂层的溶质须通过传递体才能进入细胞，传递体为具有催化作用的蛋白质，经过共向传递体（如糖）随着 H^+ 一同进入细胞，H^+ 经过反向传递体进入细胞的同时有阳离子（如 Na^+、Ca^{2+}）的排出。除通过共向传递体、反向传递体的溶质运转外，还有只有一种阳离子进入细胞或从细胞内排出的单向传递体途径。

细胞质膜上糖的运输同时存在主动和被动过程，主动运输由质膜上的电化学梯度所驱动，即 H^+-ATPase 催化 H^+ 的方向性运输，从而在质膜内外建立电化学势梯度。在已知的糖的跨质膜主动运输过程中均存在 H^+-糖的同向运输载体，其中研究最深入的有 H^+-蔗糖和 H^+-葡萄糖的同向运输载体，大豆子叶的蔗糖跨质膜运输就是由载体介导，并伴随质子的同向运输。

植物细胞的中央大液泡占细胞体积的 80%～90%，它是果实中可溶性糖的主要贮存场所。糖跨液泡膜运输同时存在主动和被动运输过程。主动运输的能量来自液泡 ATPase（V-Type ATPase）和 PPase 产生的 H^+ 的跨液泡膜梯度，液泡膜上存在糖运输的反向运输载体和单向运输载体。番茄果实果肉细胞的液泡膜上存在特异性的载体机制，蔗糖、果糖和葡萄糖的吸收对载体的竞争很小，说明番茄跨液泡膜的 3 种糖有各自的载体。由于分离质膜、液泡膜微粒体等技术的成功应用，在离体条件下研究糖的运输机制和鉴定糖的载体取得了很大进展，运用分子生物学技术首先成功地从小球藻中分离出葡萄糖同向载体基因，之后又从拟南芥和几种高等植物中分离出己糖的同向载体，进一步为糖跨质膜和液泡膜运输的研究提供基础。

（2）蔗糖代谢相关酶的调控

1）糖对蔗糖代谢相关酶活性的调控 近些年的研究结果显示，蔗糖在植物体内运输具有携带信号给基因的功能，即蔗糖可以使一些基因被诱导、另一些基因被阻遏。当植株中碳水化合物枯竭时，产生正调节，使光合作用、再运输和输出的基因表达增强，而使贮藏和利用碳水化合物基因的 mRNA 减少，当植株中碳水化合物丰富时，通过基因阻遏和诱导相结合，起到与碳水化合物枯竭时相反的作用。

SS 和 Inv 的基因表达都受糖调节。科研人员研究玉米中编码 SS 的两个基因——*Sh1* 和 *Sus1* 对组织中碳水化合物状态变化的响应发现，玉米根尖中 *Sh1* mRNA 在碳水化合物供应受限制的情况下（培养在浓度约为 0.2% 的葡萄糖溶液中）最大限度地表达，而 *Sus1* 基因的转录水平很低或测不到，当培养液中葡萄糖的浓度提高到 2.0% 时，*Sus1* 基因表达达到高峰。培养液中糖水平的不同还影响酶的定位，低糖水平下主要有利于 SS 在根的外周细胞中积累，高糖水平下 SS 在所有细胞类型中的表达都加强。离体马铃薯叶在蔗糖溶液中培养，蔗糖只诱导 *Sus4* 的表达而 *Sus3* 不受影响。

Inv 基因也像 SS 基因一样分为两类：一类是增加碳水化合物的供给可以促进其表达，即产生正调节效应基因 *Inv2*；另一类是受糖供给过多阻遏，而糖耗竭却产生正调节效应的基因 *Inv1*。这两类基因在植物发育过程中的差异表达，表现为糖供给促进基因 *Sus1* 和 *Inv2* 主要在碳水化合物输入组织中表达，而受糖过多阻遏基因 *Sh1* 和 *Inv1* 主要在生殖发育过程中的关键部位和时刻产生正调节。

以苹果为实验材料的研究显示，苹果果实发育过程中，伴随着果糖、葡萄糖和蔗糖的积累，酸性转化酶活性逐渐下降；酸性转化酶 Western 印迹实验检测到一条 30 kD 的多肽，其信号强度随发育过程而增加，免疫电子显微镜定位实验一方面显示酸性转化酶主要分布于细胞壁上，发育后期液泡中酸性转化酶增加明显，另一方面表明酸性转化酶数量随发育过程而增大；用生理浓度的外源糖预温育果实圆片，发现果糖和葡萄糖抑制了可提取的酸性转化酶的活性；但 Western 印迹实验并没有检测到该酶表观数量的变化和分子量不同于 30 kD 的多肽。由此认为，果糖和葡萄糖参与诱导了苹果果实酸性转化酶翻译后或易位后的抑制性调节，这种酸性转化酶活性的翻译后调节机制不同于目前已报道的有关该酶的调节机制，即化学反应平衡系统中己糖产物抑制，及与多肽抑制因子有关的活性抑制，果糖和葡萄糖似乎诱导了有关抑制基因的表达或对酸性转化酶结构进行了某种修饰。

2）14-3-3 蛋白的调控 14-3-3 蛋白与叶绿体前体蛋白 PSI-N（photosystem I N-subunit）的转运肽相互作用，并在叶绿体基质和类囊体膜中出现，调节与基本碳代谢相关酶的活性，从而影响植物的碳水化合物代谢。研究发现 14-3-3 蛋白可以和叶绿体前体蛋白、HSP70 形成三聚体，跨膜运输速率是单个前体蛋白的 3～4 倍。

有研究认为 SPS 的调控是通过与 14-3-3 蛋白结合并磷酸化和异构化的遗传翻译后水平上进行的。SPS 有几个可能的磷酸化位点，可以由 14-3-3 蛋白依赖性或非依赖性机制调节。在菠菜中，14-3-3 蛋白与 SPS 的一个特异调控位点 Ser-229 相互作用，使 SPS 活性受抑制。花椰菜提取物中 14-3-3 蛋白对 SPS 活性的影响也包括 6-磷酸海藻糖合成酶（trehalose-6-phosphate synthase，TPS），14-3-3 蛋白与 SPS 结合后可以轻微提高 SPS 的活性，另外，采用不同的实验材料和分析方法显示的 14-3-3 蛋白对 SPS 活性的影响不同。但有研究认为 14-3-3 蛋白可以保护靶蛋白，使拟南芥中的 SPS 免于被蛋白酶水解。

进一步研究表明 14-3-3 蛋白对碳代谢的调控还包括对淀粉积累的影响。拟南芥中，14-3-3 蛋白可以使叶中的淀粉积累增加 2～4 倍。淀粉合成酶Ⅲ家族包含高度保守的 14-3-3 磷酸丝氨酸/苏氨酸结合序列，使其成为 14-3-3 蛋白可能的靶子。因此，14-3-3 蛋白在植物的基本碳代谢中发挥重要的调控作用。

1.2.1.4　蔗糖代谢相关酶基因克隆及基因工程

（1）蔗糖代谢相关酶基因的克隆

国内外许多学者对番茄蔗糖代谢相关酶的基因进行了克隆，报道最多的是关于转化酶的基因克隆。目前已从一些高等植物（如胡萝卜、绿豆、马铃薯、拟南芥、番茄、玉米、燕麦、烟草、红黎、豌豆、郁金香属）中分离得到编码转化酶的基因或 cDNA，其中拟南芥的 *Atβfruit1* 和 *Atβfruit3* 基因、玉米的 *Ivvl* 基因、番茄的 *InvLe* 基因都含有 7 个外显子和 6 个内含子，而胡萝卜的 *InvDC1* 基因和拟南芥的 *Atβfruit2* 基因含有 5 个外显子和 6 个内含子。同种植物的不同转化酶的氨基酸序列差异很大，而不同植物的同种转化酶的氨基酸序列具有高度相似性。Sato 等利用 RT-PCR 方法从普通番茄中克隆了编码细胞壁酸性转化酶的一条 cDNA，有 2363 个碱基对，其中包含了编码 636 个氨基酸、长为 1908 个碱基对的开放阅读框；RNA 印迹分析表明 AI 的 RNA 长约 2.5 kb。Ohyama 等从普通番茄叶片中克隆了一条细胞壁束缚型酸性转化酶的 cDNA，长 1872 bp。有研究者根据酸性转化酶基因的保守序列设计引物，采用 RT-PCR 方法，从番茄果实总 RNA 中扩增出目标 cDNA 片段，在所测的 1038 个核苷酸中，与 GenBank 中登记号为 M81081 的番茄果实酸性转化酶基因高度同源，同源性为 99%。有研究报道普通番茄果实中酸性转化酶的 cDNA 核苷酸序列和推导的氨基酸序列，酸性转化酶的 mRNA 有近 2200 bp 的多腺苷酸转录体，其开放阅读框为 ORF636，同时具有 47 个氨基酸序列的疏水性信号肽及 45 个氨基酸序列的前导序列。

近年来，蔗糖磷酸合成酶和蔗糖合成酶基因的 cDNA 已经被克隆。大多数植物中至少有两种蔗糖合成酶的同工酶，它们通常都有较高的氨基酸序列同源性和相似的生化性质，蔗糖合成酶基因大小约 5.9 kb，cDNA 长约 2.7 kb，编码 820 个氨基酸，分子量约为 94 kD 的蛋白质，由一对等位基因组成，但在有些植物中则由一对非等位基因组成，目前一些研究者已成功从马铃薯、甜菜、胡萝卜、水稻、玉米和甘蔗等作物中克隆蔗糖合成酶基因。番茄中已克隆到的蔗糖合成酶包括 *SUS2* 和 *SUS3* 基因，蔗糖合成酶基因大小约为 4 kb，cDNA 的长度约 2.7 kb，编码约 810 个氨基酸，分子量约为 94 kD 的蛋白质。Wang 等从普通番茄果实中克隆了一条长为 2725 bp 的蔗糖合成酶基因的 cDNA，其中包含了编码 805 个氨基酸、长为 2415 个碱基对的开放阅读框，在 3′端非翻译区 2569～

2599 bp 有一个富含鸟嘌呤的区域，鸟嘌呤的含量占 87%，分析还显示推导的蛋白序列在氨基末端不含疏水区，也不含有信号序列，其蛋白分子量约 92.4 kD。同时，从番茄中也克隆了编码蔗糖合成酶的一条 cDNA，其长为 2708 bp。

蔗糖磷酸合成酶位于细胞质中，有 3 种同工酶，报道的蔗糖磷酸合成酶是由分子量为 117～138 kD 的亚基构成的二聚体或四聚体。目前，蔗糖磷酸合成酶基因已经在玉米、菠菜、甜菜、柑橘、苹果、甘蔗、水稻等作物中得到克隆。在 GenBank 中搜索到，从普通番茄中克隆的一条长为 3488 bp 的蔗糖磷酸合成酶基因的 cDNA；从普通番茄中克隆了蔗糖磷酸合成酶基因的一条 cDNA，长为 3337 bp；从马铃薯块茎的根中纯化了一分子量为 540 kD 的 SPS（等电点为 5.29），是分子量为 130～140 kD 的亚基构成的同源四聚体；在柑橘中克隆 3 种 SPS 的同工酶片段，命名为 *CitSPS1*、*CitSPS2* 和 *CitSPS3*，随后用 *CitSPS1* 和果实的 cDNA 文库杂交获得了一全长为 3539 kb 的 cDNA，进一步分析可知它编码含 1057 个氨基酸序列、分子量为 117.8 kD 的多肽链；从热带附生植物紫蝴蝶兰中克隆出 SPS 基因的全长 cDNA 序列，命名为 sps1，长 3820 bp，开放阅读框长 3182 bp，并编码 1061 个氨基酸，氨基酸序列与玉米、菠菜的同源性分别为 56% 和 69%。

（2）蔗糖代谢的基因工程

许多研究者希望通过传统方法提高果实含糖量，但由于碳代谢的复杂性和缺少基因型的多样性，使该方法很难取得突破，于是在获得编码转化酶、蔗糖合成酶和蔗糖磷酸合成酶基因的基础上，在拟南芥、烟草、番茄、马铃薯、胡萝卜和水稻等植物上获得了这些基因的正义或反义转化植株，以研究这些转基因植株糖代谢的变化。

Schaewen 等于 1990 年首次将酵母转化酶基因 *SUC2* 正义拷贝导入烟草和拟南芥，获得转基因植株。随后科研人员将番茄酸性转化酶基因拷贝导入番茄植株；将番茄细胞壁酸性转化酶反义 cDNA 导入番茄；将液泡和细胞壁转化酶反义基因转入胡萝卜。经研究发现，转基因植株的转化酶活性发生了较大变化，反义基因转化植株酶活性降低，而正义基因转化的植株酶活性则明显升高，同时反义基因转化植株的果实糖分组成也发生了显著变化。

有报道反义转化酶基因的表达抑制了转化酶活性，从而引起番茄果实中蔗糖的积累。转化反义 *Ivv* 基因的植株，果实中的糖分组成一般都明显表现出蔗糖积累增加，己糖（果糖和葡萄糖）含量降低。将液泡转化酶基因反义导入己糖积累型番茄后，番茄转变为蔗糖积累型，反义抑制转化酶基因的马铃薯块茎中己糖与蔗糖的比例明显减小。反义抑制转化酶基因的果实虽然糖分组成发生了改变，但总糖水平并未发生明显变化。将酵母的酸性转化酶基因导入到马铃薯中后，块茎中的蔗糖含量减少了 95%，伴随着葡萄糖的大量积累及淀粉含量的降低。

研究发现在番茄果实发育期间 *AI* 反义基因转化的果实中蔗糖含量约为对照的 5 倍，而葡萄糖和果糖只有对照的 50%，这表明可溶性 AI 控制了番茄果实中糖分的组成。在果实发育早期，增进转化酶活性的表达能增加转基因番茄果实的固形物含量，而减少转化酶活性将导致果实蔗糖含量增加，也有可能形成更高的可溶性固形物含量。在转入反

义 *Inv* 基因植株的番茄红熟果实中，可溶性和部分细胞壁中的 Inv 活性与非转基因植株和 GUS 转基因植株相比是非常低的，转基因植株在红熟期果实中未测到酸性转化酶的 mRNA，其他导入反义基因的转基因番茄品系也是如此，因此在转基因植株的果实中观察到非常低的酸性转化酶活性归因于基因转录水平的反义抑制。酸性转化酶活性几乎全部被抑制的现象说明在成熟果实中 Inv 起源于一个单基因。非转基因番茄果实中的蔗糖含量极低，但在所有拥有反义基因的转基因植物中蔗糖的含量显著提高，己糖的含量则下降，表明非转基因番茄在成熟果实中高的酸性转化酶阻止了蔗糖的积累。

已经证明胡萝卜 *TIV1* 基因（酸性 *Inv*）紧密联系着 *sucr* 位点，而导入反义 *TIV1* 基因的转基因番茄显著改变可溶性糖的构成，从而导致蔗糖的提高。因此认为 *TIV1* 基因控制着番茄果实蔗糖的积累，可溶性酸性转化酶 Inv 控制着番茄果实的糖分构成。

科研人员将番茄果实特异 *SS* 基因（*TOMSSF*）片段反义导入番茄；将番茄 *SS* cDNA 反义转化番茄植株；对水稻 *SS* 基因在水稻植株中的空间表达进行了研究；将胡萝卜 *SS* cDNA 反义转化胡萝卜植株。*SS* 反义基因转化植株的不同器官和组织间 *SS* 基因的表达及活性受抑程度有较大差异。有报道番茄中 *SS* 反义 RNA 的表达明显抑制花和果实中的 SS 活性，转基因番茄果实的淀粉含量比对照减少 28%，但蔗糖和葡萄糖含量并没有随蔗糖合成酶活性的降低而发生显著变化。在花后 60 d，蔗糖合成酶反义基因转化植株可溶性固形物含量与对照相似。科研人员在研究蔗糖合成酶 cDNA 反义转化的胡萝卜时，发现转基因植株根中蔗糖水平较高，而 UDPG、果糖、淀粉和纤维素水平较低。用反义 *SS* cDNA 将番茄幼果 SS 活性降低 99%，但果实中淀粉和糖的积累并未受到影响。在转基因马铃薯（表达蔗糖合成酶反义 RNA）块茎发育中，蔗糖合成酶基因的抑制没有导致蔗糖含量的变化，而使还原糖大量积累，并且在还原糖积累过程中伴随着块茎总干物重的降低和块茎可溶性蛋白的减少，同时淀粉积累受到抑制，但淀粉积累的减少不是由淀粉生物合成主要酶的抑制造成的，由此认为蔗糖合成酶是马铃薯块茎库强度的主要决定因子。

1991 年 Worrell 等在番茄中首次成功表达了玉米的 *SPS* 基因，发现转基因植株叶片中 SPS 活性显著升高，且不受昼夜节律的调节。正义导入玉米 *SPS* 基因的番茄植株叶片的 SPS 活性在各处理中均显著提高，叶片分配向蔗糖的碳同化物提高了 50%；开花时间提前、总的花序数增多；在环境中 CO_2 量相同的情况下，转基因植株比对照的果实个数增加 1.5 倍；果实成熟期提前，总干重提高 32%，只是产量没有显著增加。在拟南芥中过量表达 *SPS* 后可改变碳水化合物的分配，并且在低温下可提高光合速率，从而提高抗冻性。转基因棉花中纤维细胞 SPS 活性增加，同时转基因棉花的纤维品质和产量也都高于非转基因棉花。

1.2.2 植物激素对蔗糖代谢调控研究进展

内源植物激素是植物器官间、组织间、胞间信息传递和胞内信号转导系统中最基本的组成成分，在各种水平上调节许多植物生理过程。它对植物体内碳同化物分配的调节涉及源和库之间的每一个环节，如韧皮部的有效横切面积、胞间连丝的通透性、糖在源中的装载和库中的卸载，以及在库细胞中的代谢等。也可能在基因表达的不同水平上（转录、翻译和翻译后）调节与糖代谢相关的关键酶和运输糖的载体，从而影响库强。外源提供激素也能很容易地通过输导组织从处理部位进行运输，并能够调控韧皮部对有机物的装载和卸载。

1.2.2.1 植物激素与蔗糖代谢

外源生长调节剂已经在生产实践中广泛应用，其可影响光合作用、提高果实的产量和品质等，一些研究表明，外源激素（如赤霉素、生长素类调节物质、脱落酸及细胞分裂素）可在一定程度上促进不同发育阶段肉质果实的糖分积累。

现代分子生物学研究表明，植物乃至某一器官的生长发育过程都是由一系列特定基因的时空表达控制的，作为普遍存在于植物体内、具有重要生理功能的微量活性调节物质——植物激素，是通过调节基因的表达来实现其作用的。碳水化合物的积累与代谢的各个环节都有激素的参与调控。

（1）生长素与蔗糖代谢

生长素与果实的整个生长过程均有密切关系，早期的生长素增高对促进子房细胞的分裂、膨大及诱导果实发育有重要作用，生长素的存在可以调动营养物质向子房的运输从而引起子房细胞增大，运向果实的主要营养物质是蔗糖或其他糖类。生长素可提高山梨醇主动进入库细胞的能力，它促进质膜 H^+-ATPase 的合成，生长素通过提高 PCMBS（p-chloromercuribenzenesulphonic acid，对氯高汞苯磺酸，一种糖载体的抑制剂）敏感型和非敏感型吸收促进糖的积累，即生长素与膜上载体和关键酶的调节均有关。

有研究表明生长素在葡萄果实始熟期以前对蔗糖的吸收有明显促进效果，蔗糖卸载到果实时生长素使蔗糖分解为还原糖的速度加快。关于欧洲赤松的研究显示，外源生长素可以引起窄径的晚材管胞形成层恢复形成大径的早材管胞，从而提出形成层组织中生长素浓度减少可以诱导窄径晚材管胞的形成，使生长停止，从而导致碳水化合物有效增加，同时可溶性碳水化合物（如蔗糖和葡萄糖）可能诱导基因表达并与激素应答相互作用。植物体内吲哚乙酸（IAA）生物合成的前体色氨酸具有与生长素同样的作用效果，用色氨酸处理草莓获得与 IAA 相同的作用效果，提高了草莓果实的总糖含量。

（2）赤霉素与蔗糖代谢

赤霉素对不同种类植物的糖代谢影响不同。科研人员研究了杨梅花芽孕育期间 GA_3（赤霉酸）对叶片酸性转化酶和糖类含量的影响，GA_3 处理降低了杨梅花芽孕育期间还原糖、可溶性总糖和蔗糖水平，提高了杨梅叶内酸性转化酶活性。GA_3 处理也降低了枣果实总糖的含量。用外源 GA_3 处理桃果实，结果显示，喷布外源 GA_3 后，桃幼果中性转化酶活性显著提高，提高了酸性转化酶活性，转化酶活性的变化说明碳素贮藏物质蔗糖的代谢在坐果及幼果发育中有重要作用，外源 GA_3 处理可以加强蔗糖的代谢效率。GA_3 处理可以提高小麦、大麦、水稻等单子叶植物体内转化酶的活性。科研人员在研究拟南芥种子发芽过程中转化酶基因表达时，发现在红光的照射下，编码液泡转化酶的基因

Atβfruct3、*Atβfruct4* 和编码细胞壁束缚型转化酶的基因 *Atβfruct1*/AtcwINV1 的转录可以被赤霉素所诱导。但赤霉素对葡萄果实中糖代谢的影响则相反，经 GA_3 处理的葡萄果实在整个生长期糖分积累速率均高于对照，有研究采用 ^{14}C 示踪实验认为外源 GA_3 处理可显著提高光合产物向果穗的调配。

（3）细胞分裂素与蔗糖代谢

6-苄基腺嘌呤（6-BA）是人工合成的细胞分裂素。用 100～200 mg/L 6-BA 处理柑橘果实，其总糖、还原糖含量提高。用水处理甜菜单个叶片的 1/2 部分作为源，用 0.1 mmol/L 细胞分裂素（BA）处理单个叶片的 1/2 部分作为库，结果显示，库中酸性转化酶明显高于源，^{14}C-蔗糖进入 0.1 mmol/L BA 处理部分的量明显高于 K^+ 的进入量，蔗糖、果糖、葡萄糖在 BA 处理部分的含量均高于水处理的部分，但均比新鲜叶片中的含量低。用 1×10^{-5} mol/L BA 处理去顶、去根花生幼苗库叶 24 h 内，SPS 活性逐渐增加，AI 活性降低，蔗糖含量提高，α-淀粉酶活性增强，促进淀粉分解，BA 处理 24 h 后，随着 SPS 活性的减弱，AI 活性逐渐增强，蔗糖含量减少，有利于光合碳在淀粉的积累。

CPPU［化学名 N-（2-氯-4-吡啶基）-N′-苯基脲，商品名"吡效隆"］也是一种常用的细胞分裂素类植物生长调节剂，属于嘌呤衍生物。用 CPPU 处理猕猴桃果实，在果实快速生长期，处理果中葡萄糖和淀粉含量均明显提高，淀粉的累积水平也提高。在果实发育后期，处理果中各种糖分含量均明显高于对照。

（4）脱落酸与蔗糖代谢

ABA（脱落酸）可能是果实糖分积累的启动因子。ABA 可在一定程度上促进不同发育期的肉质果实糖分积累，它可促进从缓慢生长期到转熟期葡萄果实对蔗糖的吸收。ABA 对植物库强表现促进作用，这种作用与 ABA 促进同化物从韧皮部的卸出、库细胞对同化物的吸收及同化物在库细胞内的代谢转化有关。ABA 可以提高草莓果实外植体和果肉切块对蔗糖的吸收，分别为 30%～190% 和 32%～49%。草莓果实成熟过程中，内源 ABA 的积累与果实糖分积累呈平行关系。苹果发育过程中内源 ABA 含量与离体果肉对山梨糖的吸收速率呈正相关，在 $0\sim1\times10^{-6}$ mmol/L 外源 ABA 范围内，果肉对山梨醇的吸收速率随 ABA 浓度升高而升高，ABA 促进了在营养生长的甜菜根组织中蔗糖的吸收，但 IAA 抑制了这一现象。

ABA 除了促进同化物的吸收和有利于库组织同化物的积累外，还能阻止同化物经库细胞质膜的外流，1×10^{-5} mol/L 的 ABA 可以限制各种糖组分从草莓果实切块向外释放。此外，ABA 还可以通过调节转化酶的活性促进蔗糖的转化。ABA 还是玉米叶片中液泡转化酶 IVV2 活性和表达的强增强剂，玉米中酸性转化酶的活性与木质部汁液中 ABA 的浓度密切相关，用 ABA 处理离体的叶片，叶中 ABA 在 4 h 后达到高峰，与此同时，液泡转化酶的活性也显著增强，外源 ABA 也使叶中 ABA 含量出现第二个最大值，编码液泡转化酶的 *Ivv2* 基因转录水平与叶中 ABA 一样出现了两个相同的高峰，因此，ABA 能显著增强液泡转化酶 IVV2 的活性和表达。

（5）乙烯与蔗糖代谢

乙烯利是一种作用广泛的乙烯类生长调节剂，利用乙烯利可对甘蔗的生长和糖分积累进行有效调控。干旱胁迫时，植物叶片水解酶活性增强，合成酶活性降低，导致碳水化合物的产物——可溶性糖含量增加。但乙烯利处理后，'桂糖 17 号'宿根蔗叶片可溶性糖含量低于对照，说明乙烯利处理可以调节宿根蔗可溶性糖的含量，从而增加其抗旱能力。用乙烯利处理不同品种的甘蔗，发现乙烯利可显著提高甘蔗未成熟节间的蔗糖含量，降低了蔗汁中还原糖的含量。甘蔗工艺成熟前期，蔗糖含量稳定上升，转化酶活性迅速提高；在工艺成熟期，蔗糖含量达到最高，而转化酶活性却出现一个下降的过程；工艺成熟后期出现"回糖"现象，转化酶活性再次上升。说明转化酶在蔗糖积累和再次利用过程中都起着重要作用。甘蔗生长后期用 400 mg/L 乙烯利处理，在一段时间内可以提高中性和酸性转化酶活性，有利于蔗糖积累和成熟，而乙烯利处理 3 周后转化酶活性低于对照，蔗糖代谢活动降低，抑制甘蔗回糖，有利于甘蔗糖分长时间保持高水平。

在观赏凤梨花芽孕育期间用乙烯利处理，蔗糖水平变化与酸性转化酶呈相反趋势，二者呈负相关。花芽发端前蔗糖水平先降低，后明显积累，而酸性转化酶活性先升高再降低，同时乙烯利处理明显提高了还原糖、可溶性总糖等营养物质在叶片中的积累，从而促进了观赏凤梨成花。

利用乙烯利处理苹果果实的研究表明：在果实成熟过程中，随着淀粉含量的下降，可溶性糖（主要为蔗糖）含量增加。乙烯利处理在显著加速淀粉降解的同时显著增加蔗糖含量，而对果糖和葡萄糖含量无显著影响。乙烯利处理后，淀粉酶和蔗糖合酶的活性增强，在果实成熟过程中活性变化较小的中性转化酶和蔗糖磷酸合酶，受到乙烯利处理的显著激活，但没有改变酸性转化酶活性下降的状况。乙烯对果实中蔗糖含量的调控主要通过对中性转化酶、蔗糖磷酸合成酶与蔗糖合成酶的影响来实现。

激素对果实糖代谢的调控是一个复杂的过程，在果实生长发育的过程中，激素对于蔗糖代谢是如何影响和调控的、它们之间的变化是如何协调的，在生化和分子方面尚需进一步深入研究。

（6）其他生长调节剂与蔗糖代谢

1）多胺 包括精胺（Spm）、亚精胺（Spd）、腐胺（Put）和尸胺（Cad），广泛存在于细菌、植物、动物等一切生命体中，被认为是一种新的植物生长调节剂。多胺在植物体内有多种存在形式，有游离多胺、束缚多胺，还有一些通过共轭作用与其他一些分子结合在一起。在高等植物中，多胺主要以游离形式存在，其分布具有组织和器官特异性。一般植物细胞分裂最旺盛的地方多胺生物合成也最为活跃，其对糖代谢具有调节作用。

研究显示：在油菜的幼苗期和蕾薹期分别外源喷施不同浓度的 Spm 和 Spd，可溶性糖的含量均明显提高，幼苗期喷施 0.01 mmol/L 的 Spm 和 Spd 效果最好。蕾薹期喷施 0.1～1.0 mmol/L 的 Spm 效果最好，喷施 1.0 mmol/L 的 Spd 效果最好。蕾薹期可溶性糖含量明显高于幼苗期。

2）多效唑　　淀粉及蔗糖是草坪草碳水化合物代谢中的两种重要物质，都与光合作用关系密切，参与调节源-库平衡。用多效唑处理高羊茅叶片，结果显示经多效唑处理的叶片淀粉和可溶性碳水化合物含量都显著提高，叶片积累蔗糖，中性转化酶活性降低，但酸性转化酶活性上升。

3）水杨酸　　水杨酸（salicylic acid，SA）是植物体内普遍存在的一种酚类化合物，对植物生长有广泛的生理效应，有研究认为 SA 是一种新的植物激素。研究外源施用水杨酸对桃果实的影响，结果表明，弱光环境下在幼果期和成熟期喷施 SA 都显著提高了果实的蔗糖含量，在桃果实成熟期喷施 SA 显著提高了葡萄糖和果糖的含量，蔗糖合成酶的活性也显著提高。

4）油菜素内酯　　油菜素甾体类化合物（BR）在植物体内含量甚微，但分布很广，在高等植物中已被鉴定出来的种类里，以油菜素内酯（brassinolide，BL）的活性最高，自 1998 年第 16 届国际植物生长物质会议确认油菜素内酯为第六大激素以来，研究者已发现其具有许多独特的生理功能：促进细胞伸长和分裂，提高种子活力，促进光合作用，增强抗性，增加产量，延迟衰老，促进花粉管生长等。其在极低浓度下就能表现出与其他激素相同的调节生长活性，是一种极有前途的植物生长调节剂。

关于外源施用 BR 对蔗糖代谢的影响已经有一些研究。施用 BR 可以显著提高葡萄坐果率，其单果粒重、果实纵横径及果肉糖度等有不同程度增加，叶面喷施 0.01 mg/L 的 BR 对提高果肉糖度有显著效果。甘蔗喷施 BR-120 后增强了蔗株的光合作用，有利于甘蔗的生长和糖分积累，从而达到增产、增糖的效果。在葡萄始花前 1 周及始花期施用 BR，果实内的可溶性固形物和总含糖量均明显增加。在草莓的开花结果期使用 0.1 mg/kg 的 BR，果实总糖、还原糖含量分别提高 13.07% 和 9.5%。

1.2.2.2　植物糖信号与激素信号

光合作用是植物最基本的生理活动。成熟叶片同化的光合产物除用于自身代谢外，主要以蔗糖形式通过韧皮部输送到幼叶、根、茎、花、种子、果实、块茎等库组织中贮藏和利用。植物中糖的合成、运输与分配是一个复杂的过程并受发育和环境信号的调控。植物中的源-库关系并非一成不变，在植物生命周期中源-库关系及库强度和库器官的数量都在变化。因此，植物中需要信号途径来调节源-库关系的变化及对外界因子刺激作出响应。许多研究已经证明，糖不仅作为底物维持库组织的生长，同时也是调控源-库代谢的信号分子。植物通过对不同糖水平所产生的响应来调节相关基因的表达，进而将各种外部环境因子（包括光、其他养分、生物及非生物胁迫）和内在发育进程（受多种激素控制）整合在一起。最近对糖结合酶等的研究获得强有力的证据证明糖能作为信号传递的物质，这一信号感受和信号转导可以在毫摩尔浓度范围内起作用。

不同的实验证明，糖通过阻遏光合基因的表达在光合作用的反馈抑制中发挥主要作用。在库端，糖还诱导了大量库特有的涉及蔗糖分解代谢的转化酶基因和贮藏产物合成的酶基因的转录。科研人员用改良的压力注射技术直接将蔗糖注入大豆茎中以研究蔗糖调控源-库关系的效应，发现这种蔗糖补充明显抑制光合作用并对植株生长具有正效应。

蔗糖和葡萄糖都可引发基因调节的变化。近来的实验证据表明植物中存在蔗糖特有的影响转录和翻译的调节途径，这些途径包括蔗糖诱导 *patatin* 启动子和韧皮部特有的 *rolC* 基因，蔗糖运输蛋白基因表达和运输活力受蔗糖阻遏，经 mRNA 前导序列的 *ATB2* mRNA 转译受蔗糖阻遏。

研究人员在番茄和拟南芥上发现了一个新的与酵母蔗糖运输蛋白相似的蛋白——SUT2。在番茄中，SUT2 分别与蔗糖运输蛋白 SUT1（高亲和力）和 SUT4（低亲和力）一同定位于筛分子中，并通常在库组织而不是源叶中高度表达。SUT2 受蔗糖诱导，可能直接参与控制其他两个蔗糖运输蛋白的基因表达、运输活力及 mRNA 与蛋白质之间的转换率，对蔗糖穿过筛分子质膜的流量起调节作用。

植物生长发育是糖与多种激素相互作用的结果。糖对植物发育和基因表达的特异效应与植物激素的作用相似，植物激素和糖都既是信号分子又是中间代谢物。在胡萝卜转基因植株中发现，细胞壁或液泡转化酶基因被反义抑制后引起的畸形胚和蔟状枝叶可通过补充己糖得到纠正，表明转基因效应是由于缺少了控制生长素和细胞分裂素平衡的己糖信号。另外发现缺少 AtHXK1（糖传感蛋白）的突变体 *gin2* 改变了对生长素和细胞分裂素的敏感性。在酵母中，糖调节的 GRR1（SCF 泛素连接酶）和生长素信号元件 TIR1 中有共同的 F-BOX 和富亮氨酸的重复序列，这表明生长素和糖信号可能存在某种联系。

糖与激素信号互作可能是植物整合内外环境与营养信号进而调控植物代谢活动以适应内外环境变化的一种主要方式。一些基因与糖及 ABA 共同存在时有增效表达的作用。*ApL3* 基因编码参与拟南芥中淀粉合成的 ADPG 焦磷酸的一个亚基，此种基因表达受蔗糖激活，ABA 本身不能诱导此种基因表达，但当蔗糖中有 ABA 存在时却明显增强 *ApL3* 基因的表达。有研究发现一种编码葡萄 ABA 胁迫和诱导成熟蛋白的基因 *VvMSA* 的表达受蔗糖诱导，但有 ABA 存在时，可强烈促进蔗糖对 *VvMSA* 的诱导，说明糖与 ABA 信号转导可能协同调控一些植物中生长发育功能基因的表达。

1.2.2.3　茉莉酸信号研究进展

茉莉酸类物质（jasmonates，JAs）是茉莉酸（jasmonic acid，JA）及其衍生物的统称，也称为茉莉素、茉莉酮酸或茉莉酮酯，包括甲酯衍生物——茉莉酸甲酯（MeJA）和氨基酸衍生物（JA-Ile）。早在 1971 年，Aldridge 等将游离的 JA 从香蕉黑腐病菌中分离出来，之后 Ueda 和 Kato 等发现 JA 具有生长物质的活性，分布于植物的幼嫩组织、花和发育的生殖器官中。JA 最先被认为是植物体内的生长调节物质，具有整体性调控的作用。但越来越多的研究表明 JA 在植物信号网络中具有重要作用。鉴于其在植物中不可取代的作用，在第 16 届国际植物生长会议上 JA 被确定为一类新型的植物激素，并得到国际学术界的公认，随后关于 JA 的生物学作用受到了广泛研究。

（1）茉莉酸类物质的合成

JAs 的生物合成，开始于细胞膜释放的亚麻酸。首先，α-亚麻酸（α-LeA）在脂氧合酶（13-LOX）的作用下转化成 13S-氢过氧亚麻酸（13-HPOT）；其次，丙二烯氧化物合酶（13-AOS）和丙二烯氧化物环化酶（AOC）将 13-HPOT 转化为具有光学活性的 12-氧-植物二烯酸（OPDA），并产生不稳定的中间产物丙二烯氧化物（12,13-EOT），此物质可不经催化直接水解产生外消旋的 OPDA；最后，12-氧-植物二烯酸还原酶（OPR3）催化两种 OPDA，使其五元环上的双键发生还原反应，并催化之后的连续 3 个 β-氧化反应，最后形成茉莉酸（＋）-7-iso-JA，再在其他酶的催化下衍生出植物体内各种所需的茉莉酸盐，如（＋）-7-iso-JA 经过甲酯化就可以生成茉莉酸甲酯。

位于茉莉酸生物合成途径上游的几个基因都被定位在叶绿体中，但 β-氧化酶被定位于过氧化物酶体中，而后期用于茉莉酸修饰的酶则存在于细胞质中。也有报道称愈伤诱导相关的 JAs 合成与发育相关的 JAs 合成具有重叠部分，但不完全相同，也就是说在植物中可能存在 2 条 JAs 的合成途径或 2 种不同的合成调控通路，这给 JAs 生物合成途径的研究带来了很大难度，但与此同时也预示存在更多对于该合成途径的调控方式。JAs 的生物合成途径如图 1-1 所示。

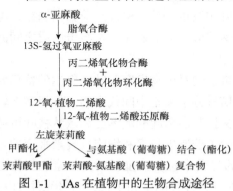

图 1-1　JAs 在植物中的生物合成途径

（2）茉莉酸信号通路

JAs 的信号通路最初在拟南芥和番茄中得到广泛研究，大量研究表明 JAs 作为植物细胞间及细胞内重要的信号分子，可以通过与转录因子间的相互作用来调控植物对胁迫反应的应答及次生物质的合成。近年来 JAs 信号通路中的一些重要组成成分已经得到鉴定，这其中包括 COI1 蛋白、SCF^{COI1} 复合体、JAZ 蛋白、转录因子等。

COI1 基因被确定为是 JAs 信号转导途径中的重要控制因子，其基因突变的突变体植株丧失了 JAs 调控的一切生物功能，表现为对 JAs 和冠菌素（coronatine）不敏感、不表达 JAs 诱导的相关基因、对病虫害的抗性降低。该基因编码一个 N 端 F-box 的蛋白，经研究发现，该蛋白与 Patton^{Skp1} 和 Cullin 结合后形成 SCF^{COI1} 蛋白酶复合体，该蛋白酶复合体可以通过将底物泛素化使底物被蛋白酶体所降解。

近来突破性的研究结果表明，JAZ 是茉莉酸信号转导途径中的负向调控蛋白家族，也是 SCF^{COI1} 蛋白酶复合体的底物，JAZ 蛋白含 ZIM 结构域和 C-端的 Jas 结构域，COI1 通过识别 Jas 结构域与其直接作用。*MYC2* 是茉莉酸信号转导途径中的一种转录因子，它与 JAZ 蛋白相互作用，当 JAZ 被 SCF^{COI1} 蛋白酶复合体降解后，*MYC2* 转录因子就得以释放，从而启动基因的表达。目前除 *MYC2* 外，还存在其他受 JAZ 调控的转录因子，如 *ERF*、*MYB* 和 *WRKY*，并且不同的 JAs 可能介导 JAZ 蛋白家族中不同的 JAZ 与 SCF^{COI1} 的结合。

在没有生物胁迫或非生物胁迫的情况下，JAZ 蛋白会与转录因子 *MYC2* 或其他转录因子相结合，使转录因子处于失活状态，不启动基因转录；但植物一旦受到胁迫刺激时，植株会合成大量的 JA，腺苷酸形成酶 JAR1（jasmonic acid resistant 1）在 ATP 存在时将 JA 转化为 JA-Ile，大量的 JA-Ile 会使 SCF^{COI1} 和 JAZ 结合，结合后 SCF^{COI1} 中的 26S 蛋白酶体会将 JAZ 降解，解除对转录因子 *MYC2* 的抑制，从而启动与 JA 响应的基因。

（3）茉莉酸类物质在植物初生代谢中的作用

近年来，随着对 JA 的研究越来越深入，人们发现茉莉酸类物质作为一种植物激素在植物中的作用非常广泛，如影响植物生长发育，影响种子的萌发、侧根形成、颖花开放、叶片衰老与脱落等过程。此外，JA 在植物应答生物和非生物胁迫反应中具有重要作用（如机械损害、病虫害、干旱、盐胁迫等）。

在茉莉酸对糖代谢的影响研究中，科研人员应用 JA 突变体 *spr2* 研究了番茄发育中后期果实中还原糖的含量，结果表明突变体植株均显著低于野生型植株，说明内源 JA 缺失会显著影响番茄果实中还原糖的含量，预示着 JA 可能会促进果实还原糖的积累。另外，对石木树和郁金香的研究也表明茉莉酸类物质可以改变流胶多糖中可溶性还原糖的含量。这些研究都证实茉莉酸类物质（或者茉莉酸信号通路）会影响相应植物体内糖类物质的含量。

1.2.3 植物果实中果糖代谢研究进展

1.2.3.1 植物果实中果糖代谢相关酶及其基因表达

果实中糖的积累水平是由源-库关系调控的，且糖对源-库关系也起调控作用。也就是说糖的积累水平是光合产物的生产、运输、分配及在果实中的代谢等一系列过程共同作用的结果。但是最终运入果实中的同化产物是由它在果实中的代谢决定的，因而，在了解糖的生产、运输及分配之后，掌握果实中糖代谢的规律及其调控机制将更有助于实现对果实糖含量及组成的科学调控。蔗糖水解的产物有一部分是果糖，游离的果糖既可经磷酸化后进入糖酵解途径，也可重新用于合成蔗糖。研究表明，葡萄糖和果糖作为信号分子比蔗糖更能有效抑制光合相关基因表达，也可以诱导或阻遏某些基因的表达。因此一些科研人员认为葡萄糖和果糖可能是直接的信号分子，能通过影响基因表达发挥作用。

（1）果糖代谢循环特点及代谢相关酶

高等植物的碳水化合物在叶片中经光合作用合成，通过韧皮部运输分配到不同库组织中，大多数植物同化产物主要以蔗糖的形式为代谢活动提供碳源和能量。细胞内快速连续地降解和重新合成蔗糖，这一循环中蔗糖的降解由蔗糖合成酶催化，合成由蔗糖合成酶和蔗糖磷酸合成酶催化。蔗糖在库组织中可被直接贮藏，也可在蔗糖合成酶或转化酶作用下分解为己糖——果糖和葡萄糖。果糖和葡萄糖必须经磷酸化才能进入糖酵解途径。己糖的磷酸化对维持植物合成淀粉的碳流和呼吸作用必不可少。磷酸化的己糖进入糖酵解途径后，为植物的生理活动提供能量和中间代谢产物。催化己糖磷酸化的酶统称为己糖激酶，己糖代谢的第一步不可逆反应由己糖激酶催化，构成植物和其他有机体代谢活动的重要调控步骤。近年来的研究表明，植物的糖感受（sugar sensing）和信号转导过程也有己糖激酶的参与。因而，对己糖激酶的深入了解有助于实现人为科学调控植物的生长发育进程，上述糖合成与分解代谢循环的协同作用调控了果实糖积累的进程。

（2）果糖代谢相关酶的作用

依据底物特异性和功能的不同，催化己糖磷酸化的酶可分为己糖激酶（hexokinase，EC2.7.1.1）、葡萄糖激酶（glucokinase，EC2.7.1.2）和果糖激酶（fructokinase，EC2.7.1.4），广义的己糖激酶包括这3种酶，己糖代谢的第一步不可逆反应由它们催化。目前己糖激酶还没有统一的命名规则，已报道的资料多将植物己糖激酶称为HXK或HK，葡萄糖激酶称为GLK或GK，果糖激酶称为FRK或FK。HXK既可催化果糖，也可催化葡萄糖，最适底物是葡萄糖，所以，多数研究者对GLK和HXK不作区分，将催化己糖磷酸化的酶只分为己糖激酶和果糖激酶。己糖激酶同工酶对果糖具有特异性，被命名为果糖激酶。由于果糖激酶对果糖的亲和性较己糖激酶大得多，因而目前普遍认为果糖激酶在果糖分解代谢中起主要作用，并且在多数植物中，果糖激酶仅磷酸化果糖。

（3）果糖激酶基因的表达

从水稻未成熟的种子中分离到2个果糖激酶基因——*OsFRK I*和*OsFRK II*，*OsFRK I*的cDNA编码一个包含323个氨基酸的蛋白质序列，与其他已经鉴定的植物果糖激酶具有59%～71%的相似性，而*OsFRK II*的cDNA编码的蛋白质序列有336个氨基酸，与*OsFRK I*有64%的同源性。染色体组DNA杂交分析显示，在水稻染色体组中每个果糖激酶基因存在1个单一的拷贝。将这2个基因在大肠杆菌中表达后，尽管*OsFRK I*和*OsFRK II*都以果糖为底物，但只有*OsFRK II*活性被高浓度的果糖抑制。Northern杂交分析表明，在发育的水稻籽粒中积累了较高水平的*OsFRK II*的mRNA，但在未成熟的水稻籽粒中*OsFRK I*表达水平较低。这些结果显示在水稻胚乳中果糖激酶被2个不同的基因编码，在淀粉贮藏中起不同的作用，而酶的活性取决于对底物抑制的敏感性和在胚乳中的转录水平。

从玉米中克隆到2个果糖激酶基因——*ZmFRK1*和*ZmFRK2*，分别编码323和335个氨基酸，与之前鉴定的马铃薯、甜菜、番茄和拟南芥中的果糖激酶具有很高的同源性。重组ZmFRK1和ZmFRK2蛋白质体外酶学研究表明，两个蛋白都具有特异果糖激酶活性，但是ZmFRK1重组蛋白较ZmFRK2有更高的产率。这两个蛋白的活性均能被果糖抑制，但ZmFRK1对果糖较不敏感。这2个基因的mRNA在根及茎中积累较多，但在叶片中几乎检测不到。在种子发育过程中*ZmFRK1*和*ZmFRK2*的表达模式有一定差异，前者只在果实发育后期表达，而后者在早期表达，因此，这2个基因在种子发育过程中可能具有不同的生物学功能。

从温州蜜柑中得到一个编码果糖激酶的基因，命名为*Cufrk1*，cDNA全长1459 bp，编码350个氨基酸，蛋白质分子量约为37.5 kDa。Northern分析显示，*Cufrk1*在柑橘幼叶、发育初期果实中表达量较高，在果皮和茎中不表达，在花瓣及成熟果实中表达模式有一定差异。从以上植物果糖激酶基因表达的结果可以看出，植物果糖激酶基因表达具有组织特异性和时空特异性。

1.2.3.2　果糖积累的调控

糖的积累在果实中有多种类型，不同番茄品种成熟时积累不同比率的糖分：栽培品种一般以积累葡萄糖和果糖为主，但积累葡萄糖与果糖的比率也不相同；而野生番茄种类（*S. chmielewskii*）积累蔗糖的比率较大。积累不同种类的糖分对番茄有不同的作用。果糖是蔗糖水解的产物，游离的果糖既可经磷酸化后进入糖酵解途径，也可重新用于合成蔗糖。由于果糖的甜度较蔗糖及葡萄糖高，因此提高果实中果糖的含量可以改变果实的风味。果实中糖的积累除受遗传因子影响外，自然环境和栽培措施也对果实糖分积累产生影响。

（1）果糖代谢的调控基因

在果实具有高果糖和葡萄糖比值（F∶G 值）性状的番茄品种中应用 ISSR-PCR（inter-simple-sequence repeat-PCR）技术，鉴定出 2 个 *Fgr* 等位基因——*Fgr*^H^ 和 *Fgr*^E^，其中，*Fgr*^H^ 为完全显性，它能增加 F_2 代及 F_3 代的 F∶G 值（可达 1.5∶1），而总糖含量未发生改变，在改良 F∶G 值中很有研究价值。

参与果糖代谢及积累的反应包括己糖磷酸化及己糖磷酸异构作用，因而己糖激酶与己糖磷酸异构酶参与的反应均能影响果实 F∶G 值。其中磷酸异构酶对 F∶G 值的调控知之甚少。己糖激酶（包括己糖激酶 HXK、葡萄糖激酶 GLK 和果糖激酶 FRK）是催化己糖磷酸化的酶，因为这一步是己糖代谢中的第一步不可逆反应，所以它同时也是调节植物生长发育进程和果实糖含量及组成比例的关键调控步骤。这 3 种酶中，HXK 能磷酸化果糖和葡萄糖，但对葡萄糖的亲和性较大，FRK 对果糖有较高特异性，GLK 对葡萄糖有较高特异性，因此，HXK 和 FRK 是果糖代谢的关键酶。

（2）HXK 调控果实果糖水平的研究

拟南芥 *AtHXK1* 基因在番茄中过表达可使植株的表现型发生改变，转基因植株的果实及种子体积减小，研究发现果实体积减小是由于细胞膨大程度降低，这种改变可以通过使用蔗糖来校正。在转基因果实中淀粉及己糖浓度降低，而有机酸及氨基酸含量较高。转基因植株的呼吸速率降低，ATP 水平降低，ATP/ADP 值降低，这可能表明，果实及种子体积的减小是其代谢受到影响造成的。

研究表明，己糖激酶不仅催化己糖代谢的第一步不可逆反应，也参与葡萄糖传感过程。关于糖阻遏、光合作用和代谢基因的研究表明，由己糖激酶催化的己糖磷酸化对糖的信号功能必不可少。例如，只有被己糖激酶磷酸化的糖才能阻遏光合基因的表达（如叶绿素 a 或 b 结合蛋白 CAB1），而未磷酸化的糖在糖介导的光合基因表达调控中不是必需的。科研人员利用在拟南芥幼苗中表达正义和反义的 *AtHXK1* 来分析己糖激酶在整株植物中的作用，发现过表达 *AtHXK1* 的转基因幼苗对增加外源的葡萄糖（从 2%增加到 6%）高度敏感。利用反义方法减少己糖激酶表达的转基因植株明显减少了对外源葡萄糖的敏感性，并且这些植株表现为胚轴的伸长生长加速，光合基因的表达提高。在另一个独立试验中，酵母的一个己糖激酶在拟南芥中过度表达，并未观察到对葡萄糖敏感性的提高，因此，拟南芥己糖激酶是一个具有双重功能的酶，它除了磷酸化己糖外，还具有糖感受和信号功能。

通过在番茄中过表达拟南芥 *AtHXK1* 基因，科研人员发现 *AtHXK1* 的表达与其活性直接相关。转基因植株中，当 *AtHXK1* 在光合组织中表达并增加其活性时，可对植株产生抑制作用。与对照相比，转基因植株叶片中叶绿素含量下降、光合速率下降、PSⅡ反应中心的光化学量子效率减小，植株快速衰老，果重、幼果淀粉含量、成熟果实可溶性固形物含量均减少。这表明，植物体内己糖激酶不仅是生长的限制因子，还具有调节光合作用、生长发育和衰老的作用。

将马铃薯编码己糖激酶的 cDNA 分别正义和反义导入植株叶片和块茎中，可发现转基因植株己糖激酶活性和 *StHXK1* mRNA 的表达均发生了改变。己糖激酶在发育的块茎中表现最大活性，反义转化植株的酶活性为正常植株的 32%，而正义转化的植株为 222%。有趣的是，尽管己糖激酶活性在转基因植株中变化很大，但叶片鲜重、淀粉、糖或块茎的代谢水平并未与对照表现出不同。在暗期，反义转化植株叶片中的淀粉含量增加了 3 倍，暗期末期叶片中葡萄糖含量增加了 2 倍。

（3）FRK 调控果实果糖水平的研究

研究表明，FRK 能调节蔗糖与淀粉之间的相互转化。番茄反义表达 *LeFRK2* 植株幼果中的糖水平发生明显改变：幼果中果糖含量明显增加，葡萄糖含量减少，而己糖总量并未受到影响。对 *LeFRK2* 的后续研究表明，转反义 *LeFRK2* 基因的植株生长受到抑制，叶片在白天出现萎蔫现象。嫁接实验表明，以反义植株作为中间砧已经足够引起叶片萎蔫。通过次生木质部染色显示，与野生型相比较，反义植株的活性木质部面积明显较小，*LeFRK2* 受到明显抑制，结果表明，*LeFRK2* 可能为木质部的正常发育所必需，因为木质部直接影响生长及萎蔫。

对番茄不同 *FRK* 基因进行反义转基因研究，结果表明抑制 *Frk1* 表达导致番茄第一次开花延迟，抑制 *Frk2* 并不影响开花时间，但导致茎及根生长受限、花及果实数量减少、单果种子数减少。但是，抑制这 2 个基因对果实己糖和淀粉含量无影响。该结果表明不同 *FRK* 基因在植物组织中承担不同作用，单独抑制 *FRK* 基因家族的一个成员对调节果实糖水平作用并不显著。

综上所述，果实糖积累水平是多因子共同调节的综合结果，通过单因子的改变来调控果实的糖积累水平往往会牺牲其他的因子，如通过反义调节 *AGPase* 基因或 *PGM* 基因的表达可以改变果实中的淀粉及糖浓度，但这会导致果实中碳水化合物含量的减少；反义抑制 *Ivv* 或 *SS* 基因的表达，能提高果实中蔗糖的积累水平，但也会导致果实体积减小；反义抑制 *FRK* 基因的表达，可以提高早期果实的果糖积累水平，但也会导致植株发育不良，出现萎蔫现象。这些结果远不如植物抗性研究成果理想。因此，通过分子生物学手段改善果实风味方面的研究还需要进一步探讨，但可以肯定的是，这一研究领域的不断开拓将会使通过基因工程方法来提高果实风味及品质成为可能。

第2章 ★ 番茄糖代谢的时空变化规律

大多数植物的光合产物是蔗糖和淀粉,其中蔗糖是碳运输的主要形式,也是库代谢的主要基质。淀粉在叶绿体中合成之后可以通过水解和磷酸化的方式进行降解,前者的产物是葡萄糖和果糖,后者主要是磷酸丙糖(TP)和3-磷酸甘油酸(3-PGA)。高等植物体内糖的代谢和积累包括多个酶促反应,涉及多种酶,其中主要包括合成蔗糖的蔗糖磷酸合成酶(SPS)、降解蔗糖的转化酶(Inv)和蔗糖合成酶(SS)。源叶和库组织中碳水化合物含量和代谢相关酶活性的动态变化及相互关系,是研究源-库关系的重要内容之一。

2.1 番茄叶片中可溶性糖含量变化规律

采用了不同发育时期的两种番茄——野生型番茄(*Solanum chmielewskii*,蔗糖积累型番茄)和普通栽培型番茄(*Solanum lycopersicum*,己糖积累型番茄)为试验材料,测定了叶片中碳水化合物含量和糖代谢相关酶活性的动态变化,比较两种不同蔗糖代谢类型番茄叶片糖代谢和积累的差异性,为番茄叶片的糖代谢机制提供生理学依据。

2.1.1 番茄叶片中糖含量变化规律

2.1.1.1 材料与方法

(1)材料

供试番茄为野生型番茄和普通栽培型番茄,分别在开花后15 d、20 d、25 d、30 d、35 d、40 d、45 d,取第1花序第2果下方最近的功能叶片,称取1 g左右,各时期的功能叶片分别进行糖含量测定(3次重复),液氮处理后保存于–80℃冰箱中备用。

(2)方法

待测样品在80%乙醇溶液中提取可溶性糖。提取糖分后用高效液相色谱(HPLC)测定含量。测定方法为:取样后称重,置入试管→倒入80%乙醇溶液,浸没样品约1 cm→80℃水浴1 h后冷却封存。测定前倒出乙醇提取液入25 mL容量瓶→向试管中加入80%乙醇溶液,80℃水浴,如此反复提取2次→定容→取一定体积浓缩→用1 mL超纯水溶解糖→上清液过0.45 μm或0.22 μm滤膜→进液相(HPLC)测定。

测定方法及色谱条件为:Agilent1100高效液相色谱,氨基柱,柱温为35℃,1100示差检测器,流动相比率为80%乙腈:20%超纯水,流速为1.0 mL/min, Instrument online软件控制及数据处理。

提取可溶性糖后的残渣,待干燥后用高氯酸水解法测定淀粉的含量。

2.1.1.2 结果与分析

(1)不同发育时期番茄叶片中可溶性糖含量的变化

如图2-1所示,在普通栽培型番茄叶片中,随着植株的生长,葡萄糖和果糖含量变化趋势基本一致，呈现先增后降的动态变化，在花后 25 d 达到最高值；在野生型番茄叶片中，果糖和葡萄糖的含量较低，没有明显的变化，但在生长后期叶片中的含量比生长初期略微提高；两种番茄叶片中蔗糖含量的变化较为一致，在花后 15～25 d 迅速下降，野生型番茄叶片中蔗糖含量下降较多，之后它们的下降趋势较小。

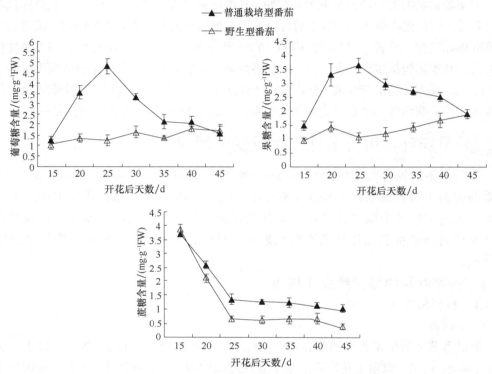

图 2-1　不同发育时期番茄叶片中可溶性糖含量的动态变化

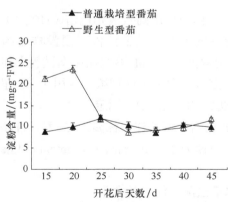

图 2-2　不同发育时期番茄叶片中淀粉含量的动态变化

（2）不同发育时期番茄叶片中淀粉含量的动态变化

两种番茄叶片中淀粉含量的动态变化如图 2-2 所示。在普通栽培型番茄叶片中，淀粉含量在整个植株生长阶段并没有明显的升降变化，始终维持在 $8.80～10.92\ mg\cdot g^{-1}FW$；而在野生型番茄叶片中，花后 15～20 d，淀粉含量增加至 $23.68\ mg\cdot g^{-1}FW$，之后迅速下降，花后 25 d 含量为 $12.04\ mg\cdot g^{-1}FW$，花后 25 d 至果实成熟，两种番茄叶片中的淀粉含量基本相同，且没有明显变化。

2.1.1.3　小结

在普通栽培型番茄叶片中主要积累果糖和

葡萄糖，并且在花后 25 d 时积累量最大，但在果实发育后期，两种番茄叶片中的果糖和葡萄糖含量均相差不大，并且蔗糖含量的变化趋势一致，在花后 15～25 d 下降幅度较大。在花后 15 d 和 20 d，野生型番茄叶片中的淀粉含量明显高于普通栽培型番茄，之后二者含量相差不大。

2.1.2　番茄叶片中糖代谢相关酶活性变化规律

2.1.2.1　材料与方法

（1）材料

供试番茄为野生型番茄和普通栽培型番茄，分别在开花后 15 d、20 d、25 d、30 d、35 d、40 d、45 d，取第 1 花序第 2 果下方最近的功能叶片，称取 1 g 左右，各时期的功能叶片分别进行糖代谢酶活性测定（3 次重复），液氮处理后保存于-80℃冰箱中备用。

（2）方法

1）糖代谢相关酶的提取　　样品在液氮速冻后放在研钵中，加 10 mL HEPES 缓冲液［50 mmol/L HEPES-NaOH，pH7.5，1 mmol/L EDTA，10 mmol/L MgCl$_2$，2.5 mmol/L DTT，10 mmol/L 的维生素 C 和 5%不溶性的 PVPP（0.5 g）］进行冰浴研磨成匀浆（加入少量石英砂），4 层纱布过滤，12000×g（4℃）离心 20 min（石英砂配平），弃沉淀。上清液逐渐加 5.6 g 硫酸铵（分 3 次加入，盖上盖摇晃，使充分溶解）放置 15 min，再 12000×g（4℃）离心 20 min（空管水配平）。弃上清液，用提取缓冲液 3 mL 溶解沉淀，转入透析袋中。再用稀释 10 倍的提取缓冲液（20～25 mL，不含 PVPP）4℃冰箱中透析 20 h。以上所有操作均在 0～4℃进行。

2）糖代谢相关酶活性的测定　　根据于新建（1985）和于志海等（2012）的测定方法并加以改进，待测样品均重复 3 次，具体方法如下。

酸性转化酶（AI）：0.8 mL 反应液（pH4.8，0.1 mol/L Na$_2$HP0$_4$-0.1 mol/L 柠檬酸钠，0.1 mol/L 的蔗糖）中加入 0.2 mL 酶液，37℃下反应 30 min，3,5-二硝基水杨酸法测定生成的还原糖含量，酶的活性单位用 μmol Glucose·g^{-1}FW·h^{-1} 表示。

中性转化酶（NI）：0.8 mL 反应液（pH7.2，0.1 mol/L Na$_2$HP0$_4$-0.1 mol/L 柠檬酸钠，0.1 mol/L 的蔗糖）中加入 0.2 mL 酶液，37℃下反应 30 min，向反应液中加入 1 mL 蒸馏水，再加 1.5 mL 二硝基水杨酸试剂停止反应，沸水浴 5 min，流水冲洗冷却，向每管中加入 21.5 mL 蒸馏水，在 520 nm 下比色。3,5-二硝基水杨酸法测定生成的还原糖含量，酶的活性单位用 μmol Glucose·g^{-1}FW·h^{-1} 表示。

蔗糖合成酶（SS）：0.35 mL 反应液（0.05 mol/L 果糖，0.82% UDPG，0.1 mol/L Tris，10 mmol/L MgCl$_2$）中加入 0.2 mL 酶液，37℃下反应 30 min，然后 100℃下水浴 1 min，定容至 1 mL，加 0.1 mL 2 mol/L NaOH。放入沸水浴中 10 min，经流水冷却，加 3.5 mL 30%HCl 和 1 mL 0.1%间苯二酚，摇匀，80℃水浴 10 min，经流水冷却，在 480 nm 下比色。酶的活性单位用 μmol Sucrose·g^{-1}FW·h^{-1} 表示。

蔗糖磷酸合成酶（SPS）：反应体系中用 6-磷酸果糖代替果糖，其余样品与测定方法同蔗糖合成酶。酶的活性单位用 μmol Sucrose·g^{-1}FW·h^{-1} 表示。

试验中的 UDPG 及 6-磷酸果糖等生化试剂均购自美国 Sigma 公司。

2.1.2.2 结果与分析

番茄叶片中糖代谢相关酶活性的动态变化如图 2-3 所示。其中，在普通栽培型番茄叶片中，AI 和 NI 的活性呈现先增后降的变化趋势，AI 在花后 25 d 达到最高活性值，而 NI 的活性在花后 25 d 继续保持升高状态，并在花后 30 d 达到最高活性值；SS 的活性在花后 15 d、25 d 和 45 d 有上升趋势，在花后 20 d 略微下降，而在花后 30 d、35 d、40 d 时活性没有明显波动；SPS 在花后 35 d 和 45 d 略微下降，总体而言，其活性在缓慢下降。在野生型番茄叶片中，AI 和 NI 的活性在花后 35 d 和 40 d 不断升高，花后 45 d 又呈现下降趋势；SS 和 SPS 总体呈波浪形的变化趋势，相对而言，SS 的活性从花后 35 d 开始不断缓慢上升，而 SPS 活性在花后 15 d 时相对较高，达到 2.53 μmol Sucrose·g^{-1}FW·h^{-1}，花后 20~25 d，其活性值在 1.17~1.52 μmol Sucrose·g^{-1}FW·h^{-1}。

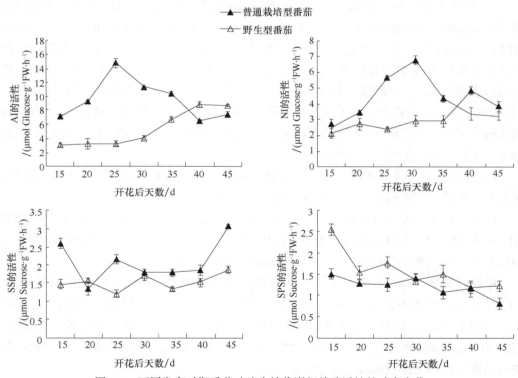

图 2-3　不同发育时期番茄叶片中糖代谢相关酶活性的动态变化

2.1.2.3 小结

1）在普通栽培型番茄叶片正常的生长期，AI 和 NI 活性相对较高，这是因为番茄植株在自身形态建成时期，需要将合成的蔗糖转化后进入糖酵解途径继而转变成自身生长所需要的物质和能量，随着叶片的发育和植株的生长完成，两种酶的活性有所降低；SPS

作为合成蔗糖的主要代谢酶，它的活性在叶片中变化相对较小，在后期略有降低；SS作为分解或合成蔗糖的"双向"酶，它的活性变化能够直接改变叶片中的糖组分，在叶片中 SS 活性在花后 45 d 明显升高。

2）在野生型番茄叶片中，蔗糖代谢酶的活性有所不同。AI 和 NI 在生长后期略微升高，这与叶片中果糖和葡萄糖的含量变化是一致的，而 SS 的活性变化相对较小，SPS活性变化较为复杂，但总体变化趋势和蔗糖含量基本相同。

2.1.3　番茄叶片中糖含量与相关酶活性的关系

2.1.3.1　材料与方法

（1）材料

供试番茄为野生型番茄和普通栽培型番茄，分别在开花后 15 d、20 d、25 d、30 d、35 d、40 d、45 d，取第 1 花序第 2 果下方最近的功能叶片，称取 1 g 左右，各时期的功能叶片分别进行糖含量测定（3 次重复）和糖代谢酶活性测定（3 次重复），液氮处理后保存于−80℃冰箱中备用。

（2）方法

根据於新建（1985）和于志海等（2012）的方法提取和测定。

糖含量与糖代谢相关酶活性之间的相关性分析使用 PASW Statistics 18 软件。

2.1.3.2　结果与分析

如表 2-1 所示，在番茄叶片发育过程中，可溶性糖及淀粉含量的变化与蔗糖代谢相关酶活性呈现如下关系。在普通栽培型番茄功能叶片中，酸性转化酶与果糖和葡萄糖均呈显著正相关，相关系数分别为 0.786 和 0.861，而中性转化酶、蔗糖合成酶和蔗糖磷酸合成酶的活性与可溶性糖和淀粉含量的相关性均不显著；在野生型番茄叶片中，酸性转化酶和中性转化酶活性与果糖和葡萄糖均呈显著正相关，相关系数分别是 0.870、0.776和 0.819、0.886，蔗糖磷酸合成酶活性与蔗糖含量呈显著正相关，相关系数为 0.860，而与果糖和葡萄糖含量呈现显著负相关，相关系数分别是−0.792 和−0.879。

表 2-1　番茄功能叶片中可溶性糖及淀粉含量与蔗糖代谢相关酶活性的相关性

	可溶性糖及淀粉	酸性转化酶	中性转化酶	蔗糖合成酶	蔗糖磷酸合成酶
普通栽培型番茄	果糖	0.786[*]	0.670	−0.695	0.106
	葡萄糖	0.861[*]	0.683	−0.490	0.247
	蔗糖	−0.287	−0.506	0.015	0.668
	淀粉	0.587	0.514	−0.119	−0.430
野生型番茄	果糖	0.870[*]	0.819[*]	0.569	−0.792[*]
	葡萄糖	0.776[*]	0.886[*]	0.676	−0.879[*]
	蔗糖	−0.575	−0.541	−0.176	0.860[*]
	淀粉	−0.576	−0.490	−0.106	0.596

*显著相关（0.05 水平）

2.1.3.3 小结

在普通栽培型番茄叶片中，只有酸性转化酶的活性与果糖和葡萄糖含量之间呈显著正相关，中性转化酶、蔗糖合成酶和蔗糖磷酸合成酶的活性与叶片中各糖组分含量并没有显著相关性。在野生型番茄叶片中，酸性转化酶和中性转化酶的活性均与果糖和葡萄糖含量呈显著正相关，蔗糖磷酸合成酶的活性与果糖和葡萄糖含量呈显著负相关，而与蔗糖含量呈显著正相关，蔗糖合成酶与各糖组分含量均相关性不显著。

2.2 番茄果实中可溶性糖含量变化规律

果实中的可溶性糖以蔗糖、果糖和葡萄糖为主，这些糖是影响果实品质的重要因子，它们的合成与代谢也受糖代谢相关酶影响。有研究表明在蔗糖积累型番茄中酸性转化酶（AI）在果实发育后期的下降是蔗糖积累的前提，蔗糖磷酸合成酶（SPS）活性的升高是蔗糖积累的需要；而在己糖积累型番茄中，SPS 在整个果实发育阶段几乎都保持着较稳定的低活性状态，AI 的活性随着果实的成熟而显著提高，从而导致果实中己糖的大量积累。

以两种不同蔗糖代谢类型的番茄果实为材料，对果实中糖积累与代谢相关酶的关系进行研究，旨在探讨番茄果实中糖组分形成的规律及其控制机理，并为选育新品种提供直接的生理学依据。

2.2.1 番茄果实糖含量变化规律

2.2.1.1 材料与方法

（1）材料

供试番茄为野生型番茄和普通栽培型番茄，分别在开花后 15 d、20 d、25 d、30 d、35 d、40 d、45 d，取第 1 花序第 2 果，称取单果 1 g 左右，各时期的果实分别进行糖含量测定（3 次重复），液氮处理后保存于 −80℃冰箱中备用。

（2）方法

待测样品在 80%乙醇溶液中提取可溶性糖。提取糖分后用高效液相色谱（HPLC）测定含量。

2.2.1.2 结果与分析

（1）不同发育时期番茄果实中可溶性糖含量的变化

如图 2-4 所示，普通栽培型番茄果实中的果糖和葡萄糖含量变化趋势基本一致。在果实发育前期，它们的含量动态变化相对较小，从花后 30 d 开始至果实成熟时期含量不断升高，蔗糖含量在整个果实发育期几乎没有明显变化，但在果实成熟时略有降低；在野生型番茄果实中，果糖和葡萄糖含量没有明显变化，且始终维持低含量水平，而蔗糖含量在花后 45 d 突然大幅度增加，达到 $11.36\ mg\cdot g^{-1}FW$。

在整个果实发育阶段，普通栽培型番茄果实中的果糖和葡萄糖含量始终高于野生型

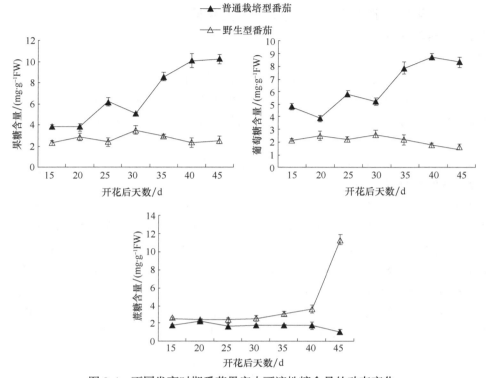

图 2-4　不同发育时期番茄果实中可溶性糖含量的动态变化

番茄果实中的含量，而蔗糖含量却始终低于野生型番茄果实中的含量。

（2）不同发育时期番茄果实中淀粉含量的变化

两种番茄果实中的淀粉含量变化趋势基本一致，且含量相差不大，如图 2-5 所示，花后 15 d、20 d 和 25 d 呈 "V" 形变化，在花后 25 d 暂时升高后又不断下降，至果实成熟时降到最低。

在花后 15 d 时，普通栽培型和野生型番茄淀粉含量相对较高，分别为 21.96 mg·g^{-1}FW 和 20.63 mg·g^{-1}FW，果实成熟后（花后 45 d），分别降至 2.25 mg·g^{-1}FW 和 5.57 mg·g^{-1}FW。

2.2.1.3　小结

在果实的成熟期，普通栽培型番茄果实中的果糖和葡萄糖含量明显积累，而在野生型番茄果实中蔗糖含量大量积累；淀粉含量在两种番茄果实中的变化趋势基本一致，总体呈现不断下降的趋势。

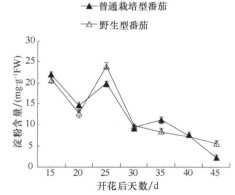

图 2-5　不同发育时期番茄果实中淀粉含量的动态变化

2.2.2 番茄果实中蔗糖代谢相关酶活性变化规律

2.2.2.1 材料与方法

（1）材料

供试番茄为野生型番茄和普通栽培型番茄，分别在开花后 15 d、20 d、25 d、30 d、35 d、40 d、45 d，取第 1 花序第 2 果，称取单果重量 1 g 左右，各时期的果实分别进行糖代谢酶活性测定（3 次重复），液氮处理后保存于–80℃冰箱中备用。

（2）方法

根据於新建（1985）和于志海等（2012）的方法提取和测定。

2.2.2.2 结果与分析

如图 2-6 所示，普通栽培型番茄果实中酸性转化酶（AI）和中性转化酶（NI）的活性在花后 30 d 有明显上升的趋势，这与果糖和葡萄糖含量的动态变化基本一致；而蔗糖合成酶（SS）和蔗糖磷酸合成酶（SPS）活性较低且没有明显变化。野生型番茄果实中的糖代谢酶活性变化相对较为复杂。AI 活性在花后 20～30 d 持续上升，之后略微下降，直至果实成熟；NI 活性在花后 25 d 略有下降，降至 3.06μmol Glucose·g^{-1}FW·h^{-1}，其他发育时期维持在 3.87～4.72 μmol Glucose·g^{-1}FW·h^{-1}；SPS 活性在花后 45 d 突然升高，与蔗糖的含量变化较为一致；SS 的活性起伏变化较大，分别在花后 20 d、35 d 和 45 d

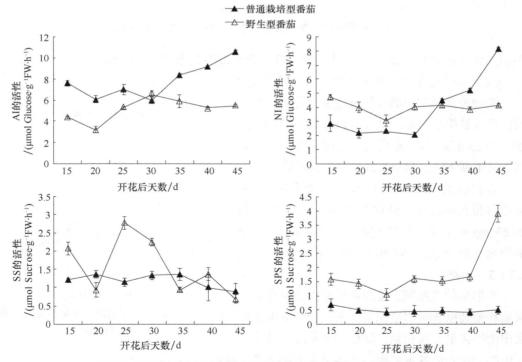

图 2-6　不同发育时期番茄果实中糖代谢相关酶活性的动态变化

处于相对低活性状态，而在花后 25 d 和 40 d 呈现高活性峰值状态，总体呈波浪趋势。

2.2.2.3 小结

番茄果实的糖积累与蔗糖代谢酶之间有密切关系。在普通栽培型番茄果实中，酸性转化酶和中性转化酶的活性在果实成熟期明显增加，这与其果糖和葡萄糖含量的变化趋势一致，蔗糖磷酸合成酶的活性始终较低且基本没有较大变化，而在野生型番茄中蔗糖磷酸合成酶的活性在果实发育后期显著增加，这与蔗糖含量的变化一致。

2.2.3 番茄果实中糖含量与相关酶活性的关系

2.2.3.1 材料与方法

（1）材料

供试番茄为野生型番茄和普通栽培型番茄，分别在开花后 15 d、20 d、25 d、30 d、35 d、40 d、45 d，取第 1 花序第 2 果，称取单果 1 g 左右，各时期的果实分别进行糖含量测定（3 次重复）和糖代谢酶活性测定（3 次重复），液氮处理后保存于−80℃冰箱中备用。

（2）方法

根据於新建（1985）和于志海等（2012）的方法提取和测定。

糖含量与糖代谢相关酶活性之间的相关性分析使用 PASW Statistics 18 软件。

2.2.3.2 结果与分析

不同发育时期番茄果实中可溶性糖及淀粉含量与相关代谢酶活性之间的相关性如表 2-2 所示。在普通栽培型番茄果实中，酸性转化酶和中性转化酶与果糖和葡萄糖呈显著正相关性，相关系数分别为 0.871、0.861 和 0.868、0.827，而与蔗糖含量呈显著负相关，相关系数分别是−0.792 和−0.800；另外蔗糖合成酶与蔗糖含量显著正相关，相关系数是 0.761。而在野生型番茄果实中，蔗糖磷酸合成酶与蔗糖含量呈极显著正相关，相关系数是 0.984，蔗糖合成酶与淀粉含量呈显著正相关，相关系数是 0.763，该结果明显区别于普通栽培型番茄。

表 2-2　番茄果实中可溶性糖及淀粉含量与蔗糖代谢相关酶活性的相关性

	可溶性糖及淀粉	酸性转化酶	中性转化酶	蔗糖合成酶	蔗糖磷酸合成酶
普通栽培型番茄	果糖	0.871*	0.861*	−0.695	−0.487
	葡萄糖	0.868*	0.827*	−0.652	−0.422
	蔗糖	−0.792*	−0.800*	0.761*	0.010
	淀粉	−0.607	−0.749	0.484	0.463
野生型番茄	果糖	0.394	0.072	−0.053	−0.077
	葡萄糖	−0.100	−0.069	0.442	−0.729
	蔗糖	0.173	0.142	−0.543	0.984**
	淀粉	−0.322	−0.277	0.763*	−0.562

*显著相关（0.05 水平）；**极显著相关（0.01 水平）

2.2.3.3　小结

在普通栽培型番茄果实中，酸性转化酶和中性转化酶的活性均与果糖和葡萄糖的含量呈显著正相关，而与蔗糖含量呈显著负相关，蔗糖合成酶的活性与蔗糖含量呈显著正相关，而蔗糖磷酸合成酶的活性与各糖组分含量并无显著相关性。在野生型番茄果实中，蔗糖合成酶的活性与淀粉含量呈显著正相关，蔗糖磷酸合成酶的活性则与蔗糖含量呈显著正相关，酸性转化酶和中性转化酶的活性与各糖组分含量之间相关性不显著。

2.3　讨论

植物源叶的光合作用输出必须满足库组织生长发育的需要，大多数植物叶片的光合产物是蔗糖和淀粉。蔗糖是光合产物主要的长距离运输形式，要顺利进入果实需要满足3个条件：①功能源叶供应充足；②库（果实）吸收能力较强；③运输途径畅通。叶片和果实之间的浓度梯度是最终决定蔗糖向果实进行卸载的关键条件，这个浓度梯度的产生和糖代谢酶有密切关系。番茄叶片中的糖代谢相关酶主要包括酸性转化酶（AI）、中性转化酶（NI）、蔗糖合成酶（SS）和蔗糖磷酸合成酶（SPS）。

本研究中，两种番茄的蔗糖含量在花后 15 d 含量相对较高，随着叶片生长至花后 25 d，蔗糖含量明显下降（图 2-1）。一方面在番茄果实生长前期（花后 15 d）果实所需碳水化合物的量相对有限，造成蔗糖含量在这个时期相对较高，随着果实的不断生长，果实对蔗糖的需求量不断增加，使蔗糖含量在花后 15~25 d 大幅下降；另一方面，随着叶片的生长光合作用不断增强，光合作用的最初产物磷酸丙糖由叶绿体转运至细胞质后，须先合成己糖再进入蔗糖代谢途径，可能是己糖在花后 25 d 不断积累的重要原因。与此同时，在普通栽培型番茄叶片中，AI 和 NI 的活性也在不断升高，导致果糖和葡萄糖含量增加。不同种番茄糖代谢酶活性的差异也影响了叶片中的糖含量。

另外，葡萄糖和果糖是蔗糖代谢的中间产物，在普通栽培型番茄叶片中，花后 15~25 d，叶片中葡萄糖和果糖含量的增加主要与一部分蔗糖降解有关，高活性的 AI 和 NI 催化蔗糖分解为葡萄糖和果糖，参与叶片自身的形态构建和生理功能需求。在果实发育中后期，叶片中果糖和葡萄糖含量减少与叶片自身的光合能力和糖代谢酶活性有关。而在野生型番茄中，光合产物主要是淀粉，较低的 AI 和 NI 活性使叶片中的果糖和葡萄糖含量相对较少，SPS 活性又随着叶片的生长而不断降低，导致蔗糖含量也有所下降。

综上所述，糖代谢关键酶在叶片糖代谢方面具有重要作用。普通栽培型番茄叶片中的果糖和葡萄糖含量明显高于野生型番茄，主要是因为存在高活性的 AI 和 NI。而野生型番茄叶片中相对较高的 SPS 活性使得蔗糖含量高于普通栽培型番茄。

果实品质很大程度上取决于糖的种类和含量，糖分含量的高低是决定果实品质的重要因素。果实作为一个强大的代谢库，在成熟的过程中不断从源组织中获得大量同化物，库强的大小是决定果实获得同化物能力的关键因素，由果实中蔗糖代谢酶的活性决定，在果实发育过程中糖代谢与相关酶的活性调控密切相关，因此与蔗糖代谢相关的酶活性就成了决定库强大小的关键因子，进而决定果实的糖积累含量和类型。

研究认为日本梨果实中的可溶性糖主要是蔗糖、果糖、葡萄糖和山梨醇。就蔗糖含量而言，沙梨品种中存在高蔗糖品种和低蔗糖品种。科研人员在研究蔗糖积累型的野生型番茄和己糖积累型的栽培型番茄时，发现前者在果实成熟期的糖含量不再持续上升，而后者在果实成熟期还有不断的己糖积累现象。本试验研究了野生型番茄和普通栽培型番茄果实中的糖含量变化情况，发现在果实成熟期葡萄糖和果糖在普通栽培型番茄果实中大量积累，而蔗糖含量却相对较少且变化不大，而在野生型番茄果实中，果实成熟后期（花后 45 d）蔗糖突然大量积累，果糖和葡萄糖的含量在整个果实发育时期变化不大。另外，两种番茄果实中的淀粉含量相差不大且变化一致，在花后 25 d 突然增加然后随着果实的发育不断降低。两种番茄生长发育期间，果实中果糖和葡萄糖的含量变化趋势相同，淀粉含量在果实成熟期不断下降，可能由于源叶光合产物的减少和淀粉不断转化成单糖用于自身生长发育消耗。

近年来，许多学者从糖代谢相关酶的角度来解释糖积累类型的实质。转化酶作为衡量果实库强大小的一个重要生化指标，能够分解蔗糖以维持细胞间和液泡内外的蔗糖浓度梯度，从而促进蔗糖从源叶组织顺利运输至果实，SS 具有合成与分解蔗糖的双重活性，一般认为主要起分解蔗糖的作用，SPS 是促进蔗糖合成的关键酶。在本研究中，普通栽培型番茄果实中的 AI 和 NI 与己糖（果糖和葡萄糖）含量的变化趋势基本一致，具有显著正相关性，而与蔗糖含量呈显著负相关性，高活性的 AI 和 NI 催化蔗糖分解生成果糖和葡萄糖，有利于果实形态的构建和满足自身生理功能的能量需求。而野生型番茄果实中的 SPS 活性在花后 45 d 突然升高，与其蔗糖含量的变化趋势一致，二者的相关系数达到 0.984，说明高活性的 SPS 是果实成熟期蔗糖积累的重要因素。

从糖积累类型与糖代谢相关酶的相关性研究结果来看，糖代谢的各种相关酶是否对果实的糖积累起作用因不同品种的类型而异。另外，高等植物果实的糖代谢和积累是一个非常复杂的过程，糖代谢相关酶的调控是其中的一个方面，而各个酶基因的表达又受激素等诸多因子的调节，因此糖积累的机理需要进一步研究。

2.4　本章小结

2.4.1　番茄糖含量变化

在普通栽培型番茄叶片中，果糖和葡萄糖含量先升后降，而在野生型番茄叶片中含量始终相对较低，且在果实成熟期两种番茄叶片中的果糖和葡萄糖含量相差不大；蔗糖含量在两种番茄叶片中的变化趋势也较为一致，在花后 15～25 d 大幅度下降后又基本保持不变；在两种番茄叶片中淀粉含量在花后 15～25 d 相差较大，之后含量相差无几。

果实中，两个番茄品种的糖含量变化差异性较为明显。在普通栽培型番茄中，果实发育后期主要积累果糖和葡萄糖，蔗糖含量相对较少。而在野生型番茄中，在花后 45 d

蔗糖大量积累。另外，二者的淀粉含量总体都呈现下降趋势，且含量相对于其他糖分均较低。

2.4.2　番茄蔗糖代谢相关酶活性变化

在普通栽培型番茄叶片中，调控糖代谢的主要酶是酸性转化酶，在野生型番茄叶片中，主要有酸性转化酶、中性转化酶和蔗糖磷酸合成酶调控蔗糖代谢。

在普通栽培型番茄果实中，酸性转化酶、中性转化酶和蔗糖合成酶参与了蔗糖代谢调控，在野生型番茄果实中，仅蔗糖磷酸合成酶表现出调控作用。

第3章 ★ 生长素在番茄果实糖代谢中的调控作用

番茄果实糖代谢是其品质形成的重要基础,而调控番茄果实糖积累的关键是调控果实内部蔗糖的分解,因此,研究各种因素对番茄果实中蔗糖分解代谢及果实不同部位糖的组成和含量变化的影响,并进一步研究其代谢规律,对于确定番茄果实品质调控措施具有重要意义。

目前有关土壤水分、土壤钾素及亚高温对番茄果实中蔗糖分解代谢影响的研究已有一些报道,但有关促进果实膨大、防止落花落果的外源植物生长素类物质对番茄果实不同部位蔗糖代谢及糖积累的影响研究甚少。本研究采用外源生长素类物质——PCPA(对氯苯氧乙酸,类生长素类生长调节剂)和丰产剂 2 号(PCPA 类坐果剂)蘸花处理,测定野生型番茄(*Solanum chmielewskii*)和普通栽培型番茄(*Solanum lycopersicum*)不同发育时期果实糖和淀粉的含量变化,普通栽培型番茄不同发育时期果实内各部位蔗糖、果糖、葡萄糖、淀粉含量变化,以及糖代谢相关酶活性和基因表达的变化,从而探讨 PCPA 和丰产剂 2 号处理对番茄果实糖代谢的影响,为进一步研究采用植物生长调节剂调控和改造番茄果实中糖的积累过程奠定理论基础。

3.1 外源生长素类物质对番茄果实糖含量的影响

3.1.1 对不同类型番茄果实糖积累的影响

3.1.1.1 材料与方法

供试番茄品种为野生型番茄和普通栽培型番茄'辽园多丽'。试验以蒸馏水为对照,在番茄第 1 花序第 4 花开花时分别用纯 PCPA 和丰产剂 2 号蘸整个花序。对照和处理均分别在番茄植株第 1 花序第 2 花开放时挂标牌记载日期,然后分别在开花后 25 d、40 d 及成熟(目测全果粉红色时确定为成熟点,本试验基本集中在开花后 55～60 d,用"m"表示)时,取第 1 花序第 2 果,称其单果重量,游标卡尺测量果实纵横径,并取混合样称重、用于糖分含量、组成及淀粉含量的测定。各处理每次取样均为 3 次重复。

将取样后称重的样品在 80%乙醇溶液中提取蔗糖、果糖和葡萄糖,提取 3 次。提取后用高效液相色谱(HPLC)测定。

取测糖后的干燥残渣,用高氯酸水解法测定果实淀粉的含量。

3.1.1.2 结果与分析

(1)对不同类型番茄果实生长发育动态的影响

1)对番茄果实平均单果重的影响 从发育过程中野生型番茄和普通栽培型番茄果实平均单果重量(图 3-1)可以看出,随着果实的生长发育平均单果重量呈递增趋势,坐果至开花后 40 d 果实重量增加较慢,而花后 40 d 到成熟增加较快。外源生长素处理没有增加野生型番茄果实的平均单果重量,处理组都比对照组的果实重量低,而 PCPA 和丰产剂 2 号处理的普通栽培型番茄平均单果重量都高于对照，且以丰产剂 2 号处理效果更好。

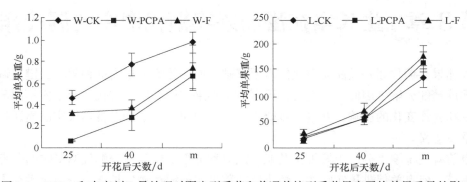

图 3-1　PCPA 和丰产剂 2 号处理对野生型番茄和普通栽培型番茄果实平均单果重量的影响

W-CK—野生型番茄对照组；W-PCPA—野生型番茄 PCPA 处理组；
W-F—野生型番茄丰产剂 2 号处理组；L-CK—普通栽培型番茄对照组；
L-PCPA—普通栽培型番茄 PCPA 处理组；L-F—普通栽培型番茄丰产剂 2 号处理组；m—番茄果实成熟期

2）对番茄果实平均纵、横径的影响　　表 3-1 显示，野生型番茄果实处理组的纵、横径与对照组变化趋势相同，都是随着果实的发育过程逐渐增大，PCPA 和丰产剂 2 号处理组果实纵、横径大小与对照比无显著变化，说明外源生长素处理并没有促进野生型番茄果实的生长和膨大。但普通栽培型番茄的果实纵、横径随着果实的发育进程而增大，并且外源生长素处理明显增大了果实的平均单果重和纵、横径，尤以丰产剂 2 号处理效果最好，说明外源生长素处理可以促进普通栽培型番茄果实的生长和膨大。

表 3-1　PCPA 和丰产剂 2 号处理对野生型番茄和普通栽培型番茄果实纵、横径的影响

种类	开花后天数/d	番茄果实纵径/cm			番茄果实横径/cm		
		CK	PCPA	丰产剂 2 号	CK	PCPA	丰产剂 2 号
野生型番茄	25	0.870±0.2	0.498±0.1	0.735±0.03	1.238±0.2	0.540±0.1	0.921±0.01
	40	0.947±0.1	0.551±0.1	0.736±0.1	1.297±0.2	0.720±0.1	0.992±0.1
	m	1.048±0.01	0.972±0.1	1.027±0.07	1.354±0.1	1.158±0.2	1.213±0.1
普通栽培型番茄	25	2.816±0.3	3.086±0.3	3.108±0.5	3.481±0.2	3.497±0.2	3.545±0.7
	40	4.080±0.4	4.174±0.2	4.518±0.5	4.996±0.4	5.030±0.2	5.300±0.6
	m	5.321±0.3	5.792±0.3	5.894±0.6	6.740±0.5	7.278±0.5	7.380±0.5

注：m 表示番茄果实成熟期；CK 表示对照

（2）对番茄果实糖含量的影响

1）对果糖含量的影响　　图 3-2 显示，野生型番茄果实发育过程中果糖含量变化不大，处理组与对照组之间的变化趋势相同，随着果实发育有逐渐下降趋势。而普通栽培型番茄果实中果糖含量随着果实发育过程呈逐渐升高趋势，花后 40 d 升幅增大，成熟时达到最高，处理组和对照组变化趋势相同，PCPA 和丰产剂 2 号处理并没有明显提高果糖含量。

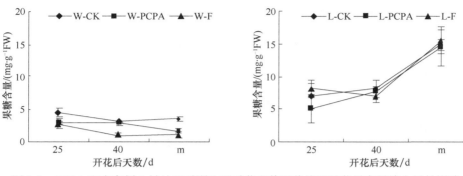

图 3-2 PCPA 和丰产剂 2 号处理对野生型番茄和普通栽培型番茄果实果糖含量的影响

W-CK—野生型番茄对照组；W-PCPA—野生型番茄 PCPA 处理组；
W-F—野生型番茄丰产剂 2 号处理组；L-CK—普通栽培型番茄对照组；
L-PCPA—普通栽培型番茄 PCPA 处理组；L-F—普通栽培型番茄丰产剂 2 号处理组；m—番茄果实成熟期

2）对葡萄糖含量的影响　　野生型和普通栽培型番茄果实中葡萄糖含量与果糖含量的变化趋势基本相似（图 3-3），野生型番茄果实中葡萄糖含量较低，在整个果实发育过程中变化不大，在较低水平平稳波动，处理组与对照组间无明显差异。普通栽培型番茄果实葡萄糖含量在整个生长发育期呈递增趋势，花后 40 d 增长开始加快，成熟时达到最高，且丰产剂 2 号处理高于 PCPA 处理组和对照组，说明丰产剂 2 号处理能提高普通栽培型番茄果实的葡萄糖含量。而且在普通栽培型番茄果实整个发育过程中，无论是处理组还是对照组，果实中的果糖和葡萄糖含量都明显高于野生型番茄。

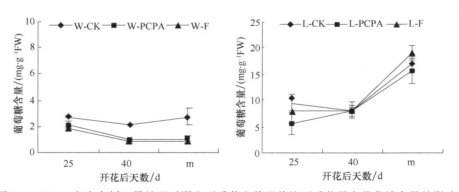

图 3-3 PCPA 和丰产剂 2 号处理对野生型番茄和普通栽培型番茄果实葡萄糖含量的影响

W-CK—野生型番茄对照组；W-PCPA—野生型番茄 PCPA 处理组；
W-F—野生型番茄丰产剂 2 号处理组；L-CK—普通栽培型番茄对照组；
L-PCPA—普通栽培型番茄 PCPA 处理组；L-F—普通栽培型番茄丰产剂 2 号处理组；m—番茄果实成熟期

3）对蔗糖含量的影响　　野生型和普通栽培型番茄果实蔗糖含量的变化趋势与果糖和葡萄糖含量变化趋势截然不同（图 3-4）。野生型番茄果实的蔗糖含量在花后 25 d 较高，然后略有下降，花后 40 d 对照组略有升高，而 PCPA 和丰产剂 2 号处理组蔗糖含量则迅速升高，成熟时达到最高，其中 PCPA 处理组明显高于对照组，丰产剂 2 号处理组又明显高于 PCPA 处理组。说明外源生长素处理能明显提高野生型番茄果实的蔗糖含量，并以丰产剂 2 号处理效果更为明显。

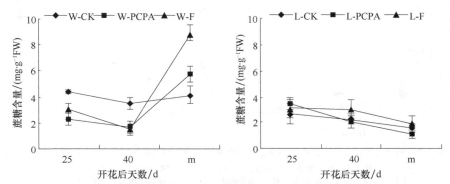

图 3-4 PCPA 和丰产剂 2 号处理对野生型番茄和普通栽培型番茄果实蔗糖含量的影响
W-CK—野生型番茄对照组；W-PCPA—野生型番茄 PCPA 处理组；
W-F—野生型番茄丰产剂 2 号处理组；L-CK—普通栽培型番茄对照组；
L-PCPA—普通栽培型番茄 PCPA 处理组；L-F—普通栽培型番茄丰产剂 2 号处理组；m—番茄果实成熟期

　　与野生型番茄果实相比，普通栽培型番茄果实的蔗糖含量随着果实发育过程呈递减趋势，不同处理组与对照组之间差异虽不明显，但果实成熟时丰产剂 2 号处理组略高于对照组，而 PCPA 处理组略低于对照组。成熟时普通栽培型番茄果实的蔗糖含量明显低于野生型番茄果实。

　　4）对番茄果实淀粉含量的影响　　无论是野生型还是普通栽培型番茄，处理组和对照组都是花后 25 d 果实中淀粉含量最高（图 3-5），然后随着果实的发育逐渐下降，果实成熟时降到最低，但成熟之前普通栽培型番茄果实的淀粉含量都明显高于野生型。

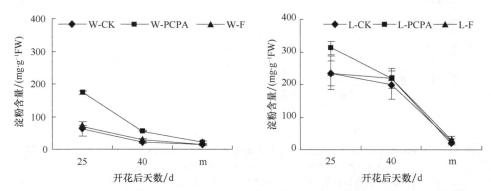

图 3-5 PCPA 和丰产剂 2 号处理对野生型番茄和普通栽培型番茄果实淀粉含量的影响
W-CK—野生型番茄对照组；W-PCPA—野生型番茄 PCPA 处理组；
W-F—野生型番茄丰产剂 2 号处理组；L-CK—普通栽培型番茄对照组；
L-PCPA—普通栽培型番茄 PCPA 处理组；L-F—普通栽培型番茄丰产剂 2 号处理组；m—番茄果实成熟期

　　野生型番茄果实从花后 25 d 至成熟之前，PCPA 处理组的淀粉含量明显高于对照组和丰产剂 2 号处理组。而普通栽培型番茄果实中的淀粉含量则是花后 25～40 d PCPA 处理组高于对照组和丰产剂 2 号处理组，花后 40 d 直到成熟时处理组与对照组无明显差异。

3.1.1.3　小结

在番茄第 1 花序第 4 花开花时，应用外源生长素类物质（PCPA 及其复合物质丰产剂 2 号）蘸整个花序，比较不同发育时期野生型番茄和普通栽培型番茄'辽园多丽'果实的生长发育动态、糖的组成和含量、淀粉含量的差异，结果如下。

1）外源生长素类物质蘸整个花序可以明显促进普通栽培型番茄果实的生长和膨大，且丰产剂 2 号处理番茄果实生长和膨大更快。而外源生长素类物质对野生型番茄果实作用不明显。

2）野生型番茄与普通栽培型番茄果实中糖的组成都是果糖、葡萄糖和蔗糖，但含量差别很大。野生型番茄果实中果糖和葡萄糖含量很低，显著低于普通栽培型番茄，成熟时更为明显，且随着果实发育果糖和葡萄糖含量呈下降趋势。而普通栽培型番茄果实中的果糖和葡萄糖含量随着果实发育不断上升。野生型番茄果实中的蔗糖含量随着果实发育呈上升趋势，在果实成熟时明显高于普通栽培型番茄，证明了野生型番茄为积累蔗糖的库类型，普通栽培型番茄为积累己糖的库类型。

3）外源生长素类物质处理后，野生型番茄果实的果糖、葡萄糖含量仍然较低，但在果实成熟时蔗糖含量明显提高，且以丰产剂 2 号处理效果最明显。普通栽培型番茄果实中丰产剂 2 号处理组的果糖、葡萄糖、蔗糖含量高于对照组。

4）随着果实不断发育，野生型和普通栽培型番茄果实的淀粉含量均呈递减趋势，成熟时淀粉含量降到很低水平。普通栽培型番茄果实淀粉含量明显高于野生型。

5）外源生长素类物质处理明显提高了普通栽培型番茄早、中期果实的淀粉含量；提高了野生型番茄各时期果实中的淀粉含量，对果实发育早、中期的效果尤为明显。

3.1.2　对普通栽培型番茄果实各部位糖积累的影响

3.1.2.1　材料与方法

（1）试验材料

供试番茄品种'辽园多丽'。

试验以蒸馏水为对照，在番茄第 1 花序第 4 花开花时分别用纯 PCPA 和丰产剂 2 号蘸整个花序。对照和处理均分别在番茄植株第 1 花序第 2 花开放时挂标牌记载日期，然后在开花后 15 d、25 d、35 d、45 d 及成熟时分别取第 1 花序第 2 果的果柄维管束、萼片、果蒂、果实内维管束、中果皮及心室隔壁和胶质胎座等部位，取样后称重，用于糖分含量和组成的测定。各处理每次取样为 3 次重复。

（2）调查项目与方法

1）果实平均单果重及相对生长率测定　在番茄植株第 1 花序第 2 花开花后 15 d、25 d、35 d、45 d 及成熟时分别取 3 个果实，共 15 个果，称其单果重量，求出平均单果重，并计算果实的相对生长率（relative growth rate，RGR）。果实的相对生长率计算公式为 $RGR = (FWt_2 - FWt_1) / [FWt_1 \cdot (t_2 - t_1)]$。

2）糖分组成与含量的测定　将取样后称重的样品在 80% 乙醇溶液中提取蔗糖、果糖和葡萄糖，3 次重复。提取后用高效液相色谱（HPLC）测定。测定方法及色谱条件为：Waters 600E 高效液相色谱，氨基柱，柱温为 30℃，2410 示差检测器，流动相比例为 75%乙腈：25%超纯水，流速为 1.0 mL/min，Waters Millennium 软件控制及数据处理。

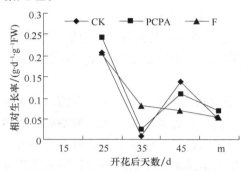

图 3-6　PCPA 和丰产剂 2 号处理对番茄果实相
对生长率的影响

CK—对照组；PCPA—PCPA 处理组；F—丰产剂 2 号处
理组；m—番茄果实成熟期

3.1.2.2　结果与分析

（1）对番茄果实生长发育速率的影响

图 3-6 显示，处理组和对照组的番茄果实相对生长率都是开花后 25 d 最大，此阶段主要是细胞膨大期，之后开始急剧下降，开花后 35 d 至成熟在较低范围内波动。在开花后 35 d 之前处理组果实的相对生长率都高于对照组，说明外源生长素处理可以有效促进番茄果实膨大，并且果实膨大主要集中在果实发育的早、中期。尤其是丰产剂 2 号处理组较其他两组果实迅速膨大期明显提前（表 3-2）。

表 3-2　PCPA 和丰产剂 2 号处理对'辽园多丽'番茄果实发育过程中平均单果重的影响（单位：g）

	开花后天数/d				
	15	25	35	45	m
对照组	2.326±1.01	18.575±4.53	20.337±4.81	81.667±7.76	133.238±16.34
PCPA 处理组	1.897±0.36	21.548±4.43	27.809±3.75	82.674±18.30	164.530±18.70
丰产剂 2 号处理组	2.957±0.76	22.682±12.00	51.104±12.18	102.240±10.73	176.392±18.81

注：m 表示番茄果实成熟期

（2）对番茄果实不同部位糖含量的影响

1）对果柄维管束中糖含量的影响　　从图 3-7 中可以看出，无论处理组还是对照组，在开花后 15 d 至成熟，果实果柄维管束中的果糖和葡萄糖含量都极低，且出现周期性波动，但外源生长素类物质——PCPA 和丰产剂 2 号处理组的果糖和葡萄糖含量的周期性波动均比对照组提前半个周期。从蔗糖的含量来看，无论处理组还是对照组，随着果实发育蔗糖含量均有所提高，且也存在周期性波动，果实发育初期到开花后 15 d，处理组都低于对照组，且以丰产剂 2 号处理组最低。但开花后 15~35 d 蔗糖含量呈上升趋势，并且处理组蔗糖含量都明显高于对照组，以丰产剂 2 号处理组最高。开花后 35 d 各组蔗糖含量趋于相同，然后蔗糖含量逐渐下降，丰产剂 2 号处理组降幅大于其他两组。果实成熟时丰产剂 2 号处理组蔗糖含量又高于对照组，而 PCPA 处理组则从开花后 35 d 至成熟一直高于其他两组。

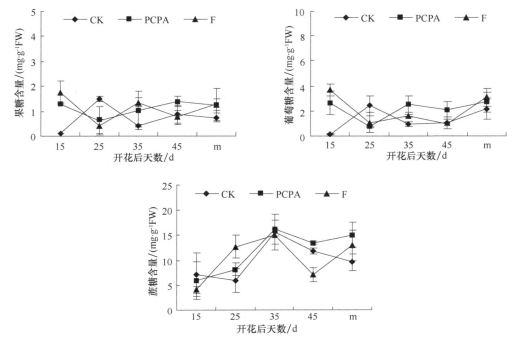

图 3-7　PCPA 和丰产剂 2 号处理对番茄果实果柄维管束中糖分含量的影响

CK—对照组；PCPA—PCPA 处理组；F—丰产剂 2 号处理组；m—番茄果实成熟期

以上结果说明，在番茄果实发育过程中，果柄维管束中主要含有蔗糖，丰产剂 2 号处理可在一定程度上提高蔗糖含量。

2）对萼片中糖含量的影响　　图 3-8 表明，在开花后 15 d，丰产剂 2 号处理组萼片中果糖含量最低，PCPA 处理组与对照组无明显差异；此后丰产剂 2 号处理组果糖含量迅速升高，在开花后 25 d 达到最高，然后开始缓慢下降，成熟时最低，开花后 20 d 至成熟时果糖含量一直高于对照组。而 PCPA 处理和对照组萼片中果糖含量则在开花后 15 d 开始下降，花后 25 d 降到最低，然后又逐渐上升到开花后 15 d 的水平，之后在这个水平平缓波动，成熟时对照组略低于丰产剂 2 号处理组，但 PCPA 处理组在开花后 45 d 又上升，成熟时果糖含量明显高于对照组和丰产剂 2 号处理组。

葡萄糖含量在开花后 15 d 处理组与对照组无明显差别，然后丰产剂 2 号处理组开始快速上升，开花后 25 d 达到最高，然后又下降，而 PCPA 处理组和对照组则在开花后 15 d 开始下降，开花后 25 d 又上升。开花后 35 d 三组都呈缓慢下降趋势，且处理组与对照组间没有显著差异。

无论处理组还是对照组，随着番茄果实发育，蔗糖含量总体呈升高趋势，开花后 25 d 和成熟时 PCPA 和丰产剂 2 号处理组的蔗糖含量高于对照组，其他时期三组间无明显差别。

3）对果蒂组织中糖含量的影响　　从图 3-9 可以看出，无论处理组还是对照组，总体上番茄果蒂组织中的果糖和葡萄糖含量均随果实的发育而增加。在开花后 15 d、25 d

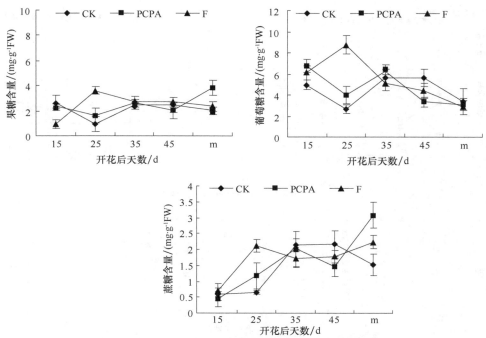

图 3-8　PCPA 和丰产剂 2 号处理对番茄果实萼片中糖分含量的影响

CK—对照组；PCPA—PCPA 处理组；F—丰产剂 2 号处理组；m—番茄果实成熟期

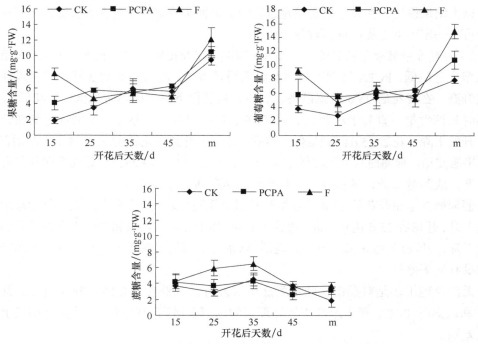

图 3-9　PCPA 和丰产剂 2 号处理对番茄果实果蒂中糖分含量的影响

CK—对照组；PCPA—PCPA 处理组；F—丰产剂 2 号处理组；m—番茄果实成熟期

和成熟时，处理组果蒂组织中果糖和葡萄糖含量明显高于对照组，且以丰产剂 2 号处理组最高；开花后 35 d 和 45 d，处理组虽略高于对照组，但二者间差异不明显。除开花后 45 d 外，番茄果实不同发育期果蒂中蔗糖含量以丰产剂 2 号处理组明显高于对照组，PCPA 处理组和对照组无明显差异。

4）对果实内维管束糖含量的影响　　从图 3-10 中可以看出，番茄果实维管束中果糖含量在开花后 35 d 内为处理组明显高于对照组，其中开花后 15 d 时丰产剂 2 号处理组最高，然后开始下降；PCPA 处理组呈上升趋势，开花后 25 d 超过了丰产剂 2 号处理组；对照组开花后 15 d 果糖含量最低，然后逐渐升高，开花后 35 d 与处理组无明显差异。开花后 35 d 至成熟时，处理组与对照组差别不大，只是开花后 45 d 对照组略高，成熟时 PCPA 处理组略高。

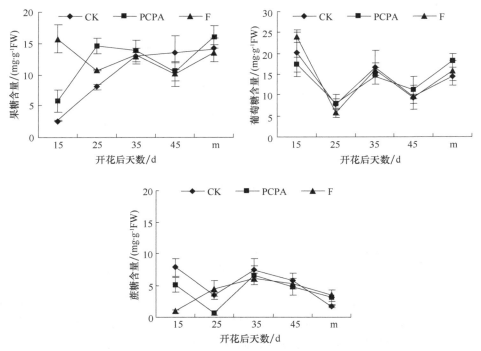

图 3-10　PCPA 和丰产剂 2 号处理对番茄果实内维管束中糖分含量的影响
CK—对照组；PCPA—PCPA 处理组；F—丰产剂 2 号处理组；m—番茄果实成熟期

葡萄糖含量呈“W”形变化趋势，开花后 15 d 较高，然后逐渐下降，开花后 25 d 又开始上升，35 d 时再下降，45 d 时再升高，但成熟时葡萄糖含量低于开花后 15 d 的水平。开花后 15 d 丰产剂 2 号处理组略高，开花后 45 d 至成熟时 PCPA 和丰产剂 2 号处理组均略高于对照组。

开花后 15～35 d，丰产剂 2 号处理组的蔗糖含量呈上升趋势，之后又缓慢下降直到成熟。而 PCPA 处理组和对照组在开花后 15 d 都高于丰产剂 2 号处理组，然后下降，至开花后 25 d 低于丰产剂 2 号处理组，但成熟时，处理组明显高于对照组，而两处理组间无明显差异。

5）对中果皮及心室隔壁糖含量的影响　图 3-11 显示，开花后 15 d，丰产剂 2 号处理组果实中果皮及心室隔壁组织中的果糖和葡萄糖含量略高于 PCPA 处理组和对照组；而在开花后 25 d、35 d 和 45 d，处理组与对照组间无明显差异；成熟时果糖和葡萄糖含量都明显提高，并且两处理组均明显高于对照组，而丰产剂 2 号处理组葡萄糖含量又明显高于 PCPA 处理组。

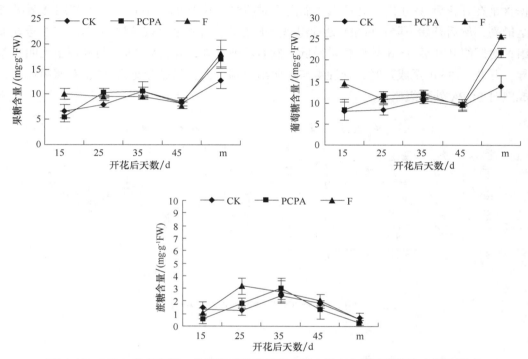

图 3-11　PCPA 和丰产剂 2 号处理对番茄果实中果皮及心室隔壁中糖分含量的影响
CK—对照组；PCPA—PCPA 处理组；F—丰产剂 2 号处理组；m—番茄果实成熟期

蔗糖含量在开花后 15 d 处理组低于对照组，随后处理组逐渐升高，一直到开花后 35 d 明显高于对照组，开花后 25 d 丰产剂 2 号处理组蔗糖含量最高；开花后 45 d 至成熟，丰产剂 2 号处理组与对照组无明显差异，而 PCPA 处理组低于对照组。

总体来看，随着番茄果实的发育过程，果糖和葡萄糖含量呈上升趋势，果实成熟时外源生长素处理能明显提高果糖和葡萄糖的含量；蔗糖在开花后 35 d 之前呈增加趋势，开花后 35 d 至成熟呈降低趋势，且丰产剂 2 号处理组与对照组无明显差异，PCPA 处理组低于对照组。

6）对胶质胎座中糖含量的影响　图 3-12 表明，番茄果实胶质胎座中的果糖和葡萄糖含量，无论处理组还是对照组均随着果实发育而总体升高，其中果糖含量处理组与对照组无明显差异，葡萄糖含量处理组略高于对照组，且两处理组间无明显差异。

蔗糖含量在开花后 35 d 之前呈上升趋势，处理组明显高于对照组，其中丰产剂 2 号处理组最高，然后逐渐下降，成熟时降到最低，丰产剂 2 号处理组略高于 PCPA 处理组及对照组。

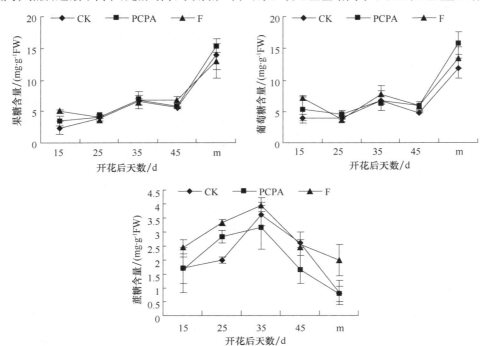

图 3-12　PCPA 和丰产剂 2 号处理对番茄果实胶质胎座中糖分含量的影响
CK—对照组；PCPA—PCPA 处理组；F—丰产剂 2 号处理组；m—番茄果实成熟期

3.1.2.3　小结

1）花期施用外源生长素类物质可以明显增加普通栽培型番茄果实的平均单果重量，在果实发育的早、中期有效促进果实膨大。丰产剂 2 号可以使果实迅速膨大期明显提前。

2）果柄维管束中以蔗糖为主，果糖和葡萄糖含量极低，外源生长素类物质在番茄开花后 25 d 和成熟时提高了蔗糖含量；在开花后 25 d 提高了萼片中果糖和葡萄糖含量，在成熟时提高了果糖含量，开花后 25 d 和成熟时提高了蔗糖含量。外源生长素类物质有利于果实发育早期和成熟期蔗糖的增加和积累。

3）普通栽培型番茄果实发育过程中，果实内各部位——果蒂、果实内维管束、中果皮及心室隔壁、胶质胎座中果糖和葡萄糖含量呈逐渐升高趋势，果实成熟时含量达到最高。外源生长素类物质在果实发育早期提高了果实内维管束中果糖和葡萄糖的含量，在成熟期提高了果实内各部位的果糖和葡萄糖含量；外源生长素类物质在整个果实发育期提高了果蒂中的蔗糖含量，在果实发育早期提高了果实内维管束、中果皮及心室隔壁和胶质胎座中的蔗糖含量，成熟期促进了果实内维管束和胶质胎座中蔗糖的积累。

3.1.3　对普通栽培型番茄果实各部位淀粉含量的影响

3.1.3.1　材料与方法

（1）试验材料

以普通栽培型番茄为试验材料。

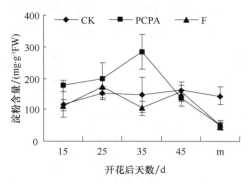

图 3-13　PCPA 和丰产剂 2 号处理对番茄果实
果柄维管束中淀粉含量的影响

CK—对照组；PCPA—PCPA 处理组；F—丰产剂 2 号处
理组；m—番茄果实成熟期

间无明显差异。

（2）对萼片中淀粉含量的影响

果实萼片中淀粉含量总体较低（图 3-14），
开花后 15 d PCPA 处理组明显高于其他两组，
丰产剂 2 号处理组最低；随后丰产剂 2 号处理
组迅速上升，开花后 25 d 达到最高，明显高于
其他两组。开花后 25～45 d，三组整体呈下降
趋势，但两处理组均明显高于对照组，又以丰
产剂 2 号处理组最高。成熟时两处理组明显低
于对照组，且两处理组间无明显差异。

（3）对果蒂组织中淀粉含量的影响

图 3-15 表明，开花后 15 d，果蒂组织中淀
粉含量 PCPA 处理组与对照组高于丰产剂 2 号

（2）淀粉含量的测定

取测糖后的干燥残渣，用高氯酸水解法测
定果实不同部位淀粉的含量。各处理每次取样
为 3 次重复。

3.1.3.2　结果与分析

（1）对果柄维管束中淀粉含量的影响

图 3-13 显示，番茄开花后 45 d 之前，果柄
维管束中淀粉含量 PCPA 处理组高于丰产剂 2
号处理组和对照组，丰产剂 2 号处理组和对照组
之间无明显差异；番茄开花后 45 d 至成熟，
PCPA 和丰产剂 2 号处理组的淀粉含量均下降，
成熟时两处理组明显低于对照组，且两处理组
间无明显差异。

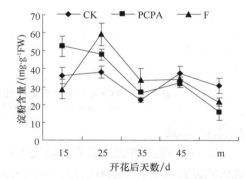

图 3-14　PCPA 和丰产剂 2 号处理对番茄果实
萼片中淀粉含量的影响

CK—对照组；PCPA—PCPA 处理组；F—丰产剂 2 号处
理组；m—番茄果实成熟期

处理组；开花后 25 d 丰产剂 2 号处理组升到最高，明显高于其他两组，PCPA 处理组开
花后 35 d 达到最高，开花后 25～45 d 两处理组明显高于对照组。开花后 45 d 至成熟，
三组的淀粉含量都迅速下降，且无显著差异。

（4）对果实内维管束淀粉含量的影响

从图 3-16 可以看出，果实内维管束淀粉含量的变化趋势与果蒂组织相似，都是开花
后 15 d 丰产剂 2 号处理组最低，明显低于 PCPA 处理组与对照组；开花后 25 d 丰产剂 2 号
处理组升到最高，明显高于其他两组，然后逐渐下降；开花后 35 d 至成熟三组的淀粉含
量都降到极低水平，且三组间无显著差异。

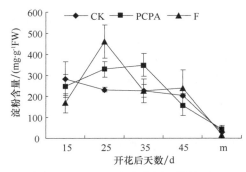

图 3-15　PCPA 和丰产剂 2 号处理
对番茄果实果蒂中淀粉含量的影响
CK—对照组；PCPA—PCPA 处理组；
F—丰产剂 2 号处理组；m—番茄果实成熟期

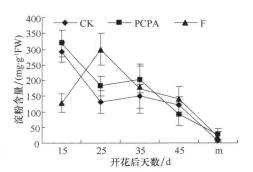

图 3-16　PCPA 和丰产剂 2 号处理
对番茄果实内维管束中淀粉含量的影响
CK—对照组；PCPA—PCPA 处理组；
F—丰产剂 2 号处理组；m—番茄果实成熟期

（5）对中果皮及心室隔壁淀粉含量的影响

图 3-17 表明，开花后 15 d 中果皮及心室隔壁的淀粉含量对照组高于两处理组，之后对照组呈下降趋势，成熟时降到极低水平；PCPA 处理组和丰产剂 2 号处理组在开花后 25 d 升到最高，然后呈下降趋势；开花后 15～45 d 两处理组均明显高于对照组。成熟时三组淀粉含量都降到很低水平，PCPA 处理组又略低于其他两组，丰产剂 2 号处理组与对照组间无显著差异。

（6）对胶质胎座中淀粉含量的影响

图 3-18 显示，开花后 15 d 果实胶质胎座

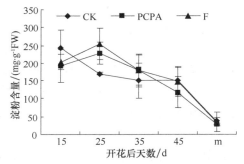

图 3-17　PCPA 和丰产剂 2 号处理对番茄
果实中果皮及心室隔壁中淀粉含量的影响
CK—对照组；PCPA—PCPA 处理组；
F—丰产剂 2 号处理组；m—番茄果实成熟期

中淀粉含量变化趋势与中果皮及心室隔壁基本相似，对照组开花后 15 d 高于两处理组，然后逐渐下降；开花后 25 d PCPA 和丰产剂 2 号处理组升到最高，明显高于对照组，然后逐渐下降，成熟时降到极低水平。开花后 15～35 d 两处理组明显高于对照组，开花后 35 d 至成熟略低于对照组，但两处理组间无显著差异。

在果实发育过程中，番茄果实各部位淀粉含量变化的结果显示，丰产剂 2 号处理组在开花后 25 d 提高了除果柄维管束外果实所有部位的淀粉含量。

3.1.3.3　小结

1）番茄果实各部位淀粉含量在果实发育的早、中期较高，之后呈下降趋势，果实成熟

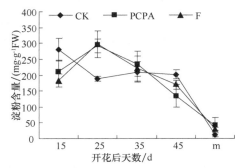

图 3-18　PCPA 和丰产剂 2 号处理对番茄果实胶
质胎座中淀粉含量的影响
CK—对照组；PCPA—PCPA 处理组；
F—丰产剂 2 号处理组；m—番茄果实成熟期

时很低。外源生长素处理能够显著提高早、中期番茄果实各部位的淀粉含量，尤其是丰产剂 2 号处理后，使果实各部位在开花后 25 d 的淀粉含量明显提高。

2）番茄果实成熟之前，果实内各部位——果实内维管束、果蒂、中果皮及心室隔壁和胶质胎座中的淀粉含量都较高，而在果实成熟期各部位含量都降到极低水平。外源生长素在番茄开花后 25 d 明显提高了各部位的淀粉含量，在开花后 35 d 也提高了各部位的淀粉含量，但提高幅度明显低于开花后 25 d。其中果蒂淀粉的含量最高，果实内维管束、中果皮及心室隔壁和胶质胎座中略低，果柄维管束较低，萼片的淀粉含量在整个果实发育过程中都处于较低水平。

3.2　外源生长素类物质对番茄果实蔗糖代谢相关酶活性的影响

糖积累是果实品质形成的关键，而蔗糖代谢又是糖积累的重要环节。与蔗糖代谢密切相关的酶主要有酸性转化酶、中性转化酶、蔗糖合成酶和蔗糖磷酸合成酶。在高等植物中，酸性转化酶和中性转化酶催化蔗糖分解为果糖和葡萄糖，蔗糖合成酶是一种可逆的酶，既能催化合成蔗糖，又能分解蔗糖，蔗糖磷酸合成酶被认为是催化蔗糖合成的酶。许多研究者试图从蔗糖代谢相关酶的活性变化角度来探讨果实糖积累的机理。在苹果、甜瓜、番茄、柑橘等作物上的研究表明，蔗糖代谢相关酶与果实糖积累之间存在密切关系，这为进一步了解果实糖积累机理奠定了基础。本试验应用外源生长素 PCPA 和 PCPA 类坐果剂——丰产剂 2 号在番茄开花时进行处理，以探讨外源生长素处理对番茄果实蔗糖代谢相关酶活性的影响，从而加深对番茄果实糖积累机理的了解。

3.2.1　对不同类型番茄果实蔗糖代谢相关酶活性的影响

3.2.1.1　材料与方法

（1）试验材料

供试番茄品种为野生型番茄和普通栽培型番茄'辽园多丽'。

试验以蒸馏水为对照，在番茄第 1 花序第 4 花开花时分别用纯 PCPA 和丰产剂 2 号蘸整个花序。对照组和处理组均分别在番茄植株第 1 花序第 2 花开放时挂标牌记载日期，然后在开花后 25 d、40 d 及成熟时，取第 1 花序第 2 果，并取混合样称重，用于蔗糖代谢相关酶活性的测定。各处理每次取样均为 3 次重复。

（2）蔗糖代谢相关酶活性的测定

酶的提取和活性测定参照王永章（2000）和於新建（1985）的方法。

3.2.1.2　结果与分析

（1）对不同类型番茄果实转化酶活性的影响

从图 3-19 可以看出，野生型番茄果实对照组酸性转化酶活性随着果实的发育过程呈缓慢下降趋势，而处理组下降趋势明显，在番茄开花后 25 d 高于对照组，之后开始迅速下降，开花后 40 d 降到与对照组相同的水平，一直保持到番茄果实成熟。而普通栽培型番茄果实酸性转化酶活性呈上升趋势，在开花后 40 d 之前活性较低，且处理组与对照组无明显差异，然后开始迅速上升，成熟时活性最强且处理组明显高于对照组。

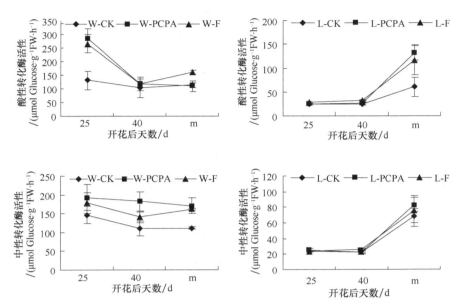

图 3-19　PCPA 和丰产剂 2 号处理对野生型番茄和普通栽培型番茄果实转化酶活性的影响
W-CK—野生型番茄对照组；W-PCPA—野生型番茄 PCPA 处理组；
W-F—野生型番茄丰产剂 2 号处理组；L-CK—普通栽培型番茄对照组；
L-PCPA—普通栽培型番茄 PCPA 处理组；L-F—普通栽培型番茄丰产剂 2 号处理组；m—番茄果实成熟期

野生型番茄果实中，随着果实发育过程中性转化酶活性也呈缓慢下降趋势，但处理组都高于对照组。而普通栽培型番茄果实中中性转化酶活性与酸性转化酶活性变化趋势相同，都是开花后 40 d 之前较低，且处理组与对照组之间无明显差异，之后迅速上升，成熟时活性达到最高，并且处理组明显高于对照组。

果实发育早期野生型番茄果实处理组转化酶活性较高，而同一时期的果糖、葡萄糖含量并未表现出较高水平，因此，该结果还有待于进一步验证。

（2）对不同类型番茄果实蔗糖合成酶活性的影响

从图 3-20 中可以看出，野生型和普通栽培型番茄果实中，开花后 25 d 处理组和对照组中蔗糖合成酶活性都较高，并且处理组都高于对照组，之后逐渐下降，开花后 40 d 至成熟处理组与对照组无明显差异，果实成熟时蔗糖合成酶活性降到极低的水平。

（3）对不同类型番茄果实蔗糖磷酸合成酶活性的影响

图 3-21 为花期施用外源生长素类物质对野生型和普通栽培型番茄果实中蔗糖磷酸合成酶活性的影响。野生型番茄果实中蔗糖磷酸合成酶活性明显高于普通栽培型。野生型番茄果实开花后 25 d PCPA 处理组的蔗糖磷酸合成酶活性高于丰产剂 2 号处理组和对照组，开花后 40 d 丰产剂 2 号处理组和对照组略有升高，之后丰产剂 2 号处理组继续缓慢升高，对照组则缓慢下降。PCPA 处理组随着果实的发育过程一直呈缓慢下

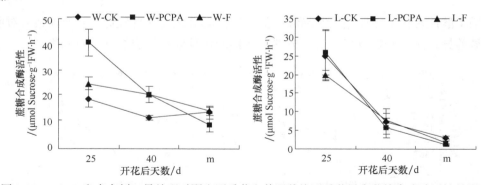

图 3-20 PCPA 和丰产剂 2 号处理对野生型番茄和普通栽培型番茄果实蔗糖合成酶活性的影响

W-CK—野生型番茄对照组；W-PCPA—野生型番茄 PCPA 处理组；
W-F—野生型番茄丰产剂 2 号处理组；L-CK—普通栽培型番茄对照组；
L-PCPA—普通栽培型番茄 PCPA 处理组；L-F—普通栽培型番茄丰产剂 2 号处理组；m—番茄果实成熟期

降趋势，成熟时低于丰产剂 2 号处理组。而普通栽培型番茄果实中蔗糖磷酸合成酶活性很低，随着果实发育过程变化不大，只是开花后 40 d PCPA 处理组略高于其他两组，成熟时丰产剂 2 号处理组略高。说明蔗糖磷酸合成酶对普通栽培型番茄果实中的蔗糖合成的作用不大。

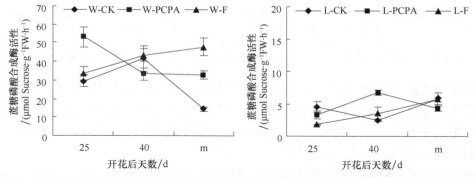

图 3-21 PCPA 和丰产剂 2 号处理对野生型番茄和普通栽培型番茄果实蔗糖磷酸合成酶活性的影响

W-CK—野生型番茄对照组；W-PCPA—野生型番茄 PCPA 处理组；
W-F—野生型番茄丰产剂 2 号处理组；L-CK—普通栽培型番茄对照组；
L-PCPA—普通栽培型番茄 PCPA 处理组；L-F—普通栽培型番茄丰产剂 2 号处理组；m—番茄果实成熟期

3.2.1.3 小结

1）无论处理组还是对照组，随着果实的发育野生型番茄果实的转化酶活性都呈下降趋势，而普通栽培型番茄的转化酶活性呈上升趋势。花期外源生长素类物质处理明显提高了野生型番茄果实发育早期酸性转化酶的活性，提高了整个果实发育过程中的中性转化酶活性。花期外源生长素类物质处理提高了果实成熟时普通栽培型番茄的酸性转化酶和中性转化酶活性。无论野生型还是普通栽培型番茄，花期 PCPA 处理组和丰产剂 2 号处理组之间酸性转化酶和中性转化酶活性无明显差异。

2）花期外源生长素类物质处理提高了野生型番茄果实整个发育过程中的蔗糖合成

酶活性，且果实发育早期蔗糖合成酶活性提高更显著，但 PCPA 和丰产剂 2 号两处理组间无明显差异。花期外源生长素类物质处理对普通栽培型番茄果实整个发育过程中的蔗糖合成酶活性无明显影响。

3）野生型番茄果实中蔗糖磷酸合成酶活性明显高于普通栽培型。花期外源生长素类物质处理明显提高了野生型番茄果实成熟时蔗糖磷酸合成酶的活性，而且丰产剂 2 号处理在整个果实发育期均提高了蔗糖磷酸合成酶的活性。而普通栽培型番茄整个果实发育期蔗糖磷酸合成酶活性均极低，花期外源生长素类物质处理对蔗糖磷酸合成酶活性无明显作用。说明蔗糖磷酸合成酶对普通栽培型番茄果实中蔗糖合成的作用不大。

3.2.2　对番茄果实各部位蔗糖代谢相关酶活性的影响

3.2.2.1　材料与方法

（1）试验材料

供试番茄品种普通栽培型番茄'辽园多丽'。

试验以蒸馏水为对照，在番茄第 1 花序第 4 花开花时分别用纯 PCPA 和丰产剂 2 号蘸整个花序。对照组和处理组均分别在番茄植株第 1 花序第 2 花开放时挂标牌记载日期，然后在开花后 15 d、25 d、35 d、45 d 及成熟时分别取第 1 花序第 2 果的果柄维管束、萼片、果蒂、果实内维管束、中果皮及心室隔壁和胶质胎座等部位，取样后称重，用于蔗糖代谢相关酶活性的测定。各处理每次取样为 3 次重复。

（2）蔗糖代谢相关酶活性的测定

参照王永章（2000）和於新建（1985）的方法。

3.2.2.2　结果与分析

（1）对果柄维管束中蔗糖代谢相关酶活性的影响

图 3-22 显示，普通栽培型番茄果实果柄维管束中酸性转化酶和中性转化酶活性较高；对照组酸性转化酶和中性转化酶活性随着果实发育逐渐下降，但下降幅度较小，处理组两种转化酶活性随着果实发育呈不规律下降趋势，且丰产剂 2 号处理组总体上低于 PCPA 处理组和对照组，但果实成熟时两处理组间无明显差异，却明显低于对照组。

随着番茄果实发育，果柄维管束中蔗糖合成酶活性呈 "M" 形曲线变化，其中对照组和 PCPA 处理组最明显；开花后 15～35 d，PCPA 处理组高于对照组，但开花后 45 d PCPA 处理组与对照组和丰产剂 2 号处理组之间差异不大，果实成熟时低于对照组；丰产剂 2 号处理组蔗糖合成酶的活性在开花后 15 d 和 35 d 高于对照组，开花后 25 d、45 d 和成熟时低于对照组，但成熟时与 PCPA 处理组无明显差异。

从果柄维管束中蔗糖磷酸合成酶的活性看，除开花后 25 d 丰产剂 2 号处理组与对照组无明显差异外，果实各发育时期均为处理组高于对照组，其中 PCPA 处理组在开花后 25 d 之前高于丰产剂 2 号处理组，在开花后 35 d 之后与丰产剂 2 号处理组无明显差异。

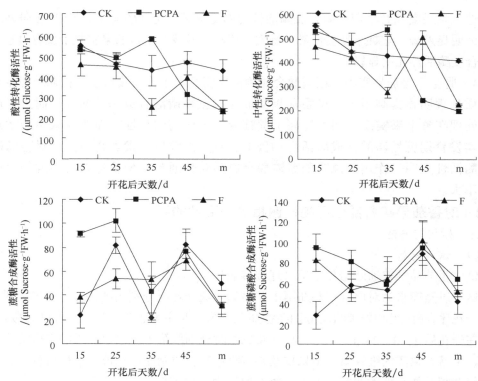

图 3-22　PCPA 和丰产剂 2 号处理对番茄果实果柄维管束中蔗糖代谢相关酶活性的影响

CK—对照组；PCPA—PCPA 处理组；F—丰产剂 2 号处理组；m—番茄果实成熟期

（2）对萼片中蔗糖代谢相关酶活性的影响

从图 3-23 中可以看出，处理组和对照组萼片中酸性转化酶和中性转化酶的变化趋势相同，酸性转化酶活性在开花后 25 d 之前处理组与对照组无明显差异，开花后 35 d 处理组低于对照组；中性转化酶活性则是 PCPA 处理组在开花后 45 d 之前、丰产剂 2 号处理组在开花后 25 d 之前与对照组无明显差异，此后两处理组均低于对照组；开花后 25 d 至成熟，丰产剂 2 号处理组又低于 PCPA 处理组。说明外源生长素处理降低了萼片中酸性转化酶和中性转化酶的活性，尤其是丰产剂 2 号处理更为明显。

随着番茄果实发育，萼片中蔗糖合成酶的活性在开花后 15～35 d，PCPA 处理组高于丰产剂 2 号处理组，而两处理组均高于对照组，但开花后 35 d，丰产剂 2 号处理组又略高于 PCPA 处理组和对照组；开花后 45 d 至成熟对照组高于两处理组，而两处理组间无明显差异。

从萼片中蔗糖磷酸合成酶活性看，除开花后 35 d 和 45 d 外，果实各发育时期均为处理组高于对照组，尤其是果实成熟时处理组萼片中蔗糖磷酸合成酶的活性高于对照组，说明花期施用外源生长素类物质有利于果实成熟时萼片蔗糖的积累。

（3）对果蒂组织中蔗糖代谢相关酶活性变化的影响

图 3-24 显示，番茄果实果蒂组织中，开花后 15～45 d 处理组和对照组转化酶活性

均呈下降趋势。两处理组酸性转化酶活性均低于对照组，其中丰产剂 2 号处理组又低于 PCPA 处理组，开花后 45 d 至成熟时，处理组与对照组酸性转化酶活性迅速升高，其中丰产剂 2 号处理组高于对照组，而 PCPA 处理组升高幅度较小，明显低于丰产剂 2 号处理组与对照组；而中性转化酶活性在开花后 45 d 之前两处理组均低于对照组，丰产剂 2 号处理组又低于 PCPA 处理组，但成熟时丰产剂 2 号处理组明显高于 PCPA 处理组和对照组，而对照组又明显高于 PCPA 处理组。

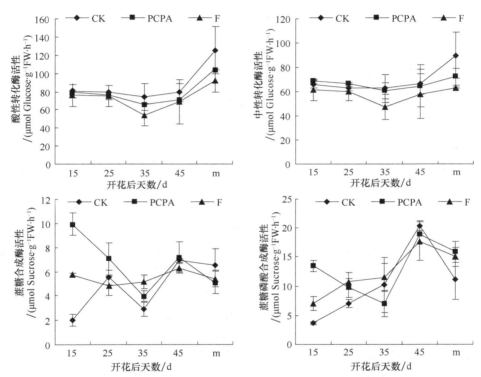

图 3-23　PCPA 和丰产剂 2 号处理对番茄果实萼片中蔗糖代谢相关酶活性的影响
CK—对照组；PCPA—PCPA 处理组；F—丰产剂 2 号处理组；m—番茄果实成熟期

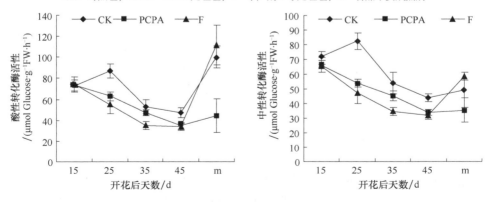

图 3-24　PCPA 和丰产剂 2 号处理对番茄果实果蒂中蔗糖代谢相关酶活性的影响
CK—对照组；PCPA—PCPA 处理组；F—丰产剂 2 号处理组；m—番茄果实成熟期

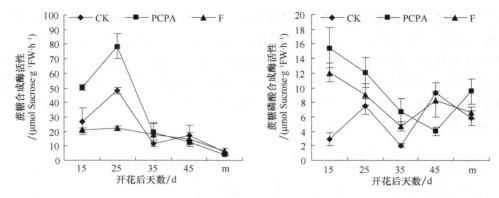

图 3-24　PCPA 和丰产剂 2 号处理对番茄果实果蒂中蔗糖代谢相关酶活性的影响（续）

　　果蒂中蔗糖合成酶活性在开花后 35 d 之前，PCPA 处理组明显高于对照组，对照组又明显高于丰产剂 2 号处理组，开花后 35 d 至成熟，各组均呈下降趋势，且处理组与对照组间无明显差异。

　　果蒂中蔗糖磷酸合成酶的活性，除开花后 45 d 外，果实各发育期均为处理组明显高于对照组，PCPA 处理组效果最明显，说明花期施用外源生长素类物质有利于果实成熟时果蒂蔗糖的积累。

　　（4）对果实内维管束中蔗糖代谢相关酶活性的影响

　　图 3-25 表明，番茄果实内维管束中，除开花后 35 d 外，在开花后 45 d 之前，处理组与对照组酸性转化酶活性差异不显著，开花后 45 d 至成熟时各组酸性转化酶活性迅速上升，其中丰产剂 2 号处理组上升幅度最大，明显高于对照组，对照组又明显高于 PCPA 处理组。而中性转化酶活性在开花后 45 d 之前对照组高于两处理组，PCPA 处理组又略高于丰产剂 2 号处理组，随后丰产剂 2 号处理组明显升高，对照组升高幅度小于丰产剂 2 号处理组，但 PCPA 处理组却略有下降。说明丰产剂 2 号处理在番茄果实成熟时能有效提高果实内维管束中转化酶的活性。

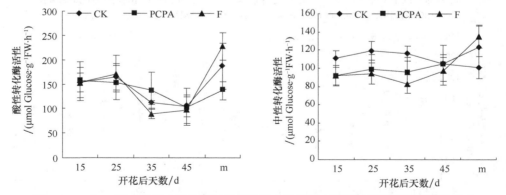

图 3-25　PCPA 和丰产剂 2 号处理对番茄果实内维管束中蔗糖代谢相关酶活性的影响
CK—对照组；PCPA—PCPA 处理组；F—丰产剂 2 号处理组；m—番茄果实成熟期

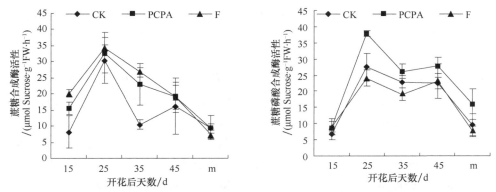

图 3-25　PCPA 和丰产剂 2 号处理对番茄果实内维管束中蔗糖代谢相关酶活性的影响（续）

随着果实的发育，果实维管束中两处理组蔗糖合成酶活性均高于对照组，而开花后 45 d 之前，丰产剂 2 号处理组高于 PCPA 处理组，对照组最低；成熟时无论处理组还是对照组都降到最低，且各组间无显著差异。

从果实内维管束中蔗糖磷酸合成酶活性看，各个时期均是 PCPA 处理组高于丰产剂 2 号处理组和对照组，除了开花后 15 d 和 45 d 外，其他各时期丰产剂 2 号处理组均低于对照组。

（5）对中果皮及心室隔壁中蔗糖代谢相关酶活性的影响

从图 3-26 中可以看出，番茄果实中果皮及心室隔壁中，除了开花后 25 d 外，无论

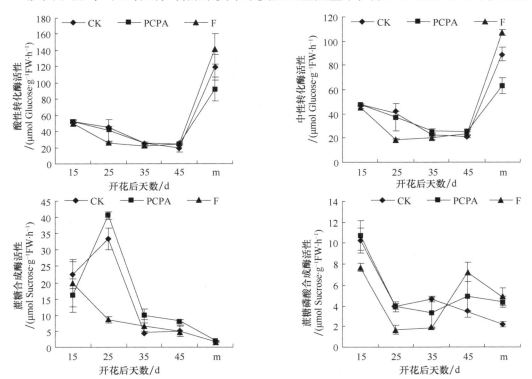

图 3-26　PCPA 和丰产剂 2 号处理对番茄果实中果皮及心室隔壁中蔗糖代谢相关酶活性的影响

CK—对照组；PCPA—PCPA 处理组；F—丰产剂 2 号处理组；m—番茄果实成熟期

处理组还是对照组开花后 45 d 之前酸性转化酶和中性转化酶活性均较低,且无明显差异;开花后 45 d 至成熟迅速升高,丰产剂 2 号处理组明显高于对照组,对照组又明显高于 PCPA 处理组。

中果皮及心室隔壁中蔗糖合成酶活性,在开花后 15～35 d PCPA 处理组最高,对照组又高于丰产剂 2 号处理组;开花后 35 d 至成熟,处理组和对照组蔗糖合成酶活性均较低,成熟时三组间无明显差异。

从蔗糖磷酸合成酶活性看,在开花后 35 d 前,丰产剂 2 号处理组最低,PCPA 处理组和对照组间无明显差异;开花后 45 d 至成熟,两处理组明显高于对照组,其中开花后 45 d 丰产剂 2 号处理组高于 PCPA 处理组,成熟时两处理组间无显著差异。

(6)对胶质胎座中蔗糖代谢相关酶活性的影响

图 3-27 显示,番茄果实胶质胎座中,无论处理组还是对照组酸性转化酶和中性转化酶活性变化趋势相同,在开花后 15～45 d 活性较低,且两处理组与对照组间无显著差异。成熟时活性迅速升高,其中酸性转化酶活性处理组明显高于对照组,并以丰产剂 2 号处理组最高,而中性转化酶活性是丰产剂 2 号处理组高于对照组,PCPA 处理组较低。

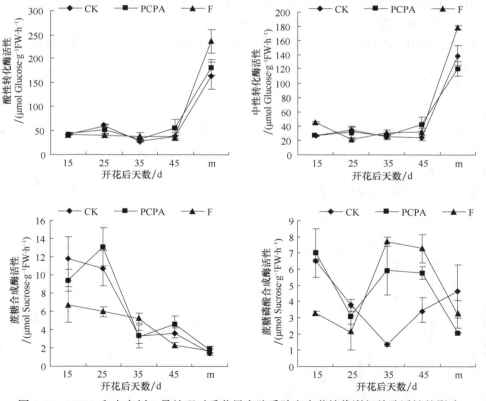

图 3-27 PCPA 和丰产剂 2 号处理对番茄果实胶质胎座中蔗糖代谢相关酶活性的影响

CK—对照组;PCPA—PCPA 处理组;F—丰产剂 2 号处理组;m—番茄果实成熟期

胶质胎座中蔗糖合成酶的活性，在开花后 15 d 对照组高于两处理组；开花后 25 d 和 45 d，均为 PCPA 处理组高于对照组，对照组又高于丰产剂 2 号处理组；但开花后 35 d 丰产剂 2 号处理组略高于其他两组；成熟时处理组与对照组蔗糖合成酶活性都较低，且无显著差异。

胶质胎座中的蔗糖磷酸合成酶活性在番茄果实整个发育期都较低。在开花后 25 d 之前，PCPA 处理组与对照组无显著差异，且都高于丰产剂 2 号处理组；而开花后 35 d 和 45 d 丰产剂 2 号处理组明显高于 PCPA 处理组，PCPA 处理组又明显高于对照组；成熟时蔗糖磷酸合成酶活性两处理组低于对照组，丰产剂 2 号处理组略高于 PCPA 处理组。

3.2.2.3　小结

1）果柄维管束中，外源生长素类物质在番茄开花后 35 d 提高了酸性转化酶活性，在开花后 35 d 和 45 d 提高了中性转化酶活性，而在果实发育早期提高了蔗糖合成酶的活性，早期和成熟期提高了蔗糖磷酸合成酶的活性；萼片中，外源生长素类物质在整个果实发育期均降低了转化酶的活性，早期和成熟期提高了蔗糖合成酶和蔗糖磷酸合成酶的活性。说明花期施用外源生长素类物质有利于果柄和萼片中蔗糖的积累。

2）在番茄果实内各部位，发育早、中期外源生长素类物质降低了果蒂和果实内维管束转化酶的活性，果实发育成熟期外源生长素类物质提高了果蒂、果实内维管束、中果皮及心室隔壁和胶质胎座转化酶的活性。外源生长素类物质在番茄果实发育的早、中期提高了果蒂、中果皮及心室隔壁和胶质胎座蔗糖合成酶的活性，在整个果实发育期提高了果实内维管束蔗糖合成酶的活性。而外源生长素类物质在果实发育中期提高了胶质胎座蔗糖磷酸合成酶的活性，成熟期提高了中果皮及心室隔壁、整个果实发育期提高了果蒂和果实内维管束的蔗糖磷酸合成酶活性。

3.2.3　可溶性糖及淀粉含量与蔗糖代谢相关酶活性的相关关系

3.2.3.1　材料与方法

供试番茄品种‘辽园多丽’。

采用高效液相色谱法测定糖分的组成和含量。取测糖后的干燥残渣，用高氯酸水解法测定淀粉含量。参照王永章（2000）和於新建（1985）方法测定糖代谢相关酶活性。

3.2.3.2　结果与分析

（1）番茄果实内中果皮及心室隔壁中可溶性糖和淀粉含量与蔗糖代谢相关酶活性的关系

普通栽培型番茄果实的中果皮及心室隔壁在整个果实发育过程中，对照组的蔗糖含量与转化酶活性呈显著负相关关系；丰产剂 2 号处理组中果糖和葡萄糖含量均与转化酶活性呈极显著正相关关系（表 3-3）。说明中果皮及心室隔壁中可溶性糖的积累与转化酶密切相关，尤其是丰产剂 2 号处理明显提高了转化酶活性，增加了果糖和葡萄糖的积累，高的转化酶活性使番茄果实的中果皮及心室隔壁不能积累蔗糖。

表 3-3 普通栽培型番茄不同发育阶段果实中果皮及心室隔壁中
可溶性糖及淀粉含量与糖代谢相关酶的关系

	可溶性糖及淀粉	酸性转化酶	中性转化酶	蔗糖合成酶	蔗糖磷酸合成酶
对照组	果糖	0.643931	0.566203	−0.674075	−0.698708
	葡萄糖	0.738554	0.671330	−0.730690	−0.616503
	蔗糖	−0.875510[*]	−0.908365[*]	0.182776	0.157975
	淀粉	−0.660281	−0.594037	0.621983	0.849508
PCPA 处理组	果糖	0.669707	0.524709	−0.335029	−0.629032
	葡萄糖	0.816782	0.698887	−0.386260	−0.434928
	蔗糖	−0.753318	−0.789162	0.269906	0.553161
	淀粉	−0.645449	−0.522846	0.791671	−0.196015
丰产剂 2 号处理组	果糖	0.982136[**]	0.967406[**]	−0.410066	0.000893
	葡萄糖	0.991470[**]	0.989273[**]	−0.284090	0.124854
	蔗糖	−0.790622	−0.840587	0.102473	0.696040
	淀粉	−0.841568	−0.848767	0.597525	−0.275543

*显著相关（0.05 水平）；**极显著相关（0.01 水平）

（2）番茄果实内胶质胎座中可溶性糖及淀粉含量与蔗糖代谢相关酶活性的相关关系

表 3-4 显示，普通栽培型番茄果实的胶质胎座在整个果实发育过程中，对照组果糖和葡萄糖与转化酶存在显著正相关关系；PCPA 处理组果糖含量与转化酶活性存在显著正相关关系，葡萄糖含量与酸性转化酶活性存在显著正相关关系，与中性转化酶活性存在极显著正相关关系；丰产剂 2 号处理组中，果糖含量与转化酶活性存在极显著正相关关系，葡萄糖含量与酸性转化酶活性呈极显著正相关关系，与中性转化酶活性存在显著正相关关系。说明番茄果实胶质胎座中，可溶性糖的积累主要与转化酶有关，丰产剂 2 号明显提高了转化酶活性，增加了果糖和葡萄糖的积累。

表 3-4 普通栽培型番茄不同发育阶段果实胶质胎座中可溶性糖及淀粉含量与糖代谢相关酶的关系

	可溶性糖及淀粉	酸性转化酶	中性转化酶	蔗糖合成酶	蔗糖磷酸合成酶
对照组	果糖	0.870593[*]	0.918200[*]	−0.801036	−0.139856
	葡萄糖	0.865006[*]	0.9215101[*]	−0.751333	−0.078541
	蔗糖	−0.798430	−0.730131	0.131282	0.777929
	淀粉	−0.926986[*]	−0.940808[*]	0.663115	−0.073514
PCPA 处理组	果糖	0.933601[*]	0.955553[*]	−0.732124	−0.671223
	葡萄糖	0.958239[*]	0.967632[**]	−0.675363	−0.649594
	蔗糖	−0.759512	−0.753973	0.381525	0.262758
	淀粉	−0.832065	−0.866225[*]	0.757626	−0.340590
丰产剂 2 号处理组	果糖	0.982019[**]	0.966615[**]	−0.809567	−0.028327
	葡萄糖	0.973112[**]	0.941755[*]	−0.602049	−0.055396
	蔗糖	−0.619689	−0.667216	0.512563	0.394663
	淀粉	−0.861361	−0.902864[*]	0.747304	−0.000752

*显著相关（0.05 水平）；**极显著相关（0.01 水平）

表 3-4 还表明，番茄果实胶质胎座中淀粉含量与转化酶活性存在显著负相关关系，转化酶虽然不直接参与淀粉的合成和代谢反应，但在番茄果实蔗糖代谢循环中通过影响合成淀粉的底物浓度从而影响淀粉的积累与代谢。

3.2.3.3　小结

在果实发育过程中，普通栽培型番茄果实内不同部位在不同的条件下，可溶性糖及淀粉含量与蔗糖代谢相关酶活性的相关性不同，即外源生长素影响了番茄果实内不同部位蔗糖代谢相关酶的活性，从而使不同部位的可溶性糖及淀粉的积累量不同。

1）中果皮及心室隔壁中，高的转化酶活性使其不能积累蔗糖。丰产剂 2 号明显改善了果糖和葡萄糖含量与转化酶活性的相关性，增加了果糖和葡萄糖的积累，说明中果皮及心室隔壁中可溶性糖的积累主要与转化酶密切相关。

2）胶质胎座中，果糖和葡萄糖的积累主要与转化酶活性相关。外源生长素处理后果糖含量与转化酶活性存在极显著正相关关系，葡萄糖含量与酸性转化酶活性呈极显著正相关关系，与中性转化酶活性存在显著正相关关系。说明番茄果实胶质胎座中，可溶性糖的积累主要与转化酶有关，丰产剂 2 号明显提高了转化酶活性，增加了果糖和葡萄糖的积累。

3.3　外源生长素类物质对番茄果实蔗糖代谢相关酶基因表达的影响

蔗糖进入库中在转化酶、蔗糖合成酶等酶的作用下进行代谢，这些酶的含量由其相关基因的表达而决定，因此研究番茄蔗糖代谢相关酶的基因表达及其调控，对于调节蔗糖代谢很有必要。

目前对于这些酶的基因已经有一些研究报道。其中酸性转化酶主要以可溶性（存在于液泡）和不溶性（细胞壁结合）两种状态存在，近来在分子水平的研究表明这两种形态的转化酶由两类完全不同的基因家族编码。细胞壁结合的酸性转化酶主要在韧皮部卸载和源-库调控中起主要作用；而可溶性的酸性转化酶主要位于液泡中，调控己糖水平和贮存于液泡中的蔗糖的利用。目前已知编码转化酶的基因组成一个大的基因家族，每一种类型转化酶基因又包括几个不同的成员。蔗糖合成酶多数存在于细胞质中，也有附着在细胞膜上的不溶性的蔗糖合成酶，多数学者认为 SS 有两种同工酶，主要作用是水解蔗糖。对番茄中的两个 SS 编码基因——SUS2 和 SUS3 的表达分布及调控的研究目前还鲜见报道。

本试验以野生型番茄和普通栽培型番茄'辽园多丽'为试验材料，研究了花期施用外源生长素类物质对番茄蔗糖代谢相关酶——酸性转化酶和蔗糖合成酶基因表达的影响，为进一步研究番茄蔗糖代谢的机制奠定了基础。

3.3.1　对不同类型番茄果实蔗糖代谢相关酶基因表达的影响

3.3.1.1　材料与方法

（1）试验材料

供试番茄品种为野生型番茄和普通栽培型番茄'辽园多丽'。

试验以蒸馏水为对照，在番茄第 1 花序第 4 花开花时分别用纯 PCPA 和丰产剂 2 号蘸整个花序。对照组和处理组分别在番茄植株第 1 花序第 2 花开放时挂标牌记载日期，然后分别在开花后 25 d、40 d 及成熟时取第 1 花序第 2 果，并取混合样称重，用于总 RNA 的提取、基因表达的杂交检测。

（2）总 RNA 的分离提取

应用天泽基因公司的植物 RNAout 试剂盒提取组织总 RNA。

（3）mRNA 丰度的测定

取上述 RNA 溶液，经 1.2%的甲醛变性电泳分离后，采取毛细转移将 RNA 转移到尼龙膜上，再用已标记好的 cDNA 片段作为探针进行 Northern 杂交。

3.3.1.2 结果与分析

（1）对不同类型番茄果实酸性转化酶基因表达的影响

以番茄细胞壁束缚型酸性转化酶和液泡转化酶的 cDNA 片段为探针，对野生型和普通栽培型番茄不同发育期果实的细胞壁束缚型酸性转化酶和液泡转化酶基因表达进行了检测，无论是处理组还是对照组，野生型和普通栽培型番茄果实中都未检测到细胞壁束缚型酸性转化酶基因的表达；野生型番茄果实中未检测到液泡转化酶基因的表达，而普通栽培型番茄在成熟果实中检测到了可溶性酸性转化酶基因的表达，且外源生长素处理能够加强其表达，但在未成熟的果实中未能检测到可溶性酸性转化酶基因的表达（图 3-28）。

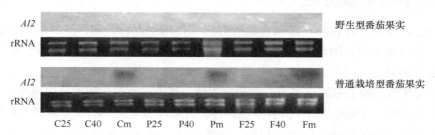

图 3-28　花期施用外源生长素类物质对野生型和普通栽培型番茄
果实可溶性酸性转化酶基因表达的影响

AI2—可溶性酸性转化酶基因；C25—开花后 25 d 对照组；C40—开花后 40 d 对照组；Cm—成熟时对照组；
P25—开花后 25 d PCPA 处理组；P40—开花后 40 d PCPA 处理组；Pm—成熟时 PCPA 处理组；F25—开花后 25 d
丰产剂 2 号处理组；F40—开花后 40 d 丰产剂 2 号处理组；Fm—成熟时丰产剂 2 号处理组

（2）对不同类型番茄果实蔗糖合成酶基因表达的影响

分别以番茄蔗糖合成酶基因 *SUS2* 和 *SUS3* 的 cDNA 为探针，对不同发育期野生型和普通栽培型番茄果实的基因表达进行了检测。无论是处理组还是对照组，野生型番茄果实中均未检测到 *SUS2* 和 *SUS3* 基因的表达；而普通栽培型番茄果实在开花后 25 d，处理组检测到了 *SUS2* 的表达（图 3-29），但没有检测到 *SUS3* 的表达，说明外源生长素处理增强了普通栽培型番茄果实发育早期 *SUS2* 基因的表达。

3.3.1.3 小结

本试验以野生型番茄和普通栽培型番茄'辽园多丽'为试验材料，研究了外源生长

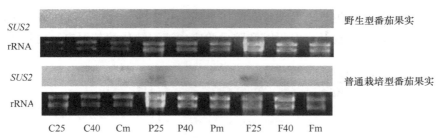

图 3-29　花期施用外源生长素类物质对野生型和普通栽培型番茄
果实蔗糖合成酶基因 *SUS2* 表达的影响

SUS2—蔗糖合成酶基因 *SUS2*；C25—开花后 25 d 对照组；C40—开花后 40 d 对照组；Cm—成熟时对照组；
P25—开花后 25 d PCPA 处理组；P40—开花后 40 d PCPA 处理组；Pm—成熟时 PCPA 处理组；F25—开花后 25 d
丰产剂 2 号处理组；F40—开花后 40 d 丰产剂 2 号处理组；Fm—成熟时丰产剂 2 号处理组

素处理对果实发育过程中蔗糖代谢相关酶——酸性转化酶和蔗糖合成酶基因表达的影
响，结果表明以下两点。

1）野生型番茄中，无论处理组还是对照组在整个果实发育期既未检测到细胞壁束缚
型酸性转化酶和可溶性酸性转化酶基因的表达，也没有检测到蔗糖合成酶基因 *SUS2* 和
SUS3 的表达。

2）普通栽培型番茄果实发育过程中，没有检测到细胞壁束缚型酸性转化酶和蔗糖合成
酶基因 *SUS3* 的表达。但在果实成熟期可溶性酸性转化酶基因表达较强，且外源生长素处理
具有增强可溶性酸性转化酶和番茄果实发育早期蔗糖合成酶基因 *SUS2* 表达的作用。

3.3.2　对普通栽培型番茄果实内不同部位蔗糖代谢相关酶基因表达的影响

3.3.2.1　材料与方法

（1）试验材料

供试番茄品种为普通栽培型番茄'辽园多丽'。

试验以蒸馏水为对照，在番茄第 1 花序第 4 花开花时分别用纯 PCPA 和丰产剂 2 号
蘸整个花序。对照组和处理组分别在番茄植株第 1 花序第 2 花开放时挂标牌记载日期，
然后分别在开花后 25 d、40 d 及成熟时，分别取第 1 花序第 2 果的果实内维管束、中果
皮及心室隔壁和胶质胎座等部位，用于总 RNA 的提取、基因表达的杂交检测。

（2）测定指标与方法

总 RNA 的分离提取应用天泽基因公司的植物 RNAout 试剂盒，采用 Northern 杂交
的方法测定蔗糖代谢相关酶基因的表达量。

3.3.2.2　结果与分析

（1）对普通栽培型番茄果实内不同部位酸性转化酶基因表达的影响

无论处理组还是对照组，普通栽培型番茄不同发育期果实内各个部位均未检测到细
胞壁结合型酸性转化酶基因的表达。但从图 3-30 中可以看出，无论处理组还是对照组，
成熟期果实内的各部位中均检测到了液泡转化酶基因的表达，而且从基因表达量来看，
果实胶质胎座中表达比较明显，中果皮及心室隔壁中也有较强的表达，果实内维管束中

的表达较弱。花期外源生长素处理没有增加番茄果实内维管束中可溶性酸性转化酶基因的表达，但有促进中果皮及心室隔壁和胶质胎座中液泡转化酶基因表达的趋势。

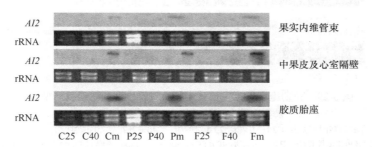

图 3-30　花期施用外源生长素类物质对普通栽培型番茄果实可溶性酸性转化酶基因表达的影响

AI2—可溶性酸性转化酶基因；C25—开花后 25 d 对照组；C40—开花后 40 d 对照组；Cm—成熟时对照组；
P25—开花后 25 d PCPA 处理组；P40—开花后 40 d PCPA 处理组；Pm—成熟时 PCPA 处理组；F25—开花后 25 d
丰产剂 2 号处理组；F40—开花后 40 d 丰产剂 2 号处理组；Fm—成熟时丰产剂 2 号处理组

　　酸性转化酶基因在果实中的表达部位和强度不同，会改变植物同化物的分配情况，果实内维管束中表达较弱，表明蔗糖在果实内维管束中降解相对较少，而中果皮及心室隔壁和胶质胎座中酸性转化酶基因表达较强，使蔗糖从维管束系统卸载到果肉时能够分解成果糖和葡萄糖，加大了维管束系统和卸载端间的蔗糖浓度梯度，库强度增加，有利于蔗糖向果实运输，也增加了液泡中可溶性糖的积累，而外源生长素促进了卸载端酸性转化酶基因的表达，进一步增强了库强度和库活力。

　　（2）对普通栽培型番茄果实内不同部位蔗糖合成酶基因表达的影响

　　本试验对目前已经确认的普通栽培型番茄中两种 SS 同工酶基因编码的 *SUS2* 和 *SUS3* 基因进行了检测，结果表明：普通栽培型番茄果实各部位中，只有 PCPA 处理组开花后 25 d 中果皮及心室隔壁中检测到了蔗糖合成酶基因 *SUS2* 的表达，其他各组的各发育期果实的相关部位均未检测到 *SUS2* 和 *SUS3* 基因的表达（图 3-31）。

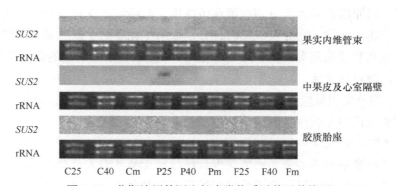

图 3-31　花期施用外源生长素类物质对普通栽培型
番茄果实内不同部位蔗糖合成酶基因 *SUS2* 表达的影响

SUS2—蔗糖合成酶基因 *SUS2*；C25—开花后 25 d 对照组；C40—开花后 40 d 对照组；Cm—成熟时对照组；P25—开花后
25 d PCPA 处理组；P40—开花后 40 d PCPA 处理组；Pm—成熟时 PCPA 处理组；F25—开花后 25 d 丰产剂 2 号处理组；
F40—开花后 40 d 丰产剂 2 号处理组；Fm—成熟时丰产剂 2 号处理组

3.3.2.3　小结

以普通栽培型番茄品种'辽园多丽'为试验材料，研究了花期施用外源生长素类物质对果实发育过程中果实内不同部位蔗糖代谢相关酶——酸性转化酶和蔗糖合成酶基因表达的影响，结果表明以下三点。

1）无论处理组还是对照组，普通栽培型番茄各发育期果实内各部位均未检测到细胞壁结合型酸性转化酶基因的表达。说明花期施用外源生长素类物质对普通栽培型番茄各部位细胞壁结合型酸性转化酶基因的表达无影响。

2）无论处理组还是对照组，番茄果实内各部位均在成熟期检测到可溶性酸性转化酶基因的表达，果实胶质胎座中表达较明显，中果皮及心室隔壁中也有较强的表达，果实内维管束中的表达较弱。花期施用外源生长素类物质未增加番茄果实内维管束中可溶性酸性转化酶基因的表达，但明显促进了中果皮及心室隔壁和胶质胎座中液泡转化酶基因的表达。

3）普通栽培型番茄果实各部位中，只有 PCPA 处理组在开花后 25 d 中果皮及心室隔壁中检测到了蔗糖合成酶基因 *SUS2* 的表达，其他各组的各发育期番茄果实相关部位均未检测到 *SUS2* 和 *SUS3* 基因的表达。

3.4　外源生长素类物质对番茄果实果糖激酶的影响

3.4.1　对番茄果实果糖代谢中果糖激酶活性的影响

3.4.1.1　材料与方法

（1）试验材料

供试番茄品种为普通栽培型番茄'辽园多丽'，试验以蘸蒸馏水为对照，在番茄第 1 花序第 2 花开花时分别用 PCPA 和 2,4-D（2,4-二氯苯氧乙酸）蘸花。对照组和处理组均分别在番茄植株第 1 花序第 2 花开放时挂标牌记载开花日期，然后分别在开花后 15 d、25 d、35 d、45 d 及成熟期，取第 1 花序第 2 果，并取混合样称重，用于果糖激酶活性的测定。各处理每次取样均为 3 次重复。

（2）果糖激酶活性的测定

参照 Huber 和 Akazawa（1985）的方法测定果糖激酶活性。

3.4.1.2　结果与分析

图 3-32 显示，开花后 15～35 d 果糖激酶的活性逐渐升高，且处理组都显著高于对照组。2,4-D 处理组果糖激酶活性在开花后 35 d 达到最高，此时 PCPA 处理组的果糖激酶活性略低，对照组的果糖激酶活性最低，之后 2,4-D 处理组的果糖激酶活性显著下降，而 PCPA 处理组和对照组在开花后 45 d 活性达到高峰，之后活性下降。

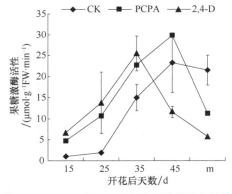

图 3-32　PCPA 和 2,4-D 处理对番茄果实果糖激酶活性的影响

m—番茄果实成熟期

果实成熟期 PCPA 和 2,4-D 处理组果糖激酶活性都低于对照组，以 2,4-D 处理组最低。

3.4.1.3　小结

1）无论处理组还是对照组，随着番茄果实的发育进程果糖激酶活性都呈先上升后下降的趋势。在番茄果实发育初期，果糖激酶活性最低。番茄果实发育中期，果糖激酶活性达到最高。

2）花期外源生长素类物质处理明显提高了果实中果糖激酶活性。花期 PCPA 和 2,4-D 处理之间果实的果糖激酶活性无明显差异。到果实成熟期，处理组的果糖激酶活性降到最低，且 2,4-D 处理组最低。

3.4.2　番茄果实中可溶性糖及淀粉含量与果糖激酶活性的相关关系

3.4.2.1　可溶性糖及淀粉含量与果糖激酶活性的相关关系

表 3-5 表明，PCPA 处理组果糖、葡萄糖含量与果糖激酶活性存在显著负相关关系；2,4-D 处理组果糖、葡萄糖含量与果糖激酶活性存在极显著负相关关系。说明番茄果实中果糖和葡萄糖含量的积累与果糖激酶密切相关，尤其是 2,4-D 明显降低了果糖激酶活性，低的果糖激酶活性能够促进番茄果实中可溶性糖的积累。

表 3-5　番茄果实不同发育阶段果实中可溶性糖及淀粉含量与糖代谢相关酶的相关关系

	可溶性糖及淀粉	酸性转化酶	中性转化酶	蔗糖合成酶	蔗糖磷酸合成酶	果糖激酶
对照组	果糖	0.815137[*]	0.628977	0.654145	−0.312289	−0.833721[*]
	葡萄糖	0.847357[*]	0.126829	0.012517	−0.485906	−0.810052[*]
	蔗糖	−0.25905	−0.333637	−0.212066	0.655496	0.750649
	淀粉	−0.419268	−0.218587	0.571669	−0.120999	0.965005[**]
PCPA 处理组	果糖	0.858922[*]	0.837250[*]	0.600749	−0.129665	−0.859385[*]
	葡萄糖	0.829155[*]	0.828401[*]	0.629057	−0.780353	−0.82370[*]
	蔗糖	−0.484144	−0.157654	−0.394268	0.393671	0.501010
	淀粉	−0.640261	−0.539193	0.867337[*]	−0.374572	0.210503
2,4-D 处理组	果糖	0.902511[**]	0.859268[*]	0.179372	−0.622185	−0.909559[**]
	葡萄糖	0.801521[*]	0.813095[*]	0.826733	−0.540713	−0.880268[**]
	蔗糖	−0.520685	−0.419777	−0.159502	0.263949	0.101977
	淀粉	−0.602330	−0.519298	0.035903	−0.087319	0.044042

*显著相关（0.05 水平）；**极显著相关（0.01 水平）

番茄果实发育过程中，对照组淀粉含量与果糖激酶活性存在极显著正相关关系，说明淀粉含量的积累与果糖激酶活性密切相关，果糖激酶是淀粉积累的关键酶。

3.4.2.2　小结

番茄果实发育过程中，在不同的条件下可溶性糖及淀粉含量与糖代谢相关酶活性的相关性不同，即外源生长素影响了番茄果实不同发育阶段果糖代谢相关酶的活性，使不同发育阶段的可溶性糖及淀粉的积累量不同。

1）番茄果实发育过程中，高的酸性转化酶活性使其不能积累蔗糖。外源生长素2,4-D 明显改善了果糖含量与酸性转化酶活性的相关性，增加了果糖含量，说明果实中果糖的积累主要与酸性转化酶密切相关。

2）可溶性糖的积累主要与果糖激酶活性相关。PCPA 处理组果糖和葡萄糖含量与果糖激酶活性存在显著负相关关系；2,4-D 处理组果糖和葡萄糖含量与果糖激酶活性存在极显著负相关关系。说明可溶性糖的积累主要与果糖激酶有关，2,4-D 明显降低了果糖激酶活性，低的果糖激酶活性为番茄果实中可溶性糖的积累提供基础，较高的果糖激酶活性可能是果糖积累的限制因子。

3）淀粉的积累主要与蔗糖合成酶和果糖激酶活性相关。PCPA 处理组淀粉含量与蔗糖合成酶活性存在显著正相关关系，对照组淀粉含量与果糖激酶活性存在极显著正相关关系，说明淀粉的积累可能与蔗糖合成酶和果糖激酶有关。

3.4.3　花期施用外源生长素类物质对番茄果糖激酶基因表达的影响

蔗糖是大多数高等植物从源到库运输的主要形式，但进入库器官后被分解为果糖和葡萄糖，果糖的进一步代谢需要果糖激酶进行磷酸化，果糖激酶在库组织的代谢和分配过程中起主要作用，因此明确番茄果糖代谢中果糖激酶的基因表达及其调控，对于调节果糖代谢很有必要。

3.4.3.1　番茄果实中果糖激酶基因的克隆及进化分析

（1）试验材料

试材为普通栽培型番茄品种‘辽园多丽’。

（2）RNA 的提取及基因克隆

根据 RNAprep pure 植物总 RNA 提取试剂盒（TianGen 公司）提取番茄果实中的总 RNA。根据 GenBank 中的番茄 *LeFRK* 基因 cDNA 序列，利用 Primer 5.0 软件进行引物设计（表 3-6），委托上海英骏生物技术有限公司合成。

表 3-6　番茄果实果糖激酶基因表达所用引物

基因	登录号	引物序列
LeFRK1	U64817	F 5′-TTTAGTTGTTTGCTTTGGG-3′ R 5′-CACCTCGTCATCATTTTG-3′
LeFRK2	U64818	F 5′-CGATTTCGTTCCGACAGT-3′ R 5′-CAAGTTAGGATGCCACAAG-3′
LeFRK3	AY323226	F 5′-CTGTTGGTATTTCCCGTCT-3′ R 5′-CAAAACTAAGGGCATCTCG-3′
actin	Q96483	F 5′-TGTCCCTATTTACGAGGGTTATGC-3′ R 5′-AGTTAAATCACGACCAGCAAGAT-3′

注：*actin* 表示肌动蛋白

（3）DNA 序列的测定及序列分析

对克隆得到的两个重组质粒进行 PCR 鉴定，然后再进行菌株穿刺培养，委托上海生物工程有限公司测定 DNA 序列。采用 BLAST 和 MEGA5.0 软件进行序列分析。

（4）结果与分析

1）番茄果实果糖激酶基因的克隆 　　以番茄果实总 RNA 为模板，进行 RT-PCR 扩增，扩增产物经 0.8%琼脂糖凝胶电泳检测，均扩增到预期大小的长为 634 bp 的 *LeFRK1* cDNA 片段，628 bp 的 *LeFRK2* cDNA 片段，747 bp 的 *LeFRK3* cDNA 片段，经回收纯化后与载体 pBS-T 连接，转化大肠杆菌 TOP10。蓝白斑筛选，挑取白斑克隆提取质粒。以特异引物进行 PCR 扩增，得到与预期大小相吻合的 DNA 片段，这表明 PCR 产物已克隆到载体上。将鉴定为阳性的克隆进行测序。

2）番茄果实 *LeFRK* 基因序列的进化分析 　　将测序后的 3 个基因序列分别与 NCBI（http://www.ncbi.nlm.nih.gov/）中已发布的序列进行 BLAST 比对，其相似性均在 99%以上，*LeFRK1* 与 GenBank 登录号为 U64817 的序列相似性为 99%；*LeFRK2* 与 GenBank 登录号为 U64818 的序列相似性为 100%；*LeFRK3* 与 GenBank 登录号为 AY323226 的序列相似性为 99%。

本研究还构建了一个番茄、马铃薯、烟草及拟南芥植物中 *FRK* 基因的系统进化树（图 3-33）。首先从 NCBI 上搜索与番茄植物 *FRK* 同源的马铃薯、烟草及拟南芥的基因序列：番茄（*Solanum lycopersicum*，*LeFRK4*-AY099454.1）、马铃薯（*Solanum tuberosum*，*StFRK*-Z12823.1）、烟草（*Nicotiana tabacum*，*NtFRK*-AB083684.1）、拟南芥（*Arabidopsis thaliana*，*AtFRK1*-NC003076.8，*AtFRK2*-NC003070.9），再结合克隆到的番茄 *LeFRK1-3* 基因利用 MEGA5.0 分析绘图得到系统进化树。系统进化树的初级可分为 2 个分支，其中 *LeFRK2* 和 *StFRK*、*NtFRK*、*AtFRK2* 归为一支，*LeFRK1*、*LeFRK3* 和 *LeFRK4* 与 *AtFRK1* 归为另一支。

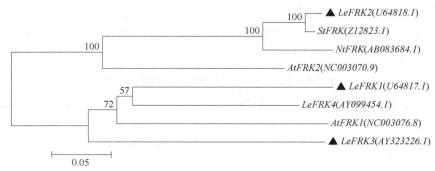

图 3-33　植物果糖激酶家族基因系统进化树

利用 NJ 法的 Kimura 2-parameter 模型建树，枝上数字代表 Bootstrap1000 次支持率

（5）小结

LeFRK2 可能是番茄果糖激酶 4 个基因中经历进化事件最多的基因，它不但与马铃薯的果糖激酶基因是直系同源基因，而且与同属植物——烟草同属一个进化支，结合传统植物分类学知识可以推断 *LeFRK2* 是番茄果糖激酶的原始基因，其所在的 6 号染色体也可能是番茄果糖激酶的发源地，因此可以推测 *LeFRK2* 是番茄中最主要的果糖激酶基因。

植株环境和细胞环境的选择压力使得番茄的果糖激酶基因(*LeFRK2*)以染色体复制、碱基替换、颠换等方式向不同方向进化，最先进化出来的应是 *LeFRK3*，接着依次是 *LeFRK4*、*LeFRK1*。虽然 *LeFRK4* 和 *LeFRK1* 位于进化树的同一支，但是它们的进化方向不一样，*LeFRK1* 在包括番茄叶和果实在内的多种组织中均表达，而 *LeFRK4* 却只在雄蕊中表达。

LeFRK3 定位于质体中，而 *LeFRK1*、*LeFRK2*、*LeFRK4* 均分散定位于细胞质，这使得番茄的 4 个果糖激酶基因将继续面临不同的选择压力而向不同方向进化。因此可初步推定番茄果糖激酶的进化模式是以 *LeFRK2* 为中心的辐射进化。

3.4.3.2 外源生长素类物质对番茄果实果糖激酶基因表达的影响

（1）材料与方法

试验材料为普通栽培型番茄'辽园多丽'。

采用 RNAprep pure 植物总 RNA 提取试剂盒（TianGen 公司）提取番茄果实中的总 RNA。采用实时荧光定量 RT-PCR 进行基因表达测定。根据 GenBank 中的番茄 *FRK1* 和 *FRK2* 基因 cDNA 序列，利用 Primer 5.0 软件进行引物设计（表 3-7）。

表 3-7 实时荧光定量 PCR 分析番茄果实果糖激酶基因表达所用引物

基因	登录号	引物序列
FRK1	U64817	F 5′-CTCCGTTACATATCTGATCCTT-3′
		R 5′-GACAGCATTGAAGTCACCTT-3′
FRK2	U64818	F 5′-TTGTTGGTGCCCTTCTAACCA-3′
		R 5′-ACGATGTTTCTATGCTCCTCCCT-3′
actin	Q96483	F 5′-TGTCCCTATTTACGAGGGTTATGC-3′
		R 5′-AGTTAAATCACGACCAGCAAGAT-3′

注：*actin* 表示肌动蛋白

（2）结果与分析

1）外源生长素类物质对番茄果实果糖激酶 *FRK1* 基因表达的影响　试验结果表明，普通栽培型番茄果实不同发育时期中，PCPA 处理组在番茄开花后 15 d 果糖激酶基因 *FRK1* 的表达最高，对照组的表达最低，随着果实的发育，到开花后 25～35 d，对照组和处理组的果糖激酶基因 *FRK1* 的表达一直呈上升趋势，35 d 达到最高，对照组高于其他两组，然而 2,4-D 处理组在花后 15 d 直到成熟时变化不大，一直低于 PCPA 的处理组，番茄果实成熟时，对照组几乎没有检测到 *FRK1* 基因，PCPA 处理组的果糖激酶 *FRK1* 基因表达量最高（图 3-34）。

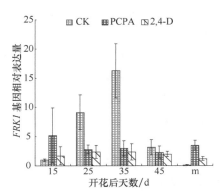

图 3-34　PCPA 和 2,4-D 处理对番茄果实不同发育时期果糖激酶基因 *FRK1* 表达的影响
m—番茄果实成熟期

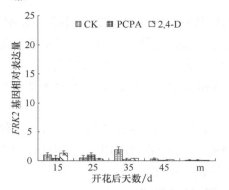

图 3-35　PCPA 和 2,4-D 处理对番茄果实不同
发育时期果糖激酶基因 *FRK2* 表达的影响
m—番茄果实成熟期

2）外源生长素类物质对番茄果实果糖激酶 *FRK2* 基因表达的影响　　如图 3-35 所示，无论是处理组还是对照组，*FRK2* 在整个果实发育期表达量都较低，在果实成熟期几乎检测不到，在幼果期和果实膨大期其表达量略高，开花后 15 d 2,4-D 处理组表达量略高，开花后 25 d PCPA 处理组的基因表达较强，开花后 35 d 对照组的表达量略高，高于处理组的基因表达。

（3）小结

以普通栽培型番茄品种'辽园多丽'为试验材料，研究了花期施用外源生长素类物质对其果实不同发育过程中果糖激酶——*FRK1* 和 *FRK2* 基因表达的影响，结果表明：①在番茄的整个发育过程中，*FRK1* 基因表达明显高于 *FRK2* 基因的表达，果实成熟时几乎检测不到 *FRK2* 基因的表达；②花期施用外源生长素类物质——PCPA 对普通栽培型番茄果实早期和成熟时基因 *FRK1* 的表达起作用，且成熟时对照组的基因几乎不表达，说明花期施用外源生长素类物质影响 *FRK1* 基因的表达；③无论处理组还是对照组，在番茄果实不同发育时期，果糖激酶 *FRK2* 基因的表达量较低，果实发育前期处理组的基因表达高于对照组，说明花期施用外源生长素类物质促进了番茄果实前期 *FRK2* 的基因表达，但是发育后期直到成熟时，处理组和对照组的基因表达都不明显，且变化不大，说明花期施用外源生长素类物质对番茄果实后期到成熟时 *FRK2* 的基因表达影响较小。

3.5　讨论

3.5.1　外源生长素类物质对不同类型番茄果实糖积累的影响

野生型番茄（*Solanum chmielewskii*）成熟果实是积累蔗糖的库类型，而普通栽培型番茄（*Solanum lycopersicum*）成熟果实是积累己糖的库类型，野生型番茄果实的可溶性糖浓度几乎是普通栽培型的 2 倍。本研究结果显示，野生型番茄与普通栽培型番茄果实中糖的组成都是果糖、葡萄糖和蔗糖，但含量差别很大。野生型番茄果实中果糖和葡萄糖含量很低，显著低于普通栽培型，成熟时更为明显，而蔗糖含量在果实成熟时明显高于普通栽培型，进一步证明了野生型番茄为积累蔗糖的库类型，普通栽培型番茄为积累己糖的库类型。

Dali 等比较研究了蔗糖积累型和己糖积累型番茄，并用 ³H 进行标记，认为蔗糖积累型番茄未成熟果实中蔗糖含量较低的可能原因是此时蔗糖卸载经过共质体途径，而成熟的果实中积累的大量蔗糖来自于此前水解的蔗糖的再合成过程，由此推测成熟果实的蔗糖卸载经过质外体途径。也有研究认为积累蔗糖可以提高野生型番茄可溶性固形物的含量，因为糖是其可溶性固形物的主要成分，几乎占可溶性固形物的 65%，野生型番茄积累的糖是己糖积累型番茄积累的可溶性碳水化合物的 2 倍，但渗透潜力却相当，所以野生型番茄果实中水分含量少，从而导致果实中可溶性碳水化合物的浓度较高。

Klann 等对野生型和普通栽培型番茄进行杂交，并利用 RFLP 方法筛选，F_3 代得到了分别积累蔗糖和己糖的纯合体，F_3 代中积累蔗糖的品系，蔗糖含量在果实成熟时显著高于己糖积累型的品系，因此通过杂交的方法把这种蔗糖积累的性质引入到普通栽培型番茄中以提高糖含量和改善果实甜度是可行的。

内源激素可以在高等植物中长距离运输从而发挥其生理作用，外源激素类物质也能很容易地通过输导组织从处理部位开始进行运输，并能调控韧皮部对有机物的装载和卸载。关于外源生长素类物质处理对野生型和普通栽培型番茄果实糖积累的影响还鲜见报道。

本研究应用 PCPA 和丰产剂 2 号外源处理，以探讨外源生长素类物质对野生型和普通栽培型番茄果实糖积累的影响，研究结果表明：野生型番茄果实随着果实发育进程，果糖和葡萄糖含量很低，且呈递减的趋势，蔗糖含量整体呈递增的趋势，外源生长素类物质处理后，野生型番茄果实的果糖、葡萄糖含量仍然较低，但在果实成熟时明显提高了蔗糖含量，且以丰产剂 2 号处理效果最明显。普通栽培型番茄在整个果实发育过程中果糖和葡萄糖含量都呈升高趋势，成熟时最高，丰产剂 2 号处理明显提高了成熟果实的葡萄糖含量，蔗糖含量在整个发育期一直较低并呈递减趋势，外源生长素类物质处理对蔗糖含量无明显影响。因此，外源生长素类物质处理并不能改变库积累的类型，但可以提高野生型番茄成熟果实中的蔗糖含量，提高普通栽培型番茄成熟果实的果糖和葡萄糖含量，即可以增加成熟果实糖的积累量。

3.5.2　外源生长素类物质对普通栽培型番茄果实不同部位糖含量的影响

番茄糖分积累是衡量果实品质优劣的重要指标，而蔗糖代谢又是糖积累的重要环节。虽然蔗糖是番茄光合产物运输的主要形式，但许多研究结果表明普通栽培型番茄果实中主要是果糖和葡萄糖，因此如何调节蔗糖含量对于提高果实品质影响很大。

本研究表明，普通栽培型番茄果实发育过程中，果实内各部位——果蒂、果实内维管束、中果皮及心室隔壁、胶质胎座中果糖和葡萄糖含量呈逐渐升高的趋势，果实成熟时含量达到最高。果实成熟前以果实内维管束中果糖、葡萄糖含量最高，果实成熟期中果皮及心室隔壁中果糖和葡萄糖含量最高。果柄维管束中以蔗糖为主，果糖和葡萄糖含量极低。果实其他部位蔗糖含量远低于果柄维管束。

外源生长素类物质 PCPA 和丰产剂 2 号处理后，对不同发育时期果实内各部位可溶性糖含量的影响不同。在果实发育的早、中期提高了果实内维管束、中果皮及心室隔壁和胶质胎座中的果糖和葡萄糖含量，提高了果柄维管束、果蒂和果实内维管束中的蔗糖含量。成熟期外源生长素类物质处理明显提高了中果皮及心室隔壁、果蒂和胶质胎座中果糖和葡萄糖含量。丰产剂 2 号处理效果优于纯的 PCPA 处理。普通栽培型番茄果实各部位淀粉含量在果实发育的早、中期较高，之后呈下降趋势，果实成熟时很低。外源生长素类物质处理能够显著提高早、中期番茄果实各部位的淀粉含量，尤其是丰产剂2号处理后，使果实各部位在开花后25 d的淀粉含量明显提高。

番茄果实发育的不同时期，可溶性糖和淀粉含量的变化对果实的生长发育和糖的积累很重要。果实发育的早、中期淀粉和蔗糖主要用于各种代谢反应，以利于幼果的生长和膨大，成熟期果实生长膨大过程已基本完成，此时主要进行干物质的积累，而可溶性糖是干物质的主要成分。

本试验结果中，番茄果实果柄维管束中的可溶性糖主要以蔗糖为主，但也含有少量的果糖和葡萄糖。果柄维管束作为运输组织担负着向果实输送营养物质的任务，而番茄光合产物运输的主要形式是蔗糖，存在少量果糖和葡萄糖的可能原因是运输的物质中就含有还原糖。有试验证据表明，韧皮部渗出液中含有较低浓度、广范围的溶质分子，其中就包含还原糖。果柄维管束中少量果糖和葡萄糖也可能与其本身生理活动有关，呼吸作用需要消耗果糖和葡萄糖等底物，果糖和葡萄糖的消耗导致蔗糖和淀粉的水解，不同时期呼吸作用的强弱不同会导致果糖和葡萄糖含量的波动。

另外，在番茄果实内输导组织——果实内维管束中有较高浓度的果糖和葡萄糖存在，一部分可能直接来源于果柄维管束，另一部分可能来源于果蒂组织。果蒂是蔗糖向果实内输送的卸载区，为了增加蔗糖卸载时的浓度梯度，蔗糖被水解为果糖和葡萄糖，果蒂中的果糖和葡萄糖除部分用于自身的代谢和贮藏外，剩余的部分可能又回到输导系统与蔗糖一起运输到果实的中果皮及心室隔壁和胶质胎座中，用于可溶性糖的积累。

内源植物激素是植物器官间、组织间、胞间信息传递和胞内信号转导系统的基本成分，在各种水平上调节植物生理过程。它对植物体内碳同化物分配的调节涉及源库之间的每个环节，其中包括糖在源中的装载、库中的卸载及在库细胞中的代谢等。IAA可促进质膜 H^+-ATPase 的合成，与膜上载体和关键酶的调节均有关，本研究中外源生长素类物质处理可能增强了可溶性糖的跨膜运输能力，从而提高了番茄果实中果糖和葡萄糖的含量。普通栽培型番茄果实发育各个时期果柄维管束中主要含有蔗糖，而果实其他部位蔗糖含量很低，可能是蔗糖在从果柄维管束运到果蒂时被分解成了果糖和葡萄糖，以维持蔗糖运输的梯度。外源生长素类物质可以增加细胞壁的可塑性，促进质膜质子泵的运输能力，从而提高了果糖和葡萄糖透过质膜的能力，使番茄果实中可溶性糖含量增加。同时生长素可以促进 RNA 和蛋白质的合成，为原生质体和细胞壁的合成提供原料，保持持久性生长的能力，提高库强，促进糖的积累。这些可能是外源生长素类物质处理能明显加快番茄果实早、中期膨大速度，提高番茄果实单果重量的原因。

本研究中无论是外源生长素类物质处理组还是对照组，果柄维管束中均主要含有蔗糖，果糖和葡萄糖含量极低，说明蔗糖在进入果实之前代谢变化不大，而在果蒂中测到了较高含量的果糖和葡萄糖，说明由果柄维管束运输到果蒂发生了蔗糖的代谢，但蔗糖在光合产物运输途径中运输多长时间到达果蒂并开始代谢变化，引起这种转变的根本原因、限速步骤，以及外源生长素类物质处理和其他激素对此代谢的影响还不清楚，有待于进一步研究。

3.5.3　外源生长素类物质对不同类型番茄果实蔗糖代谢相关酶的影响

蔗糖积累型和己糖积累型番茄果实的一个重要区别就是糖积累的时间不同，即己糖积累型番茄果实是在果实成熟时积累糖，而蔗糖积累型番茄果实的糖积累是持续的，蔗糖积累型番茄糖积累主要有两个时期——果实膨大期和果实成熟期。蔗糖积累型番茄的蔗糖运输途径在糖积累的第二个时期即果实成熟期开始发生变化。有研究认为，野生型番茄开花后 2 周通过共质体途径运输蔗糖，开花后 4 周通过质外体途径运输蔗糖。在果实发育后期，果实对水的纯吸收停止，重新开始合成蔗糖进行贮藏，蔗糖可能被质外体的酸性转化酶分解，运输到胞质后被胞质中的蔗糖磷酸合成酶再合成，贮存在液泡中，野生型番茄果实中蔗糖的分解和再合成过程降低了质外体中蔗糖的浓度，增加了韧皮部和卸载端间的蔗糖浓度梯度，有利于蔗糖的卸载和积累。

本试验结果显示，野生型番茄果实发育过程中酸性转化酶的活性呈下降趋势，果实成熟时酸性转化酶的活性很低，而普通栽培型番茄的酸性转化酶则随着果实的发育呈上升的趋势。野生型番茄果实发育早期表现出了较高的酸性转化酶活性，外源生长素类物质提高了酸性转化酶的活性，而外源生长素类物质处理后果实成熟期蔗糖的积累明显提高，此时蔗糖的积累可能与酸性转化酶的活性降低有关，普通栽培型番茄果实成熟时积累己糖与其高活性的酸性转化酶有关。二者酸性转化酶随着果实的发育变化趋势不同，可能是两种番茄成熟时积累不同类型可溶性糖的重要原因之一。

野生型果实发育早期虽然测出了较高的酸性转化酶活性，但并未表现出较高的果糖和葡萄糖浓度，可能原因是此时蔗糖被分解为己糖后，己糖立即被用于果实的生长、淀粉合成或被呼吸所消耗，该结果还有待于进一步验证。

有许多研究认为，蔗糖合成酶与贮藏器官的蔗糖积累相关联，如对甜菜、甜瓜、亚洲梨、桃和草莓等作物的研究表明，蔗糖合成酶活性增强可使蔗糖积累增加。但并没有发现野生型番茄果实蔗糖的积累与蔗糖合成酶相关联。有研究认为蔗糖合成酶与淀粉的合成有关。本研究显示，外源生长素类物质提高了野生型番茄果实整个发育过程中的蔗糖合成酶活性，但果实发育的早期蔗糖合成酶活性提高更显著，而此时外源生长素类物质处理的果实淀粉含量也较高，说明淀粉积累与蔗糖合成酶活性密切相关，并且外源生长素类物质处理能增加早期野生型番茄果实的淀粉积累。此试验结果与前述的研究相一致。

在番茄果实发育后期，蔗糖磷酸合成酶被认为可决定蔗糖的合成和积累的速率。蔗糖磷酸合成酶是决定甜瓜、香蕉、亚洲梨、桃、草莓、猕猴桃和芒果等蔗糖积累水平的关键酶。本试验结果与此相一致，野生型番茄果实中蔗糖磷酸合成酶活性明显高于普通栽培型，并且在果实成熟时外源生长素类物质明显提高了野生型番茄果实蔗糖磷酸合成酶的活性。

因此，在野生型番茄果实中，由于蔗糖合成酶没有直接参与蔗糖的合成和积累，所以转化酶和蔗糖磷酸合成酶的共同作用是影响果实中糖积累的重要因子，外源生长素类物质可以提高转化酶和蔗糖磷酸合成酶的活性，从而增加了蔗糖的积累。

3.5.4 外源生长素类物质对普通栽培型番茄果实不同部位蔗糖代谢相关酶的影响

蔗糖代谢是果实糖积累的重要环节，蔗糖代谢相关酶的研究则是探讨果实糖分积累的重要内容。输入果实中的糖代谢及其相关酶活性的变化是果实发育过程及其调控的重要方面，与品质形成关系密切。普通栽培型番茄果实中，转化酶与蔗糖合成酶的共同作用是影响果实中糖积累的重要因子。

本研究表明，普通栽培型番茄果实发育过程中，果实内各部位——果蒂、果实内维管束、中果皮及心室隔壁、胶质胎座中转化酶活性呈上升趋势，早、中期转化酶活性较低，番茄果实内有一定的蔗糖积累，随着转化酶活性的逐渐升高，蔗糖含量逐渐降低，至果实成熟时转化酶活性达到最高，蔗糖含量几乎检测不到，而此时果糖和葡萄糖含量达到最高，表明高的转化酶活性限制了蔗糖的积累。

外源生长素类物质对番茄果实内各部位不同发育期蔗糖代谢相关酶活性的影响不同。番茄果实未成熟时，果实内维管束中转化酶活性较高，果蒂次之，中果皮、心室隔壁和胶质胎座中较低，外源生长素类物质处理未明显改变转化酶活性。番茄果实成熟时，胶质胎座中转化酶活性最高，果实内维管束、中果皮及心室隔壁次之，果蒂中略低，外源生长素类物质处理明显提高了成熟期果实内各部位转化酶的活性，而在此时期，外源生长素类物质处理也提高了果糖和葡萄糖的含量，说明外源生长素类物质处理在普通栽培型番茄果实成熟时有效增加了己糖的积累。果柄维管束中检测到较高的转化酶活性，但随着果实的发育活性变化不大，也未与其可溶性糖含量的变化相关，可能原因是活体番茄植株中，果柄维管束中的转化酶是被区隔化的，不能直接作用于糖，但在离体测定时匀浆后转化酶被释放出来，与外源的底物相作用。

在果实发育的早、中期，番茄果实是很强的碳水化合物库，在库建成和库活力方面蔗糖合成酶起很重要的作用，原因是在细胞发育过程中蔗糖合成酶能提供 UDPG 构建细胞壁或合成胼胝质。有研究显示，蔗糖合成酶与蔗糖含量呈显著正相关关系，与葡萄糖和果糖的含量呈显著负相关关系，并且与果肉中淀粉的含量呈显著正相关关系。本试验结果表明，蔗糖合成酶活性在番茄果实发育早、中期较高，成熟时活性很低，说明在番茄果实发育的早、中期，转化酶活性很低时，蔗糖合成酶与果实糖积累密切相关，因为大部分蔗糖在此时积累，随着果实发育，该酶活性下降，蔗糖含量降至最低。番茄果实内各部位中，果蒂、果实内维管束、中果皮及心室隔壁中蔗糖合成酶活性较高，胶质胎座中较低。外源 PCPA 处理明显提高了早、中期番茄果实内维管束和果蒂中蔗糖合成酶活性。因此可以看出，普通栽培型番茄在蔗糖的运输组织（果柄维管束和果实内维管束）和蔗糖卸载端（果蒂和果实内维管束）中保持较高的蔗糖合成酶活性，说明蔗糖合成酶与维管束组织密切相关，还可能与蔗糖的运输和卸载相联系。蔗糖合成酶还与淀粉的含量相关，因为蔗糖合成酶活性最高时也是淀粉含量较高的时期，蔗糖合成酶调控着 UDPG 的产生，而 UDPG 可以转化为合成淀粉的底物。在番茄幼果生长过程中，淀粉的积累是非常重要的，与果实的生长速率密切相关。

本试验中，蔗糖磷酸合成酶活性在普通栽培型番茄整个果实发育期都较低。果柄维管束和果实内维管束中蔗糖磷酸合成酶活性较高，其他部位都较低，PCPA 处理只使果实内维管束中蔗糖磷酸合成酶活性略有提高，说明对于普通栽培型番茄来说，可能蔗糖磷酸合成酶对果实中蔗糖合成起的作用不大。

对普通栽培型番茄果实的研究显示，中果皮及心室隔壁中葡萄糖的含量与蔗糖合成酶活性呈显著负相关关系，果糖含量与蔗糖合成酶活性呈极显著负相关关系，两者与转化酶的活性在果实整个发育期达到显著正相关关系；而蔗糖的含量与酸性转化酶及中性转化酶活性均达到极显著负相关关系，与蔗糖合成酶活性呈显著正相关关系。在果实的整个发育期，3 种糖分含量均与蔗糖磷酸合成酶无显著相关。而本试验结果中，番茄果实内不同部位可溶性糖及淀粉含量与蔗糖代谢相关酶活性的相关性不同，外源生长素类物质对其影响也不同，但总体来看果糖和葡萄糖含量主要与转化酶活性显著正相关，而蔗糖含量与转化酶活性显著负相关，说明番茄果实中糖分的积累与代谢主要受蔗糖合成酶和转化酶活性的调控，与蔗糖磷酸合成酶活性关系不大。外源生长素类物质处理提高了转化酶和蔗糖合成酶的活性，并没有明显改变蔗糖磷酸合成酶的活性，说明外源生长素类物质通过影响转化酶和蔗糖合成酶的活性从而影响了番茄果实内糖分的代谢与积累。

3.5.5　外源生长素类物质对番茄酸性转化酶基因表达的影响

酸性转化酶主要以可溶性（液泡中）和不溶性（细胞壁结合）两种状态存在，近年来在分子水平的研究表明这两种形态的转化酶由两类完全不同的基因家族编码。不同形式的转化酶在植物不同发育阶段和不同组织中的作用也不同。蔗糖从韧皮部进入质外体后被分解为果糖和葡萄糖，以保证从韧皮部到质外体的蔗糖浓度达到一定梯度，所以细胞壁结合的转化酶主要在韧皮部卸载和源-库调控中起主要作用。而可溶性的转化酶主要存在于液泡中，在调控己糖和贮存于液泡中的蔗糖水平中发挥作用。

转化酶在植物的生长和发育过程中发挥着重要作用。由于几乎每种植物中都存在转化酶同工酶，并由几种转化酶基因编码，所以转化酶基因表达十分复杂。不同的转化酶基因在不同品种、器官、时间、诱导剂作用下基因表达模式均不同。反义转化酶基因的表达抑制了转化酶活性，从而引起番茄果实中蔗糖的积累。在番茄果实发育期间 *AI* 反义基因转化的果实中蔗糖含量约为对照的 5 倍，而葡萄糖和果糖只有对照的 50%。这都说明酶基因水平上的变化会影响酶的活性，进而影响蔗糖代谢。

目前，已分离出了一个液泡型酸性转化酶基因（*TIV1*）和 4 个细胞壁结合型转化酶基因（*Lin5*，*Lin6*，*Lin7*，*Lin8*），尽管这些转化酶基因已经被克隆，但内外诱导剂对其调控的研究还很少。科研人员研究了赤霉素和细胞分裂素类生长调节剂——玉米素对 *TIV1* 和 *Lin6* 基因表达的影响，结果显示，玉米素可以促进 *Lin6* 的 mRNA 的表达，但没有改变 *TIV1* 基因的表达，在番茄细胞培养试验中加入 GA_3 没有影响 *TIV1* 和 *Lin6* mRNA 的表达，但外源生长素类物质对转化酶基因表达的影响还未见报道。

不同品种的番茄，随着果实的发育液泡转化酶 mRNA 具有不同的时间表达模式，普通栽培型番茄的液泡转化酶基因在成熟果实中表达，而另一种积累己糖的野生型番茄

（*Solanum pimpinellifolium*）则在果实发育的较早时期表达。同一品种番茄转化酶的同工酶基因表达也具有不同的时间和空间表达模式，番茄的细胞壁结合型转化酶基因 *Lin6* 在库组织中特异性表达，相应的 mRNA 丰度在幼苗的根、花芽和瘤状物中较高，而 *Lin7* 的 mRNA 只在大的花芽和花中检测到，*Lin5* 的 mRNA 存在于花芽、花及处于绿熟和红熟期的果实中，*Lin8* 的 mRNA 在所分析的组织中都没有检测到，而液泡转化酶 *TIV1* 的 mRNA 在成熟的红果中具有很高的丰度。

本试验利用克隆的液泡型酸性转化酶基因 *TIV1* 和细胞壁结合型的转化酶基因 *Lin6* 的 cDNA 序列，检测了外源生长素类物质处理对野生型番茄和普通栽培型番茄'辽园多丽'果实可溶性酸性转化酶和细胞壁束缚型酸性转化酶基因表达的影响，结果显示野生型番茄中，无论处理组还是对照组在整个果实发育期都没有检测到细胞壁束缚型酸性转化酶和可溶性酸性转化酶基因的表达。普通栽培型番茄果实发育过程中，没有检测到细胞壁束缚型酸性转化酶的表达。但在果实成熟期可溶性酸性转化酶基因表达较强，且外源生长素类物质处理增强了其基因的表达。转化酶基因表达的结果与不同糖积累机制相符，野生型番茄是积累蔗糖的库类型，在成熟果实中主要积累蔗糖，而普通栽培型番茄'辽园多丽'是积累己糖的库类型，在果实成熟时主要积累果糖和葡萄糖，而本研究中也显示了外源生长素类物质处理提高了野生型番茄果实中的蔗糖积累量和普通栽培型番茄果实中的己糖含量。另外，在野生型番茄和普通栽培型番茄中的转化酶基因序列几乎完全相同，不同品种番茄的酸性转化酶基因高度同源，同源性达到 99.5%，只有个别碱基的差异，说明转化酶基因序列在番茄中是高度保守的，但糖在两类番茄中积累的形式不同可能是由于编码转化酶的基因表达在时间和空间的分布不同造成的。

本试验在发育过程中的普通栽培型番茄果实各个部位均未检测到细胞壁结合型酸性转化酶基因的表达，外源生长素类物质也没有促进其表达，原因可能是细胞壁结合型的转化酶基因表达量低以至于检测不到，Godt 和 Roitsch 也没有在果实中检测到 *Lin6* 的表达，而 *Lin6* 在幼苗的根系、小的花芽、大的花芽、瘤状物中都有很强的表达，也可能与番茄果实细胞中细胞壁结合型转化酶含量有关。细胞中大约90%的酸性转化酶为可溶性，绝大多数存在于液泡中，只有10%存在于细胞壁中。

在成熟期番茄果实内各部位中均检测到了可溶性酸性转化酶基因的表达，果实胶质胎座中表达比较明显，中果皮及心室隔壁中也有较强的表达，果实内维管束中的表达较弱。外源生长素类物质没有增加番茄果实内维管束中可溶性酸性转化酶基因的表达，但明显促进了中果皮及心室隔壁和胶质胎座中液泡转化酶基因的表达。这与 Godt 和 Roitsch 的研究结果相一致，他们在绿果中也没有检测到液泡转化酶的表达，说明酸性转化酶基因的表达有组织、器官和发育的特异性。酸性转化酶基因在果实中的表达部位和强度不同，会改变植物同化物的分配情况，果实内维管束中表达较弱，表明蔗糖在果实内维管束中降解相对较少，而中果皮及心室隔壁和胶质胎座中酸性转化酶基因表达较强，使蔗糖从维管束系统卸载到果肉中时能够分解成果糖和葡萄糖，加大了维管束系统和卸载端间的蔗糖浓度梯度，库强度增加，有利于蔗糖向果实中运输，也增加了液泡中可溶性糖的积累，而外源生长素类物质促进了卸载端酸性转化酶基因的表达，进一步增强了库强度和库活力。

普通栽培型番茄果实成熟时积累果糖和葡萄糖，而且中果皮及心室隔壁和胶质胎座积累量多于果实内其他部位，外源生长素类物质增加了己糖的积累，与此相对应转化酶活性在果实成熟时较高，同样外源生长素类物质也提高了此时转化酶的活性，而可溶性酸性转化酶 mRNA 表达在成熟的番茄果实尤其是中果皮及心室隔壁和胶质胎座中表达较强，外源生长素类物质也促进了其基因表达，说明外源生长素类物质可以在转录和翻译水平影响蔗糖代谢。但并不是完全遵循基因表达强→转化酶活性高→果糖、葡萄糖积累量提高的模式，说明糖积累的调控机制很复杂，除了受转录和翻译水平的调控外，还可能存在转录后修饰和翻译后修饰调控等机制的制约，而外源生长素类物质在糖积累过程中的本质作用及其作用机制还有待于更深入的研究。

3.5.6　外源生长素类物质对番茄果实蔗糖合成酶基因表达的影响

蔗糖合成酶多数存在于细胞质中，也有附着在细胞膜上的不溶性的蔗糖合成酶，多数学者认为蔗糖合成酶有两种同工酶，蔗糖合成酶基因已经在番茄、柑橘、玉米、马铃薯、胡萝卜、甜菜、水稻等主要作物中得到了克隆。在番茄中已经克隆到蔗糖合成酶基因 SUS2 和 SUS3。

以番茄果实为试验材料的研究结果表明，蔗糖合成酶在番茄果实发育的早期起重要作用，蔗糖合成酶蛋白和 mRNA 在茎、叶柄和根中表达量很少，蔗糖合成酶 mRNA 在开花前的雌蕊中开始表达，开花后 5～7 d 达到高峰，开花后 10～30 d 显著下降，开花后 35 d 的番茄果实中完全检测不到。而蔗糖合成酶蛋白在开花后 20～25 d 达到最大，然后下降，开花后 45 d 检测不到。蛋白和 mRNA 的不协调表达说明蔗糖合成酶表达可能在转录和翻译水平被控制。蔗糖合成酶 mRNA 在果实的不同亚细胞定位，在邻近胎座、维管束周围细胞的中果皮中丰度很大，说明蔗糖合成酶基因在果实发育过程中具有时空表达的特点。

本试验利用克隆的蔗糖合成酶基因 SUS2 和 SUS3 的 cDNA 序列，检测了外源生长素类物质处理对野生型番茄和普通栽培型番茄'辽园多丽'果实蔗糖合成酶基因表达的影响，结果显示野生型番茄中，无论处理组还是对照组在整个果实发育期都没有检测到蔗糖合成酶基因 SUS2 和 SUS3 的表达。普通栽培型番茄果实发育过程中，没有检测到蔗糖合成酶基因 SUS3 的表达，但外源生长素类物质处理增强了番茄果实发育早期蔗糖合成酶基因 SUS2 的表达。在番茄开花后 25 d 检测到了 PCPA 处理组中果皮及心室隔壁的蔗糖合成酶基因 SUS2 的表达，其他各部位各个发育期均未检测到。无论对照组还是外源生长素类物质处理组，在不同发育时期的番茄果实内各个部位均未检测到蔗糖合成酶基因 SUS3 的表达。蔗糖合成酶基因在番茄果实不同部位和不同时期的表达与一些研究者的实验结果相一致。而 Chengappa 等发现 SUS3 基因只在很幼小的绿果中表达，所以在本试验范围内没有检测到。只有 PCPA 处理组在番茄开花后 25 d 的中果皮及心室隔壁中检测到了蔗糖合成酶基因 SUS2 的表达，其原因有待于进一步研究。

蔗糖合成酶基因具有时空表达特性的原因与很多因素有关。*SS* 基因在玉米根中的表达由不同的糖水平所诱导，糖含量高时（2%葡萄糖），*Sus* 基因在维管束及周围组织中表达，糖浓度低时（0.1%葡萄糖），*Sh* 基因在细胞液较多的皮层下薄壁细胞中表达，由此认为不同糖水平可以诱导 *Sh* 和 *Sus* 基因在不同的细胞特异性地表达。高的蔗糖浓度诱导马铃薯的 *SS* 基因在叶和叶柄中表达，而水稻中的 *SS* 基因表达被高浓度（300 mmol/L）的葡萄糖、果糖和蔗糖所诱导，因此，*SS* 的器官特异性表达可以被糖浓度等生理因素所诱导。还原糖（果糖和葡萄糖）的增加是调控 *SS* 基因表达的主要信号，随着果实的发育还原糖含量的提高可以反馈抑制 *SS* 基因的表达，同时伴随着淀粉合成能力的下降，所以蔗糖合成酶 mRNA 在细胞水平与淀粉粒的积累密切相关。

除了糖信号外，其他信号（如细胞分化、诱导剂或抑制剂等）也可能调控 *SS* 基因的表达，本试验中的外源生长素类物质诱导了番茄果实发育早期 *SS* 基因（*SUS2*）在中果皮及心室隔壁组织中的表达，表现出其时空表达的特点。

综上，酸性转化酶和蔗糖合成酶的基因虽然在很多重要作物中已被克隆，前人也已经取得了一些研究成果，本试验结果也进一步显示外源生长素类物质促进了番茄果实细胞的增生，产生了新的库组织，也促进了可溶性酸性转化酶和蔗糖合成酶基因 *SUS2* 的表达，从而增加了库组织中糖的积累，但其作用机制还不清楚，尤其是外源生长素类物质对蔗糖代谢相关酶基因表达的调控机制还有待于进一步研究。

3.5.7 外源生长素类物质对番茄果实果糖激酶活性的影响

果糖代谢是果实糖积累的重要环节，果糖代谢中果糖激酶的研究则是探讨果实糖分积累的重要内容。

科研人员根据酶活性及糖含量的测定结果分析，随着温州蜜柑果实的发育，可食组织中果糖含量不断增加，果糖激酶活性（以鲜重或蛋白质含量表示）呈降低趋势，果糖激酶活性变化规律与之前研究过的转化酶（包括酸性转化酶和中性转化酶）活性变化的规律相似。果皮在成熟期蔗糖和葡萄糖有所下降，而果糖激酶活性（以鲜重和蛋白质含量表示）略有升高，推测与呼吸作用增加有关。本试验结果中，番茄果实不同发育时期可溶性糖与果糖激酶活性相关性不同，外源生长素类物质对其影响也不同，但总体来看，PCPA 处理组果糖含量与果糖激酶活性存在显著负相关关系，2,4-D 处理组果糖含量与果糖激酶活性存在极显著负相关关系。番茄果实中果糖含量的积累与果糖激酶密切相关，说明番茄果实中果糖的积累与代谢主要受果糖激酶活性的调控。外源生长素类物质处理提高了果糖激酶的活性，说明外源生长素类物质通过影响果糖激酶的活性从而影响了番茄果实内果糖的代谢与积累。果糖激酶还与淀粉的含量相关，番茄果实发育过程中，对照组淀粉含量与果糖激酶活性存在极显著正相关关系，说明果糖激酶是淀粉积累的关键酶。

3.6 本章小结

蔗糖是众多植物的光合运转糖，它在植物果实中的代谢关系到果实的膨大及品质，因此研究植物果实中的蔗糖代谢,进而研究果实中蔗糖代谢的调控,对于人为控制植物果实膨大和果实品质具有重要意义。

本研究以野生型番茄和普通栽培型番茄'辽园多丽'为试验材料,以蘸蒸馏水为对照,用外源生长素类物质 PCPA 和生产上已广泛应用的 PCPA 类坐果剂——丰产剂 2 号进行番茄蘸花处理,采用组织解剖学技术、基因克隆技术、凝胶电泳技术、Northern 杂交技术和现代分析测试技术,研究探讨了花期施用外源植物生长素类物质对不同发育期野生型和普通栽培型番茄果实的糖分组成与含量、淀粉含量、蔗糖代谢相关酶的活性、蔗糖代谢相关酶基因表达,以及对不同发育时期普通栽培型番茄果实不同部位糖含量、淀粉含量、蔗糖代谢相关酶活性、蔗糖代谢相关酶基因表达的影响,首次在生理、分子和蛋白质水平系统地研究了外源生长素类物质对不同发育时期番茄果实蔗糖代谢的影响,明确了外源生长素类物质处理后不同库类型番茄果实和不同发育时期普通栽培型番茄果实不同部位蔗糖代谢的变化,明确了番茄果实发育过程中各部位糖的组成和含量及蔗糖代谢相关酶活性在时间和空间上的表达,为进一步研究番茄糖代谢及采用植物生长调节剂调节和改造糖分积累过程奠定了理论基础。

3.6.1　不同类型番茄果实蔗糖代谢的差别

普通栽培型番茄果实以积累己糖为主,果实中糖代谢的关键酶是转化酶和蔗糖合成酶,而且在果实发育过程中,蔗糖合成酶活性呈下降趋势,而转化酶活性则随着果实发育逐渐增强,至果实成熟时转化酶活性最高,高浓度的己糖积累和高的酸性转化酶活性都与可溶性酸性转化酶基因的表达有关。而对于积累蔗糖为主的野生型番茄,随着果实的发育,蔗糖逐渐积累,伴随着较高的 SPS 活性,转化酶活性逐渐降低,所以其蔗糖代谢的关键酶可能是转化酶和蔗糖磷酸合成酶,对此还有待于进一步研究。

3.6.2　外源生长素类物质对不同类型番茄果实蔗糖代谢的影响

外源生长素类物质并没有改变库类型的能力,只是在原有库类型的基础上,提高了糖积累的水平,也通过提高相应的蔗糖代谢关键酶的活性提高了库活力和库强度,即对于积累蔗糖的库类型,提高了果实成熟期蔗糖的积累,相应地也提高了合成蔗糖的关键酶——蔗糖磷酸合成酶的活性,而对于积累己糖的库类型,在果实成熟时增加了其库组织中果糖、葡萄糖的积累,外源生长素类物质提高了转化酶的活性是这种己糖积累增加的关键因子之一。

3.6.3　外源生长素类物质对普通栽培型番茄果实不同部位蔗糖代谢的影响

普通栽培型番茄果实内不同部位——果蒂、果实内维管束、中果皮及心室隔壁、胶质胎座中果糖和葡萄糖含量随着果实的发育过程呈逐渐升高的趋势,果实成熟时含量达到最高,果实成熟前果实内维管束中果糖、葡萄糖含量最高,果实成熟期中果皮及心室隔壁最高。外源生长素类物质处理后在果实发育早、中期提高了果实内维管束、中果皮及心室隔壁、胶质胎座中果糖和葡萄糖的含量,成熟期明显提高了中果皮及心室隔壁、果蒂和胶质胎座中的含量。

　　而随着果实的发育，果实内各部位转化酶活性呈上升趋势，果实发育的前期转化酶活性较低，果实成熟时转化酶活性最高。番茄果实未成熟时，外源生长素类物质未明显改变各部位转化酶的活性，番茄果实成熟时，胶质胎座中转化酶活性最高，中果皮及心室隔壁、果实内维管束次之，外源生长素类物质处理明显提高了成熟期果实内各部位转化酶的活性。因此，番茄果实内非维管组织中较高的转化酶活性便于快速分解从韧皮部卸载出的蔗糖，在源和库之间形成了蔗糖浓度梯度，促进了蔗糖的卸载，也促进了果实内己糖的积累。

　　成熟番茄果实内胶质胎座中可溶性酸性转化酶基因表达比较明显，中果皮及心室隔壁中也有较强的表达，果实内维管束中的表达较弱，外源生长素类物质没有增强番茄果实内维管束中可溶性酸性转化酶基因的表达，但明显促进了中果皮及心室隔壁、胶质胎座中的基因表达，说明酸性转化酶基因的表达有组织、器官和发育的特异性，外源生长素能促进中果皮及心室隔壁、胶质胎座中可溶性酸性转化酶基因的表达，同时也提高了此部位转化酶的活性，因此也加速了蔗糖分解成果糖和葡萄糖的过程。

　　番茄果实发育的早、中期，在韧皮部的卸载端——果蒂和果实内维管束中具有较高的蔗糖合成酶活性，而在中果皮及心室隔壁、胶质胎座等非维管组织中蔗糖合成酶活性较低，说明蔗糖合成酶与维管束组织密切相关，而且可能与蔗糖的运转及卸载相联系。外源生长素类物质明显提高了番茄果实发育早、中期果蒂和果实内维管束中蔗糖合成酶的活性，说明外源生长素类物质处理促进了蔗糖的运输和向库细胞中的卸载。番茄开花后 25 d 外源生长素还促进了中果皮及心室隔壁蔗糖合成酶基因 SUS2 的表达，蔗糖合成酶 mRNA 在果实的不同亚细胞定位，在邻近胎座、维管束周围细胞的中果皮中丰度很大，除此之外，蔗糖合成酶 mRNA 在细胞水平与淀粉粒的积累密切相关。

3.6.4　外源生长素类物质对番茄果实果糖代谢的调控

　　普通栽培型番茄果实以积累己糖为主，果实中糖代谢的关键酶是酸性转化酶和果糖激酶，在果实发育过程中果糖激酶活性呈递减趋势，而酸性转化酶活性则随着果实发育逐渐增强，至果实成熟时酸性转化酶活性最高，高浓度的己糖积累和低的果糖激酶活性都与果糖激酶基因的表达有关。

　　外源生长素类物质并没有改变库类型的能力，只是在原有库类型的基础上，提高了可溶性己糖积累的水平，也通过提高相应的蔗糖代谢关键酶的活性提高了库活力和库强度，在果实成熟时增加了其库组织果糖、葡萄糖的积累，外源生长素类物质降低了成熟番茄果实中果糖激酶的活性，果糖激酶活性的降低保证了果糖的积累，因此，果糖激酶是果糖积累的关键酶。外源生长素类物质除通过调节糖代谢相关酶的活性来影响果糖的积累外，还影响了果糖激酶基因的表达，在番茄果实成熟时仅检测到 FRK1 基因的表达，说明在果实成熟期品质形成的过程中是 FRK1 基因起关键作用，外源生长素类物质增强了果实成熟期 FRK1 基因的表达。

第 4 章 ★ 茉莉酸在番茄糖代谢中的调控作用

茉莉酸作为一种植物激素和重要的信号分子，在植物中的作用非常广泛。本研究采用茉莉酸不敏感型突变体（jai1-1）和野生型番茄的果实和功能叶为试验材料，测定了果糖、葡萄糖、蔗糖和淀粉的含量，以及糖代谢相关酶活性和关键酶基因表达量，研究茉莉酸不敏感型突变体与野生型番茄糖代谢的特点和差别。通过比较茉莉酸不敏感型突变体与野生型番茄不同发育时期糖代谢的异同点，探究茉莉酸信号在番茄糖代谢中可能的作用，为通过茉莉酸来改变番茄糖分组成和含量提供线索，进而达到改善番茄风味品质的目的。

4.1 茉莉酸对番茄叶片蔗糖代谢的影响

4.1.1 茉莉酸对番茄叶片糖含量的影响

4.1.1.1 试验材料

试验采用 jai1-1 突变体番茄和野生型番茄为试验材料，采用穴盘基质蛭石育苗，每穴内一粒种子，行间距 45 cm，株间距 30 cm。保持植株为单干整枝，其他管理与生产相同。

田间定植后，于番茄第 1 花序第 2 果开花时挂牌标记开花时间，取长势一致的花后 10 d、20 d、30 d、40 d 及成熟期的第 1 花序下最近的一片功能叶，称取 2 g 左右的样品测定糖含量，每个时期样品取样 3 次重复。标记后液氮中速冻，保存于–80℃冰箱中。

4.1.1.2 试验方法

分别测定番茄叶片中果糖、葡萄糖、蔗糖和淀粉的含量。每个糖组分均为 3 次重复。

（1）果糖、葡萄糖、蔗糖的测定

果糖、葡萄糖、蔗糖的测定采用高效液相色谱法。

（2）淀粉的提取和含量的测定

淀粉的提取和含量的测定方法依据徐迎春（2000）的方法。

4.1.1.3 结果与分析

经过高效液相色谱仪的测定，以峰高表示糖含量，计算结果如图 4-1 所示。

（1）果糖和葡萄糖含量的变化

从图 4-1 可以看出，野生型番茄叶片中果糖含量随着植株的生长呈先上升后下降的变化趋势，在花后 20 d 达到最大值；突变体番茄叶片中果糖含量变化趋势与野生型相似，与野生型番茄相比，花后 10 d 果糖含量略高于野生型，但变化不明显，在花后其他发育阶段果糖含量都低于野生型番茄叶片。突变体番茄叶片在花后 20 d 和 30 d 果糖含量下降较多，分别降低 9%和 12%，在花后 40 d 和 50 d 含量虽都有降低，但差异不显著。

野生型番茄葡萄糖含量变化趋势与果糖相似，也是随着植株的生长呈先上升后下降的趋势，并在花后 20 d 达到最大值；突变体中葡萄糖含量变化趋势与野生型相似，COI1 基因

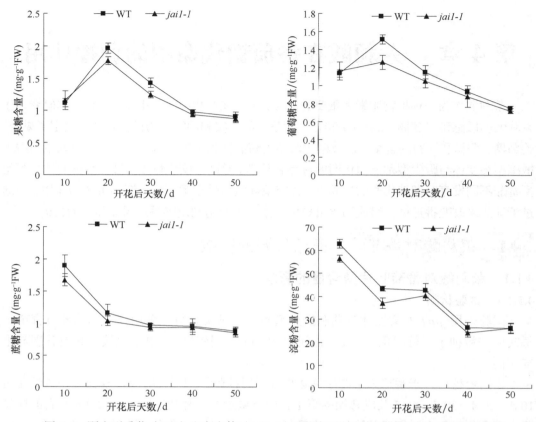

图 4-1　野生型番茄（WT）和突变体（jai1-1）番茄中不同发育时期叶片糖和淀粉含量

的突变对葡萄糖的影响和对果糖的影响相似，在花后 10 d 略高于野生型，但变化不明显，在花后其他发育阶段葡萄糖含量都低于野生型番茄叶片，在花后 20 d 和 30 d 葡萄糖含量下降较多，分别降低了 16% 和 8%，在花后 40 d 和 50 d 含量虽都有降低，但差异不显著。

（2）蔗糖和淀粉含量的变化

从图 4-1 可以看出，野生型番茄叶片中蔗糖含量随着植株的生长逐渐下降，蔗糖含量在花后 30 d 趋于稳定，突变体番茄叶片中蔗糖含量变化趋势与野生型相似，但突变体中的蔗糖含量在叶片整个生长周期中都低于野生型，在花后 10 d 和 20 d 下降较多，分别下降了 9% 和 7%，在花后 30 d、40 d、50 d 下降趋势不显著。

叶片中的淀粉含量变化趋势和蔗糖含量的变化趋势相似，COI1 基因的突变对淀粉含量的影响也和蔗糖相似，都是在开花后 10 d 和 20 d 下降最多，分别下降了 10% 和 14%，30 d、40 d、50 d 下降趋势不显著。

4.1.1.4　小结

在所有番茄第 1 花序第 2 朵花开花时挂牌标记，分别取不同时期离第 1 花序第 2 朵花最近的源叶片样品，比较不同发育时期野生型番茄和突变体番茄叶片中糖的组成和含量的变化。结果显示：试验所用野生型番茄叶片中果糖和葡萄糖含量在叶片发育前期呈上升趋势，在发育后期呈下降趋势，并且维持在较低水平；蔗糖和淀粉含量变化趋势相同，都呈逐渐下降的趋势。*COI1* 基因的突变并没有改变番茄叶片中果糖、葡萄糖、蔗糖和淀粉含量的变化趋势，这 4 种糖整体的变化趋势都和野生型相似。但 *COI1* 基因的突变使这 4 种糖的含量在叶片整个发育期都低于野生型，果糖和葡萄糖含量在花后 20 d 和 30 d 下降明显，蔗糖和淀粉含量在花后 10 d 和 20 d 下降明显，其他时期变化不明显。

4.1.2　茉莉酸对番茄叶片蔗糖代谢相关酶活性的影响

分别测定番茄叶片中酸性转化酶、中性转化酶、蔗糖合成酶和蔗糖磷酸合成酶的活性。每个酶均为 3 次重复。

4.1.2.1　试验材料

采用 *jai1-1* 突变体番茄为试验材料，取第 1 花序下最近的功能叶。

4.1.2.2　试验方法

糖代谢相关酶的提取和测定依据王永章（2000）和於新建（1985）的方法。

4.1.2.3　结果与分析

经过分光光度计的测定，相关酶活性的动态变化如图 4-2 所示。

（1）酸性转化酶和中性转化酶活性的变化

从图 4-2 可以看出，野生型番茄叶片中的酸性转化酶活性随着植株的生长呈先上升后下降的变化趋势，并在花后 20 d 达到最大值，花后 40 d、50 d 活性稳定。与野生型相比，花后 20 d、30 d、40 d 和 50 d 突变体酸性转化酶活性都低于野生型，在花后 20 d 和 30 d 下降较多，分别下降了 10% 和 6%，在花后 40 d 和 50 d 含量虽都有降低，但差异不明显。

野生型番茄叶片中性转化酶活性的变化趋势与酸性转化酶相似，都是先上升后下降，在花后 20 d 达到最大值，突变体中性转化酶活性变化趋势与野生型相似，*COI1* 基因的突变对于中性转化酶的影响与酸性转化酶相似，花后 20 d、30 d、40 d 和 50 d 突变体酶活性都低于野生型，在花后 20 d 和 30 d 下降较多，分别下降了 16% 和 10%，在花后 40 d 和 50 d 含量虽都有降低，但变化不明显。

（2）蔗糖合成酶和蔗糖磷酸合成酶活性的变化

从图 4-2 可以看出，番茄叶片中蔗糖合成酶活性随着植株的生长呈先下降后上升的趋势，在花后 40 d 降到最低值，在花后 50 d 达到最高值。与野生型相比，在整个叶片生长期中突变体蔗糖合成酶活性都低于野生型，并在花后 30 d 和 40 d 下降较多，分别下降了 8% 和 14%。

番茄叶片中蔗糖磷酸合成酶活性在花后 10~20 d 急剧下降，在花后 20 d、30 d、40 d、50 d 活性趋于稳定，变化不明显，与野生型相比，花后 10 d、20 d、30 d 和 40 d 突变体 SPS 活性都低于野生型酶活性，分别下降了 8%、6%、5% 和 9%。

4.1.2.4　小结

在所有番茄第 1 花序第 2 朵花开花时挂牌标记，分别取不同时期第 1 花序下最近的

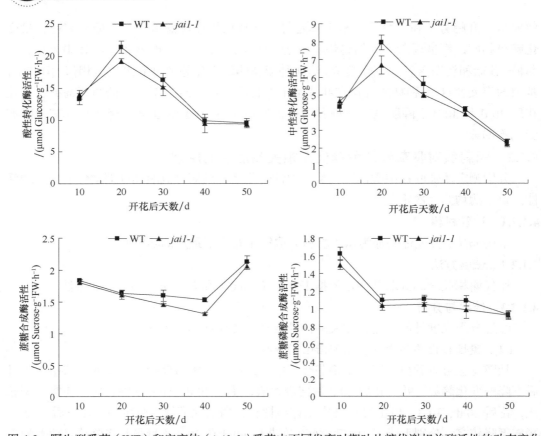

图4-2 野生型番茄（WT）和突变体（*jai1-1*）番茄中不同发育时期叶片糖代谢相关酶活性的动态变化

源叶片样品，比较不同发育时期野生型番茄和突变体番茄叶片中蔗糖代谢相关酶活性变化。结果显示：试验所用野生型番茄叶片酸性转化酶和中性转化酶活性在叶片发育前期活性升高，在发育后期降低，花后 20 d 达到最大值；蔗糖合成酶活性在叶片发育的前、中期较低，在中、后期升高，花后 40 d 活性最低；蔗糖磷酸合成酶活性在叶片发育的早期活性升高，在叶片发育后期酶活性趋于稳定。突变体中各个酶活性的变化趋势和野生型相似，*COI1* 基因的突变降低了叶片中整个发育时期蔗糖代谢相关酶的活性，但不同发育时期不同酶的活性受到 *COI1* 基因突变的影响不同，酸性转化酶和中性转化酶活性在花后 20 d 和 30 d 降低明显，蔗糖合成酶活性在花后 20～50 d 降低明显，而蔗糖磷酸合成酶活性在花后 10～40 d 降低明显。

4.1.3 茉莉酸对番茄叶片蔗糖代谢相关酶基因表达的影响

分别测定番茄叶片酸性转化酶（*AI*）、中性转化酶（*NI*）、蔗糖合成酶（*SS*）和蔗糖磷酸合成酶（*SPS*）基因的相对表达量。

4.1.3.1 试验材料

采用 *jai1-1* 突变体番茄为试验材料，取第 1 花序下最近的功能叶。

4.1.3.2　试验方法

（1）番茄叶片总 RNA 提取

番茄叶片总 RNA 提取所用试剂盒和反转录检测所用 dNTP 购于 TianGen 公司。

（2）引物设计

从 NCBI 的 GenBank 库中分别下载 *AI*、*NI*、*SS*、*SPS* 和 *actin*（肌动蛋白）的基因序列，利用 primer 5.0 设计引物，应用 Oligo 6.0 对引物测验评分。引物合成于上海英骏生物技术有限公司。引物序列如表 4-1 所示。

表 4-1　实时定量 PCR 引物序列表

基因	序列号	引物序列
SPS	AB051216.1	F 5′-CGGTGGATGGCAAAACG-3′ R 5′-GGCAATCGGCCTCTGGT-3′
SS	L19762.1	F 5′-TCCTAAACCAACCCTCACCAA-3′ R 5′-AGCATCATTGTCTTGCCCTTAT-3′
TIV1	AF465612	F 5′-AGGACTTTAGAGACCCGACTAC-3′ R 5′-GCAGCACTCCATCCAATAGC-3′
actin	Q96483	F 5′-TGTCCCTATTTACGAGGGTTATGC-3′ R 5′-AGTTAAATCACGACCAGCAAGAT-3′

4.1.3.3　结果与分析

经过实时定量 RT-PCR 测定，以野生型 10 d 叶片样品为对照，相关基因表达量的动态变化如图 4-3 所示。

野生型和突变体番茄叶片酸性转化酶基因相对表达量随着植株的生长呈先上升再下降再上升的"Z"形趋势。与野生型相比，突变体酸性转化酶基因相对表达量在花后 20 d、30 d 受到了 *COI1* 基因突变的影响，在花后 20 d 酸性转化酶基因相对表达量受到了 *COI1* 基因突变的抑制，下降了 22%，而在花后 30 d 酸性转化酶基因相对表达量受到了 *COI1* 基因突变的促进，升高了 91%，花后 10 d、40 d 和 50 d 相对表达量无显著变化。

野生型和突变体番茄叶片中蔗糖合成酶基因相对表达量随着植株的生长呈先下降后平稳上升的"U"形变化趋势。与野生型相比，突变体中蔗糖合成酶基因相对表达量在植株的整个生长周期都没有受到 *COI1* 基因突变的影响。

野生型和突变体番茄叶片中蔗糖磷酸合成酶基因相对表达量随着植株的生长呈先下降后上升的趋势。与野生型相比，突变体中蔗糖磷酸合成酶基因相对表达量在花后 10～40 d 都受到了 *COI1* 基因突变的抑制，相对表达量分别下降了 12%、11%、60%、30%，花后 50 d 相对表达量无显著变化。

4.1.3.4　小结

在所有番茄第 1 花序第 2 朵花开花时挂牌标记，分别取不同时期第 1 花序下最近的源叶片样品，比较不同发育时期野生型番茄和突变体番茄叶片中蔗糖代谢相关酶基因相

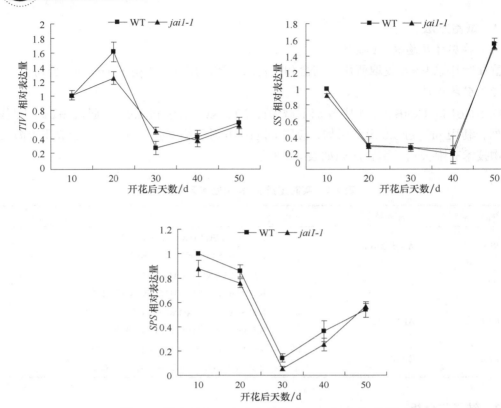

图 4-3 野生型（WT）和突变体（*jai1-1*）番茄不同发育
时期叶片中 *TIV1*、*SS* 和 *SPS* 表达量的动态变化

对表达量的变化。结果显示：试验所用野生型番茄叶片酸性转化酶基因相对表达量随着植株的生长呈先上升后下降再上升的趋势，蔗糖合成酶基因相对表达量呈先下降后平缓上升的变化趋势，而蔗糖磷酸合成酶基因相对表达量呈先下降后上升的趋势。突变体中各个酶基因相对表达量的变化趋势和野生型类似，但 *COI1* 基因的突变对各种酶基因的表达产生了不同的影响。抑制了花后 20 d 酸性转化酶基因的表达，促进了花后 30 d 基因的表达；对蔗糖合成酶基因的表达在整个叶片生长周期中都无显著影响；抑制了花后 10~40 d 蔗糖磷酸合成酶基因的表达。

4.2 茉莉酸对番茄果实蔗糖代谢的影响

番茄果实的甜度决定着番茄的品质，而甜度主要取决于果实中糖分的种类和各种糖积累的比例，因此人们试图通过深入了解糖分积累的代谢机制来改变果实中糖分的种类和比例，从而提高果实的甜度，改变果实的品质。近年来的研究表明，土壤含水量、含钾量和含盐量、温度、内源激素及外源生长素类物质等对番茄果实中糖分的比例有一定影响。茉莉酸类物质作为植物激素的一种，具有广泛的生理效应，有研究表明其可以改变植物中还原糖的含量，但关于茉莉酸作为信号分子对番茄果实中糖积累的影响和机理还鲜见报道。因此，通过研究茉莉酸信号通路突变体和野生型番茄中各糖组分的含量、与蔗糖代谢相关酶的活性和相关酶基因的表达量，来探讨茉莉酸信号通路在番茄糖代谢中的作用，为进一步研究通过茉莉酸来改变番茄果实糖分组成和含量提供线索，进而达到改变番茄风味的目的。

4.2.1　茉莉酸对番茄果实糖含量的影响

4.2.1.1　试验材料

采用 *jai1-1* 突变体番茄和野生型番茄为试验材料。

田间定植后，于番茄第 1 花序第 2 果开花时挂牌标记开花时间，取长势一致的开花后 10 d、20 d、30 d、40 d 及成熟期的第 1 花序第 2 果实，四分法后纵切果实（所取部分尽量涉及果实的各个部位：中果皮、胶质胎座、种子），用来测糖含量，3 次重复。标记后于液氮中速冻，保存于−80℃冰箱中。

4.2.1.2　试验方法

采用高效液相色谱法测定可溶性糖的含量。

4.2.1.3　结果与分析

经过高效液相色谱仪的测定，以峰高计算糖含量，计算结果如图 4-4 所示。

（1）果糖和葡萄糖含量的变化

从图 4-4 可以看出，野生型番茄果实中果糖含量随着果实发育有一定波动，呈先上升后下降再上升的趋势。在突变体番茄中果糖含量整体呈不断增加的趋势，两种番茄果糖含量都在果实成熟期达到最大值。与野生型相比，突变体番茄中果糖含量在开花后 10 d、20 d 和 50 d 受 *COI1* 基因突变的影响较大，在花后 10 d 果糖含量升高，升高了 27%；在花后 20 d 和 50 d 果糖含量下降，分别降低了 10% 和 11%；在花后 30 d、40 d 突变体中果糖含量受 *COI1* 基因的突变影响不大，虽然略有升高，但变化不明显。

野生型番茄果实中葡萄糖和果糖含量变化趋势相似，都是随着果实的发育呈先上升后下降再上升的趋势，并在花后 50 d 达到最大值，但突变体番茄中葡萄糖和果糖含量变化趋势不一样，葡萄糖含量呈先上升后平缓的趋势，并在花后 40 d 达到最大值。与野生型相比，突变体番茄果实中葡萄糖含量在花后 10 d 升高，升高了 46%；花后 20 d 和 50 d 分别降低了 28% 和 20%；与果糖含量受到突变体的影响不同，在花后 30 d 和 40 d，葡萄糖含量相比野生型都略微有所下降，差异较明显。

（2）蔗糖和淀粉含量的变化

从图 4-4 可以看出，在野生型番茄果实中蔗糖含量随着果实的发育呈先上升后下降最后趋于平缓的变化趋势，并在花后 20 d 达到最大值。突变体番茄和野生型番茄果实中蔗糖含量变化趋势一致。但与野生型相比，在花后 10 d、30 d、40 d 和 50 d 突变体中蔗糖含量有所提高，分别升高了 22%、11%、31% 和 26%；在花后 20 d，突变体中蔗糖含量相比野生型降低了 9%。

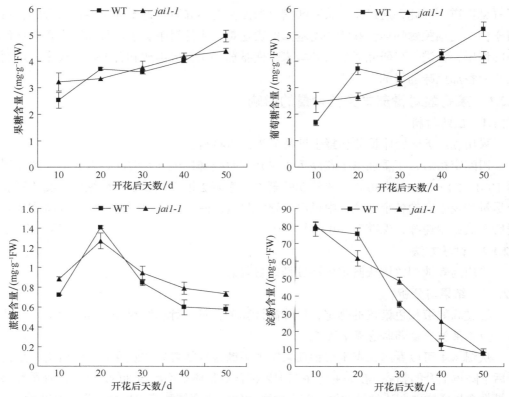

图 4-4 野生型番茄（WT）和突变体（*jai1-1*）番茄不同发育时期果实中的糖和淀粉含量

野生型番茄果实中淀粉含量随着果实的发育逐渐降低，在花后 10～20 d 下降趋势较小，在花后 20～50 d 下降趋势较大。突变体番茄果实中淀粉含量随着果实的发育呈直线下降趋势，与野生型相比，花后 20 d 淀粉含量降低，下降了 18%；在花后 30 d 和 40 d 淀粉含量升高，分别升高了 37% 和 100%；在花后 10 d 和 50 d 无明显变化。

4.2.1.4 小结

在所有番茄第 1 花序第 2 朵花开花时挂牌标记，分别取不同时期番茄果实样品，比较不同发育时期野生型番茄和突变体番茄中糖的组成和含量的变化，结果如下。

1）试验所用番茄果实中主要的糖组分有果糖、葡萄糖、蔗糖和淀粉，但含量差别较大，果糖和葡萄糖含量相当，蔗糖含量在整个发育时期都低于果糖和葡萄糖。随着果实的发育，葡萄糖和果糖含量整体呈上升趋势，在果实成熟时含量最高，而蔗糖和淀粉含量在果实成熟时较低，说明试验番茄为己糖积累型番茄，果实成熟时的果糖、葡萄糖和蔗糖含量决定了番茄果实的品质和风味。

2）茉莉酸信号突变体中 *COI1* 基因的突变，对各个糖组分含量的影响并不相同，对葡萄糖和果糖的影响集中在花后 10 d、20 d 和 50 d，提高了花后 10 d 的含量，降低了花后 20 d 和 50 d 的含量；对整个发育时期蔗糖的含量都有一定影响，提高了花后 10 d、30 d、40 d 和 50 d 的含量，降低了花后 20 d 的含量；对淀粉的影响则集中在花后 20 d、

30 d 和 40 d，提高了花后 30 d 和 40 d 的含量，降低了花后 20 d 的含量。

4.2.2　茉莉酸对番茄果实蔗糖代谢相关酶活性的影响

分别测定野生型和突变体番茄果实酸性转化酶、中性转化酶、蔗糖合成酶和蔗糖磷酸合成酶的活性。每个酶均为 3 次重复。

4.2.2.1　试验材料

采用 *jai1-1* 突变体为供试材料，取第 1 花序第 2 果。

4.2.2.2　试验方法

糖代谢相关酶的提取和测定采用王永章（2000）和於新建（1985）的方法。

4.2.2.3　结果与分析

经过分光光度计的测定，相关酶活性的动态变化如图 4-5 所示。

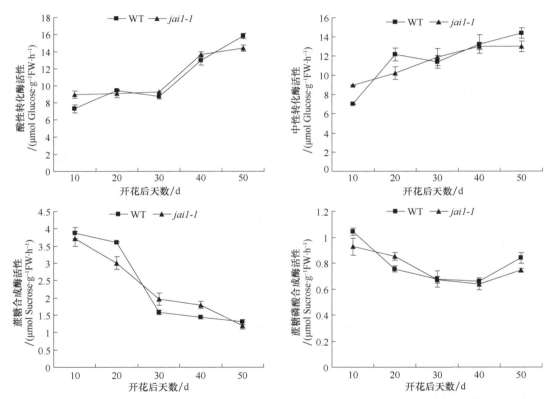

图 4-5　野生型番茄（WT）和突变体（*jai1-1*）番茄不同发育时期果实中糖代谢相关酶活性的动态变化

（1）酸性转化酶和中性转化酶活性的变化

野生型番茄果实中酸性转化酶的活性随着果实的发育整体呈逐渐上升的趋势，在果实发育前期活性较低，变化趋势不明显，在果实发育后期活性较高，呈逐渐上升的趋势；突变体酸性转化酶活性变化趋势与野生型相似，但与野生型相比，在花后 10 d 酸性转化酶活性有所提高，升高了 23%，在花后 50 d 酸性转化酶活性下降，降低了 8%。

野生型番茄果实中性转化酶活性随着果实的发育呈先上升后下降再上升的趋势，在花后 50 d 达到最大值。突变体番茄果实中性转化酶活性随着果实的发育呈先上升后略微下降的趋势，在花后 40 d 达到最大值，与野生型相比，在花后 10 d 中性转化酶活性升高了 29%；在花后 20 d 和 50 d，中性转化酶活性分别下降了 15% 和 9%；在花后 30 d 和 40 d，酶活性变化不明显。

（2）蔗糖合成酶和蔗糖磷酸合成酶活性的变化

野生型番茄蔗糖合成酶活性在果实发育前期活性较高，在果实发育后期活性较低，在花后 20～30 d 活性急剧下降。突变体中蔗糖合成酶活性变化趋势整体上和野生型相似，但在花后 50 d 时酶活性也有较大幅度的下降，与野生型相比，蔗糖合成酶活性在花后 20 d 有所下降，降低了 16%；在花后 30 d 和 40 d，酶活性有所升高，升高了 23% 和 24%。

果实中蔗糖磷酸合成酶活性随着果实的发育呈先下降后上升的趋势，在花后 40 d 活性降到最低。突变体番茄中蔗糖磷酸合成酶活性变化趋势与野生型相似，但与野生型相比在花后 10 d 和 50 d，蔗糖磷酸合成酶活性有所下降，都降低了 11%；在花后 20 d，酶活性升高了 13%。

4.2.2.4　小结

在所有番茄第 1 花序第 2 朵花开花时挂牌标记，分别取不同时期番茄果实样品，比较不同发育时期野生型番茄和突变体番茄果实蔗糖代谢相关酶活性变化，结果如下。

1）在果实发育前期中性转化酶和蔗糖合成酶活性较高，酸性转化酶活性较低；在果实发育后期，酸性转化酶活性和中性转化酶活性较高，但蔗糖合成酶活性很低；在果实的整个发育时期，蔗糖磷酸合成酶活性虽有波动，但活性都较低。

2）茉莉酸突变体中 COI1 基因的突变对番茄果实中各糖代谢酶活性的影响不同。提高了花后 10 d 和 50 d 酸性转化酶和中性转化酶的活性，抑制了花后 20 d 中性转化酶的活性；提高了花后 30 d 和 40 d 蔗糖合成酶的活性，抑制了花后 20 d 蔗糖合成酶的活性；提高了花后 20 d 蔗糖磷酸合成酶的活性，抑制了花后 10 d 和 50 d 的活性。

4.2.3　茉莉酸对番茄果实蔗糖代谢相关酶基因表达的影响

分别测定番茄果实酸性转化酶（AI）、中性转化酶（NI）、蔗糖合成酶（SS）和蔗糖磷酸合成酶（SPS）基因的相对表达量。

4.2.3.1　试验材料

采用 jai1-1 突变体番茄为试验材料，取第 1 花序第 2 果。

4.2.3.2　试验方法

番茄果实总 RNA 提取和基因表达测定采用 TianGen 公司试剂盒。

4.2.3.3　试验结果与分析

经过实时定量 RT-PCR 测定，以野生型 10 d 果实样品为对照，相关基因表达量的动态变化如图 4-6 所示。

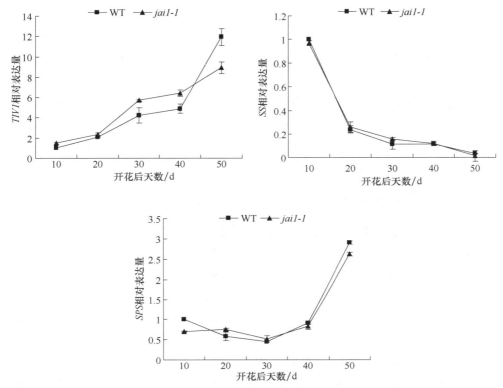

图 4-6　野生型（WT）和突变体（*jai1-1*）番茄不同发育时期果实中
TIV1、*SS* 和 *SPS* 表达量的动态变化

野生型和突变体番茄果实酸性转化酶基因相对表达量随着果实的发育呈逐渐上升的趋势。与野生型相比，突变体酸性转化酶基因表达量在花后 30 d、40 d 和 50 d 都受到了 *COI1* 基因突变的影响，花后 30 d 和 40 d 酸性转化酶基因相对表达量有所升高，分别升高了 35% 和 31%，而在花后 50 d 酸性转化酶基因相对表达量受到了 *COI1* 基因突变的抑制，下降了 25%，花后 10 d 和 20 d 相对表达量无显著变化。

野生型番茄和突变体番茄果实中蔗糖合成酶基因相对表达量随着果实的发育呈先下降后平稳的变化趋势，在花后 20 d 相对表达量趋于稳定。与野生型相比，突变体中蔗糖合成酶基因相对表达量在果实发育的整个周期受 *COI1* 基因突变的影响不大。

野生型番茄和突变体番茄果实蔗糖磷酸合成酶基因相对表达量在果实发育前、中期变化不明显，相对表达量都比较平稳，但在花后 40~50 d，相对表达量急剧上升。与野生型相比，突变体中蔗糖磷酸合成酶基因的表达量在花后 10 d、20 d 和 50 d 受 *COI1* 基因突变的影响较大，在花后 10 d 和 50 d 表达受到抑制，分别降低了 30% 和 10%；在花后 20 d 基因的表达升高，升高了 29%。

4.2.3.4　小结

在所有番茄第 1 花序第 2 朵花开花时挂牌标记，分别取不同时期番茄果实样品，比较不同发育时期野生型番茄和突变体番茄中蔗糖代谢相关酶基因相对表达量的变化，结果如下。

1）野生型番茄果实酸性转化酶基因相对表达量随着果实的发育呈上升趋势，蔗糖合成酶基因相对表达量呈先下降后平缓的变化趋势，而蔗糖磷酸合成酶基因相对表达量呈先平缓后上升的趋势。

2）*COI1* 基因的突变，对各种酶基因的表达产生了不同影响。促进了花后 30 d 和 40 d 酸性转化酶基因的表达，抑制了花后 50 d 基因的表达；对整个发育时期蔗糖合成酶基因的表达影响不显著；促进了花后 20 d 蔗糖磷酸合成酶基因的表达，抑制了花后 10 d 和 50 d 蔗糖磷酸合成酶基因的表达。

4.3 外源茉莉酸甲酯对番茄蔗糖代谢的调控

4.3.1 茉莉酸甲酯对番茄叶片糖代谢的影响

叶片是进行光合作用的主要器官。碳水化合物是植物光合作用的产物，蔗糖是植物体内碳水化合物运输的主要形式。而蔗糖代谢影响着光合同化产物的分配运输、果实的膨大和生长速率，从而影响着作物的产量与品质。植物细胞中蔗糖合成与降解的平衡主要依赖于蔗糖合成酶、蔗糖磷酸合成酶和转化酶 3 种酶的协同作用。番茄叶片中糖的生产和代谢影响番茄植株的生长和果实的生长发育进而影响最终的果实品质。

4.3.1.1 茉莉酸甲酯对番茄叶片糖含量的影响

本试验重点研究不同浓度外源茉莉酸甲酯喷施处理后，普通栽培型番茄不同发育时期功能叶片的可溶性糖含量变化，从而探讨不同浓度外源茉莉酸甲酯喷施处理对番茄叶片糖代谢的影响。

（1）试验材料

本试验以普通栽培型番茄为试验材料，研究花期施用茉莉酸甲酯对果实不同发育时期的番茄功能叶中可溶性糖含量变化的影响。在番茄植株第 1 花序第 2 花开放时记载开花日期，试验以蒸馏水为对照，茉莉酸甲酯浓度分别为 0.1 mmol/L、0.5 mmol/L、1 mmol/L 和 1.5 mmol/L，对植株整株喷施 10 mL，24 h 后取样，即分别在开花后 20 d、25 d、30 d、35 d、40 d 及成熟期，取第 1 花序第 2 果下 1～2 片叶，称其重量，混合样称重，用于糖分含量的测定。各处理每次取样均为 3 次重复。

（2）试验方法

将取样后称重的样品在 80% 乙醇溶液中提取可溶性糖，提取 3 次。提取后用高效液相色谱（HPLC）测定。

（3）结果与分析

经高效液相色谱仪测定，以峰面积示糖含量，结果如图 4-7 所示。果糖和葡萄糖含量总体呈现先上升后下降的变化趋势，并且在花后 25 d 果糖和葡萄糖含量最高。且 0.1 mmol/L 和 0.5 mmol/L 处理组在 25 d 和 30 d 时要明显高于对照组，但在成熟期只有 0.5 mmol/L 处理组的果糖含量较高。在番茄开花后 25 d 之前对照组的蔗糖含量要明显高于喷施茉莉酸甲酯组，说明茉莉酸甲酯一定程度上降低了发育早期番茄叶片中的蔗糖含量。

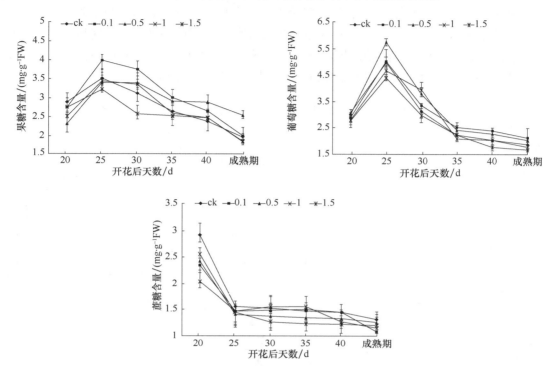

图 4-7　不同发育时期番茄叶片中糖含量的动态变化
图例表示对照组和分别喷施不同浓度茉莉酸甲酯的处理组

（4）小结

随着番茄果实的发育，叶片中糖的含量出现动态变化。己糖含量明显高于蔗糖的含量。在番茄果实发育初期叶片内蔗糖含量较高，而己糖呈下降的趋势。果实生长初期蔗糖的需求量很少，叶片生成的蔗糖还未输送到果实，在叶中积累。随着果实生长，叶片中的蔗糖运向果实中，叶片中蔗糖含量降低且需要己糖合成蔗糖来满足库的需求。此时蔗糖、果糖、葡萄糖含量均下降，己糖含量高于蔗糖含量保证反应向合成蔗糖的方向进行。茉莉酸甲酯处理对早期叶片蔗糖合成量有所抑制，而低浓度茉莉酸甲酯处理组己糖含量要高于对照组，但成熟期施用效果不明显。

4.3.1.2　茉莉酸甲酯对番茄叶片糖代谢相关酶的影响

（1）试验材料

普通栽培型番茄为试验材料。

（2）试验方法

酶的提取和活性测定参照于新建（1985）的测定方法，所有测定均重复 3 次。

（3）结果与分析

从图 4-8 可以看出，在番茄发育过程中，番茄叶片酸性转化酶与中性化酶活性均呈现先上升（20～25 d）后下降（25～55 d）的变化趋势，在花后 25 d 达到最大值。整个发育过程中酸性转化酶活性明显高于中性转化酶活性，在番茄果实发育的早期功能叶片中，1 mmol/L 茉莉酸甲酯处理组酸性转化酶和中性转化酶活性略高于其他组，其他阶段差异不明显。蔗糖合成酶活性呈先降后升的趋势，在 30～35 d 出现最低值，随后开始上升，成熟时最大，且成熟时对照组活性明显高于茉莉酸甲酯喷施组。蔗糖磷酸合成酶活性在 20 d 后一直下降，成熟期最低，在花后 20 d 茉莉酸甲酯处理组活性略高，其他时期差异不显著。

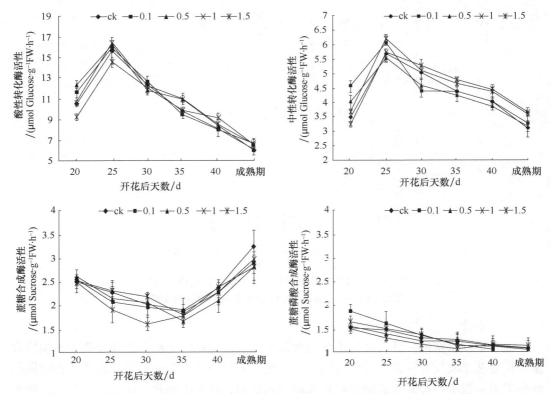

图 4-8　不同发育时期番茄叶片中糖代谢相关酶活性动态变化
图例表示对照组和分别喷施不同浓度茉莉酸甲酯的处理组

（4）小结

茉莉酸甲酯处理对果实发育早期功能叶片的转化酶活性有所增强，而低浓度茉莉酸甲酯处理组转化酶和蔗糖磷酸合成酶活性高于对照组，0.1 mmol/L 茉莉酸甲酯提高转化酶和蔗糖磷酸合成酶活性的效果明显，但成熟期施用效果不明显。

在番茄果实发育过程中，番茄叶片酸性转化酶和中性转化酶呈先上升后下降的趋势，总体活性水平较高。叶片中蔗糖合成酶的活性在果实发育后期活性较高，而蔗糖磷酸合成酶活性一直下降。

4.3.2　茉莉酸甲酯对番茄果实糖代谢的影响

茉莉酸甲酯作为植物激素类物质，关于其在植物初级和次级代谢影响上的研究并不充分，因此研究其对果实可溶性糖代谢的影响有助于完善茉莉酸甲酯的作用机制和对果实品质调控的机制。

4.3.2.1　茉莉酸甲酯对番茄果实糖含量的影响

（1）试验材料

本试验以普通栽培型番茄为试验材料，研究花期施用茉莉酸甲酯对发育过程中番茄果实可溶性糖含量变化的影响。在番茄植株第 1 花序第 2 花开放时记载开花期，试验以蒸馏水为对照，茉莉酸甲酯浓度分别为 0.1 mmol/L、0.5 mmol/L、1 mmol/L 和 1.5 mmol/L，对植株整株喷施 10 mL，24 h 后取样，即分别在开花后 20 d、25 d、30 d、35 d、40 d 及成熟期，取第 1 花序第 2 果，称其重量，混合样称重，用于糖分含量的测定。各处理每次取样均为 3 次重复。

（2）试验方法

采用高效液相色谱法测定番茄果实中可溶性糖的含量。

（3）结果与分析

经高效液相色谱仪测定，以峰面积示糖含量，结果如图 4-9 所示。果糖含量总体呈现两次先上升后下降的变化趋势，并且在花后 25 d 和 40 d 果糖含量最高。0.1 mmol/L 和 0.5 mmol/L 茉莉酸甲酯处理组在成熟期时要明显高于对照组。葡萄糖含量总体呈现上升趋势，成熟期施用 0.5 mmol/L 茉莉酸甲酯有助于提高葡萄糖含量。在花后 30 d 前

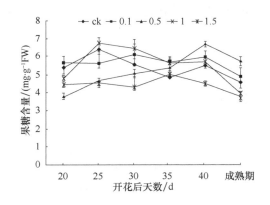
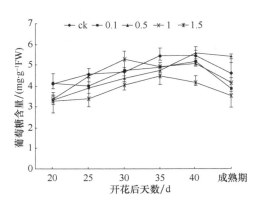

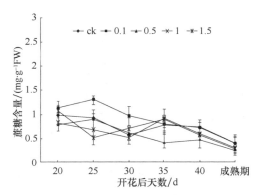

图 4-9　不同发育时期番茄果实中糖含量的动态变化

图例表示对照组和分别喷施不同浓度茉莉酸甲酯的处理组

0.1 mmol/L 的茉莉酸甲酯处理组蔗糖含量要明显高于其他组，说明 0.1 mmol/L 茉莉酸甲酯一定程度上提高了发育早期番茄果实中蔗糖的含量，成熟期各组区别不大。

（4）小结

普通栽培型番茄果实中可溶性糖的组成主要是果糖、葡萄糖和蔗糖，但是其含量有很大差别。番茄果实发育过程中，果实内己糖总含量随果实发育逐渐升高，至果实成熟己糖含量达到较高水平。随着果实的发育蔗糖含量逐渐下降，并且整个生长发育期内含量都不高。成熟期喷施 0.5 mmol/L 茉莉酸甲酯将番茄果实中的果糖含量提高了 35%，葡萄糖含量也有一定提高；喷施 0.1 mmol/L 茉莉酸甲酯一定程度上提高了发育早期番茄果实中的蔗糖含量，但成熟期施用效果不明显。

4.3.2.2　茉莉酸甲酯对番茄果实蔗糖代谢相关酶的影响

（1）试验材料

以普通栽培型番茄为试验材料。

（2）试验方法

酶的提取和活性测定参照于新建（1985）的测定方法，所有测定均重复 3 次。

（3）结果与分析

从图 4-10 可以看出，在番茄发育过程中，番茄果实酸性转化酶与中性化酶活性呈从

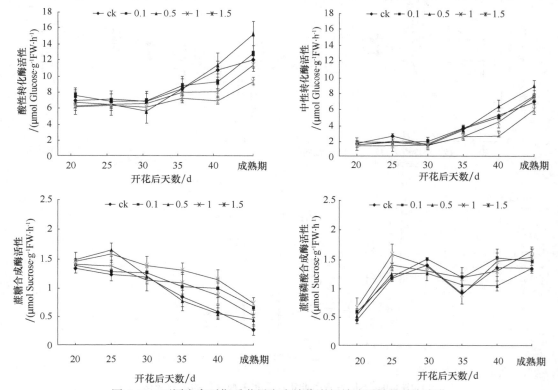

图 4-10　不同发育时期番茄果实中糖代谢相关酶活性的动态变化

图例表示对照组和分别喷施不同浓度茉莉酸甲酯的处理组

平稳到上升的变化趋势，从花后 35 d 开始增速变快，成熟时最高。整个发育过程中酸性转化酶活性明显高于中性转化酶活性，在成熟期施用 0.5 mmol/L 茉莉酸甲酯处理组酸性转化酶和中性转化酶活性高于其他组。蔗糖合成酶活性呈现下降趋势，茉莉酸甲酯处理对蔗糖合成酶活性影响不明显。蔗糖磷酸合成酶活性花后 40 d 上升，成熟期活性最高，茉莉酸甲酯外施对其活性影响不大。

如表 4-2 所示，对成熟期喷施茉莉酸甲酯组与对照组果实的含糖量和酶活性数据进行配对 T 检验，结果显示 0.5 mmol/L 茉莉酸甲酯极显著提高了果实的果糖含量；0.1 mmol/L 茉莉酸甲酯对蔗糖合成酶活性的增加也达到了显著效果。

表 4-2　成熟期喷施茉莉酸甲酯组与对照组（CK）果实内糖与酶活性配对 T 检验结果

	CK—0.1 mmol/L 处理组		CK—0.5 mmol/L 处理组		CK—1 mmol/L 处理组		CK—1.5 mmol/L 处理组	
	t 值	sig.	t 值	sig.	t 值	sig.	t 值	sig.
果糖	−5.769	0.109	−241.016**	0.003	0.475	0.718	10.412	0.061
葡萄糖	2.476	0.244	−1.401	0.395	10.506	0.645	11.286	0.056
蔗糖	−3.126	0.205	2.182	0.274	−0.158	0.913	−0.13	0.917
酸性转化酶	0.214	0.835	−1.438	0.387	1.637	0.349	5.311	0.118
中性转化酶	−0.429	0.742	−3.878	0.161	−0.046	0.971	2.316	0.259
蔗糖合成酶	−40.468*	0.016	−0.702	0.611	−10.663	0.060	−9.007	0.073
蔗糖磷酸合成酶	−9.245	0.074	0.935	0.521	−3.75	0.166	−0.810	0.563

*显著相关（0.05 水平）；**极显著相关（0.01 水平）

（4）小结

在番茄果实发育过程中，番茄果实酸性转化酶和中性转化酶呈现上升趋势，花后 35 d 以后增速略有加快，成熟期活性最高，高水平的转化酶活性使蔗糖含量一直维持在较低水平，成熟期施用 0.5 mmol/L 茉莉酸甲酯使果实酸性转化酶和中性转化酶活性分别提高 27% 和 29.4%。蔗糖磷酸合成酶和蔗糖合成酶活性都不高，早期施用 1.5 mmol/L 茉莉酸甲酯有利于提高蔗糖合成酶活性，但成熟期施用效果不明显。T 检验显示，0.5 mmol/L 茉莉酸甲酯极显著提高了果实的果糖含量，0.1 mmol/L 茉莉酸甲酯对蔗糖合成酶活性的增加也达到了显著效果。

4.4　讨论

茉莉酸作为植物激素，在植物生长发育和防御反应中具有重要作用，在丹参和郁金香中研究发现，茉莉酸可以改变组织中可溶性糖的含量，对番茄叶片施加外源茉莉酸，表明其可以影响叶片的发育、含水量和叶绿素含量等。但对茉莉酸及其信号在番茄蔗糖代谢中的作用研究还鲜见报道。

4.4.1　茉莉酸信号通路对番茄叶片糖代谢的影响

本研究结果可以看出：突变体中果糖、葡萄糖和蔗糖含量的变化与野生型相似，这表明 COI1 基因的突变并不能改变叶片积累糖的类型，但在不同时期对这 3 种主要糖分产生了不同的影响。与野生型番茄相比，COI1 基因的突变并没有改变蔗糖代谢酶活性的变化趋势，但对不同时期不同酶产生了不同的影响。在植物中蔗糖代谢酶的活性会直接影响到糖的含量，研究表明，茉莉酸信号系统会影响植物中酶的活性，因此 *COI1* 基因的突变可能是通过影响酶的活性来影响糖含量。*COI1* 基因的突变对番茄叶片中葡萄糖、果糖的影响和对酸性转化酶、中性转化酶的影响变化趋势一致，都是在花后 20 d 和 30 d 受到了影响，且野生型和突变体叶片中果糖和葡萄糖与酸性转化酶和中性转化酶活性都呈显著正相关性（表 4-3），这可能说明 *COI1* 基因突变会通过影响转化酶降解蔗糖的活性，从而降低叶片中果糖和葡萄糖的含量。*COI1* 基因的突变对蔗糖和蔗糖磷酸合成酶的影响变化趋势一致，在叶片中，蔗糖磷酸合成酶起到合成蔗糖的作用，且野生型和突变体叶片中蔗糖含量与蔗糖磷酸合成酶活性呈极显著正相关性，因此，*COI1* 基因的突变抑制了蔗糖磷酸合成酶的活性，从而降低相应时期蔗糖的含量。蔗糖合成酶在植物中作为一种可逆酶，既可以催化蔗糖的合成又可以催化蔗糖的降解，*COI1* 基因的突变对该酶的影响主要发生在花后 30 d 和 40 d，这和 *COI1* 基因突变对各糖的影响都不一致，且该酶活性与各个糖含量均无显著相关性，可能是因为茉莉酸信号对该酶合成和分解方向都有影响，从而与其他受影响的酶共同起作用。

表 4-3　不同发育时期野生型（WT）和突变体（*jai1-1*）
番茄叶片可溶性糖及淀粉与糖代谢相关酶的关系

	可溶性糖及淀粉	酸性转化酶	中性转化酶	蔗糖合成酶	蔗糖磷酸合成酶
WT	葡萄糖	0.958**	0.969**	−0.541	−0.274
	果糖	0.982**	0.960**	−0.461	−0.081
	蔗糖	−0.133	−0.082	−0.099	0.972**
	淀粉	0.498	0.405	−0.101	0.874
jai1-1	葡萄糖	0.891*	0.927*	−0.144	−0.482
	果糖	0.976**	0.906*	0.040	−0.173
	蔗糖	−0.227	−0.200	−0.418	0.992**
	淀粉	0.555	0.483	0.362	0.878

*显著相关（0.05 水平）；**极显著相关（0.01 水平）

研究表明，茉莉酸信号系统可以调节植物早、中、晚期基因的表达，从而影响酶的活性，但在番茄中对蔗糖代谢相关酶活性和基因表达的影响还鲜见报道。本研究通过测定蔗糖代谢相关酶活性及其基因的表达量来探究 *COI1* 基因突变对酶活性和基因表达的影响。从试验结果中可以看出 *COI1* 基因的突变对酸性转化酶活性和其基因相对表达量的影响不一致，在花后 30 d 酸性转化酶的活性降低，而此时其基因的相对表达量上升，这暗示 *COI1* 基因的突变可能既在转录水平又在转录后水平上影响着番茄叶片中的酸性转化酶活性。*COI1* 基因的突变对蔗糖合成酶的相对表达量影响不大，但对花后 30 d 和 40 d 叶片中蔗糖合成酶的活性有影响，这可能表明 *COI1* 基因的突变在转录后水平上对蔗糖合成酶活性产生抑制。*COI1* 基因的突变对蔗糖磷酸合成酶的活性及其相对表达量的影响变化一致，说明 *COI1* 基因的突变可能在转录和翻译水平上对蔗糖磷酸合成酶产生了影响。

综上所述，可以看出 COI1 基因的突变会在转录和转录后水平上对果实中的蔗糖代谢产生影响，并且会通过相关酶活性的改变来影响叶片中糖含量，从而改变源组织中同化物的含量，那么这可能暗示茉莉酸信号在叶片发育的不同阶段具有不同作用，但基因转录后的翻译和修饰也会决定细胞内酶的含量，另外细胞内各个酶的活性还受到底物浓度、抑制剂及各激素的调节，因此茉莉酸信号影响番茄叶片蔗糖代谢的分子作用机制还有待更深入的研究。

4.4.2　茉莉酸信号通路对番茄果实糖代谢的影响

研究表明，在番茄果实整个发育过程中，果糖和葡萄糖含量呈逐渐上升的趋势，并在果实成熟时达到最大值，而蔗糖含量呈先上升后下降的趋势，在果实生长的中、后期含量变化很小。突变体中果糖、葡萄糖和蔗糖含量的变化与野生型相似，这表明，COI1 基因的突变并不能改变果实积累糖的类型，但在不同时期对这 3 种主要糖分产生了不同的影响。与野生型番茄相比，COI1 基因的突变也并没有改变蔗糖代谢酶活性的变化趋势，但对不同时期的不同酶也产生了不同的影响。在植物中蔗糖代谢酶的活性会直接影响到果实中糖的含量，有研究表明，茉莉酸信号系统会影响植物中酶的活性，因此 COI1 基因的突变可能是通过影响酶的活性来影响糖含量的。

本研究可以看出：突变体番茄在花后 10 d 果糖和葡萄糖含量显著升高，蔗糖含量显著升高，此时果实中酸性转化酶、中性转化酶活性显著升高，番茄酸性转化酶、中性转化酶起到分解蔗糖的作用，且在野生型和突变体番茄中与果糖和葡萄糖含量都呈显著正相关（表 4-4），因此表明 COI1 基因的突变可能在花后 10 d 促进酸性转化酶和中性转化酶分解蔗糖的活性，使蔗糖分解为果糖和葡萄糖。花后 20 d 突变体番茄果实中果糖和葡萄糖含量显著降低，此时蔗糖含量降低，淀粉含量降低，表明 COI1 基因突变在花后 20 d 影响了番茄中蔗糖从源组织到库组织的运输，从而使果实中可溶性糖的含量降低。

与野生型相比，花后 30 d 和 40 d 突变体番茄果实果糖和葡萄糖变化不显著，蔗糖含量显著升高，淀粉含量显著升高，此时酸性转化酶和中性转化酶活性变化不明显，蔗糖合成酶活性显著升高，合成酶是一种可逆酶，既可以合成蔗糖，又可以分解蔗糖，且蔗糖合成酶活性与果糖、葡萄糖和淀粉含量具有显著相关性（表 4-4），因此，这可能表明 COI1 基因突变在这一时期通过改变果实从源叶片中获取同化物的含量和蔗糖合成酶的活性，来调节蔗糖在果糖和葡萄糖与淀粉之间的分配比例。

花后 50 d 突变体番茄果实果糖和葡萄糖含量较野生型显著降低，蔗糖含量显著升高。此时酸性转化酶活性和中性转化酶活性降低，蔗糖合成酶活性不变，这表明 COI1 基因的突变可能抑制了酸性转化酶和中性转化酶降解蔗糖的活性，从而使果实中蔗糖得到保留，含量有所升高。突变体番茄果实中蔗糖磷酸合成酶活性在果实发育的不同时期也受到了影响，但因蔗糖磷酸合成酶活性与各个糖组分相关性不大，且在整个发育时期其活性值很小，因此 COI1 基因对蔗糖磷酸合成酶的影响不大，对糖含量变化影响不明显。

表 4-4　野生型（WT）和突变体（*jai1-1*）番茄果实不同发育
时期可溶性糖及淀粉含量与糖代谢相关酶相关关系

	可溶性糖及淀粉	酸性转化酶	中性转化酶	蔗糖合成酶	蔗糖磷酸合成酶
WT	葡萄糖	0.913*	0.985**	−0.744	−0.586
	果糖	0.930*	0.954*	−0.745	−0.492
	蔗糖	−0.446	−0.064	0.593	0.149
	淀粉	−0.820	−0.764	0.970**	0.524
jai1-1	葡萄糖	0.959**	0.952*	−0.923*	−0.777
	果糖	0.932*	0.960**	−0.965**	−0.772
	蔗糖	−0.717	−0.546	0.583	0.420
	淀粉	−0.921*	−0.950*	0.965**	0.726

*显著相关（0.05 水平）；**极显著相关（0.01 水平）

　　本研究通过测定蔗糖代谢相关酶活性及其基因的表达量来探究 *COI1* 基因的突变对酶活性和基因表达的影响。从试验结果中可以看出 *COI1* 基因的突变对酸性转化酶活性和其基因相对表达量的影响不一致，在花后 10 d 酸性转化酶的活性升高，而此时其基因的相对表达量不变，暗示 *COI1* 基因可能既在转录水平又在转录后水平上影响番茄果实酸性转化酶的活性。*COI1* 基因的突变对蔗糖合成酶的相对表达量无明显影响，但对花后20 d、30 d 和 40 d 果实中蔗糖合成酶的活性有影响，暗示 *COI1* 基因的突变可能在翻译水平上对蔗糖合成酶活性产生影响。*COI1* 基因的突变对蔗糖磷酸合成酶的活性及其相对表达量的影响变化一致，暗示 *COI1* 基因的突变在转录水平和翻译水平上对蔗糖磷酸合成酶活性的影响一致。

　　综上所述可以得出，*COI1* 基因的突变会在转录和翻译水平上对果实中蔗糖代谢产生影响，并且会通过相关酶活性的改变来影响果实中的糖含量，从而改变果实的品质，暗示茉莉酸信号可能在果实发育的不同阶段具有不同的作用，其进一步的分子作用机制还有待更深入的研究。

4.4.3　外源茉莉酸甲酯对番茄糖代谢的影响

　　普通栽培型番茄属于红果实番茄，糖积累类型属于己糖积累型，在初期叶片内的可溶性糖含量相对平衡，随着果实的发育，叶片向果实输出的糖分增多，叶内糖组分变化很大。输送到果实中的可溶性糖及其相关酶活性的变化是果实发育及其调控的重要方面之一，与番茄果实品质紧密相关。

　　本研究结果显示，随着番茄果实的发育，早期番茄叶片内转化酶活性较低，番茄叶片内有一定的蔗糖积累，但随着酸性转化酶活性逐渐升高，蔗糖含量降低，己糖含量明显增加。越接近成熟叶片内的转化酶活性越低。不同浓度茉莉酸甲酯对番茄叶片不同时期糖含量的影响也不相同。低浓度茉莉酸甲酯提高了早期叶中的己糖含量，但成熟期施用效果不明显。

在果实发育的初期，番茄果实是强碳水化合物库，在库活力上蔗糖合成酶起重要的作用，因为在细胞发育过程中蔗糖合成酶提供 UDPG 构建细胞壁或合成胼胝质。本研究结果表明，番茄发育早期叶片中的转化酶活性较高，随后开始降低，茉莉酸甲酯处理一定程度上提高了早期转化酶活性，而叶片中蔗糖合成酶的活性在果实发育的早期逐渐降低，早期施用 0.1 mmol/L 茉莉酸甲酯降低了蔗糖合成酶活性，此时叶片中蔗糖的含量也较对照组低，但成熟期施用效果不明显。总体来看茉莉酸甲酯喷施处理对叶片早期蔗糖含量有一定的抑制作用，此时果实处于旺盛生长时期，蔗糖大量运往库器官，但成熟期无显著效果。

普通栽培型番茄属于己糖积累型，从果实发育开始，叶片内的碳水化合物源源不断地输送到果实中，在初期果实内还有少量的蔗糖积累，但可溶性糖以果糖和葡萄糖为主。随着果实的生长，果实内的酸性转化酶和中性转化酶活性升高，大量的蔗糖被分解，到成熟期果实内的果糖和葡萄糖含量接近最高，而蔗糖含量则非常少以至于难以检测。果实中的糖分及其相关酶活性的变化是果实发育过程及其调控的重要方面，与品质形成关系密切。

外源茉莉酸甲酯对番茄果实不同发育期蔗糖代谢相关酶活性影响不同。番茄果实未成熟时，酸性转化酶活性较低，茉莉酸甲酯处理未明显改变酸性转化酶活性。番茄果实成熟时，转化酶活性较高，成熟期施用 0.5 mmol/L 茉莉酸甲酯使果实酸性转化酶和中性转化酶活性分别提高 27% 和 29.4%，与对照相比提高果糖含量 26.7%。而在此时期，0.5 mmol/L 茉莉酸甲酯处理也提高了果糖和葡萄糖的含量，说明外源 0.5 mmol/L 茉莉酸甲酯处理在番茄果实成熟时有效增加了己糖的积累。本研究结果还显示，在番茄果实发育过程中，番茄果实酸性转化酶和中性转化酶呈现上升趋势，35 d 以后增速略有加快，成熟期活性最高，高水平的转化酶活性使蔗糖含量一直维持在较低水平。而果实内蔗糖磷酸合成酶和蔗糖合成酶活性都不高，早期施用 1.5 mmol/L 茉莉酸甲酯有利于提高蔗糖合成酶活性，但成熟期施用效果不明显。

4.5 本章小结

COI1 蛋白是茉莉酸信号途径的信号开关，它可以特异识别植物体中的茉莉酸，几乎参与所有响应茉莉酸的代谢过程，在茉莉酸信号途径中起关键的调控作用。因此，本研究选用番茄中茉莉酸不敏感型突变体（*jai1-1*）和野生型为材料，分别测定番茄叶片和果实中的糖含量、蔗糖代谢相关酶的活性、蔗糖代谢相关酶基因表达，研究茉莉酸信号中 *COI1* 基因的突变对番茄叶片和果实糖代谢的影响，探讨了突变体与其相应野生型果实糖含量的差异，明确了茉莉酸激素信号对番茄果实品质发育调控的初步机理。同时，也为在实际生产中通过在果实发育的特定时期施用茉莉酸类物质来改善果实品质的方法提供依据和指导，主要研究结果如下。

COI1 基因的突变并不能改变番茄叶片中糖积累的类型，但降低了整个发育时期叶片中果糖、葡萄糖、蔗糖和淀粉的含量。进一步验证了试验用番茄成熟时积累果糖和葡萄糖，是积累己糖类型番茄，明确了 *COI1* 基因的突变并不能改变番茄果实糖积累的类型。

COI1 基因的突变降低了叶片整个发育时期蔗糖代谢相关酶的活性。*COI1* 基因的突

变对果实中不同发育时期不同蔗糖代谢相关酶的活性影响不同，在幼果期，提高了酸性转化酶和中性转化酶活性，降低了蔗糖磷酸合成酶的活性；在果实膨大期，降低了中性转化酶和蔗糖合成酶活性，提高了蔗糖磷酸合成酶活性；在果实成熟期降低了酸性转化酶、中性转化酶和蔗糖磷酸合成酶活性。

外源施用茉莉酸甲酯，成熟期施用 0.5 mmol/L 茉莉酸甲酯有利于提高转化酶的活性，从而加强果实成熟期果糖和葡萄糖积累。

第5章 番茄 14-3-3 蛋白对糖代谢的调控作用

高品质番茄的栽培和育种一直是生产上的热点，而蔗糖代谢的调控又是获得高品质番茄的核心。蔗糖是大多数高等植物有机物运输的主要形式，是果实产量和品质形成的重要物质基础，也是一类重要的信号分子，因此蔗糖合成的调控一直是研究的重点。植物体内蔗糖合成调控的关键酶是蔗糖磷酸合成酶（SPS），近年来有关 SPS 活性调控的外界因素、植物激素、基因表达的研究已取得巨大进展，这些研究结果对蔗糖合成调控的机理和制定调控措施均有重要的意义。然而，与 SPS 活性直接相关的因素——磷酸化共价修饰的研究还较少，尤其是由 14-3-3 蛋白介导的 SPS 磷酸化共价修饰对 SPS 活性的影响及影响蔗糖合成还鲜见报道，其作用机理尚不明晰。

5.1 番茄 14-3-3 蛋白与糖代谢的关系

5.1.1 番茄 *14-3-3* 基因家族的生物信息学分析

目前文献报道发现番茄中共有 12 个 14-3-3 蛋白成员，这些蛋白成员虽具有一个共同的 14-3-3 蛋白结构域（pfam 登录号：PF00244），但因它们所在的染色体、细胞亚环境的差异使得其在功能上呈现多样化。另外在公共数据库（NCBI、UniProtKB）中查询到的序列仅 10 条，即 TFT1～TFT10，而 TFT11 和 TFT12 的蛋白序列和核酸序列尚未出现于公共数据库。Lancaster 大学的主页（http://www.lancs.ac.uk/staff/robertmr/）上公布了 TFT11 和 TFT12 的蛋白序列，并有相关学者引用，但其核酸序列仍然未知，这严重制约了番茄 14-3-3 蛋白的深入研究。本研究用生物信息学手段对番茄的 12 个 14-3-3 蛋白成员进行分析，并下载了 TFT11 和 TFT12 的核酸序列。

5.1.1.1 材料与方法

从 Lancaster 大学网站下载其公布的 TFT11 和 TFT12 的蛋白序列。

（1）序列的真实性鉴定

先利用 SMART 工具（http://smart.embl-heidelberg.de/）进行结构域搜索，然后再利用蛋白质家族鉴定数据库 PROSITE 进行确认验证（http://www.expasy.ch/prosite/）。

（2）候选序列的筛选

先以这 2 条蛋白序列分别用 NCBI 上的 tblastn 工具在番茄的非冗余核酸库（nr）中进行检索，选择完全匹配的核酸序列作为候选序列；若无完全匹配的核酸序列即利用该蛋白序列用 tblastn 工具在番茄的 EST 库中进行检索，选取 $E < 1 \times 10^{-10}$（E 值，期望值），长度 > 100 mer 的 EST 序列作为候选序列进行拼接。

（3）序列拼接和 ORF 鉴定

利用 seq_trim perl 脚本程序去除 EST 序列中的载体序列（用 NCBI 中的 UniVec 库序列作为参照序列），然后用 Cap3 perl 脚本程序进行拼接，并利用拼接获得的 contig（片段重叠）去 blastn 番茄的 EST 库，直到没有新 EST 序列出现为止。最后用获得的最长的 contig 在 NCBI 中的 ORF finder 中进行 ORF（开放阅读框）检索，将编码的蛋白序列与原蛋白序列进行 blast 比对确认。

5.1.1.2　结果与分析

（1）TFT11 和 TFT12 属于番茄 14-3-3 蛋白家族成员

因 TFT1～TFT10 可在公共数据库中查询，故无需鉴定。从 Lancaster 大学网站下载的 TFT11 和 TFT12 序列（图 5-1），利用 Smart 分别对这 2 条序列进行检索，发现 TFT11 和 TFT12 均存在一个 14-3-3 结构域，虽然同时也有其他结构域被检索到，但因其 E 值过高，可能是随机匹配所致。同时结合 PROSITE 的鉴定结果发现，2 条序列在不同位置均有 14-3-3 motif 被检索到，而且没检索到其他 motif。另外，在番茄的 EST 库中找到了这 2 条序列的表达证据（表 5-1）。据此可以判断，这 2 条序列确属番茄 14-3-3 蛋白家族的成员。

```
>TFT11
MADSREENVYMAKLAEQAERYEEMVEFMEKVAKVDVEELTVEERNLLSVAYKNVIGARRASWRIISSIEQ
KEESRGNEDHVSSIKEYRAKIEAELSKICDGILSLLESHLVPSASTAESKVFYLKMKGDYHRYLAEFKTGAE
RKEAAENTLLAYKSAQDIALAELAPTHPIRLGLALNFSVFYYEILNSPDRACNLAKQAFDDAIAELDTLGE
ESYKDSTLIMQLLRDNLTLWTSDTTDDAGDEI
REASKQESGDGQQ
>TFT12
MASQKERETHVYMAKLAEQAERYDEMVESMKKVAKLDVELTVEERNLLSVGYKNVIGARRASWRIMSS
IEQKEESKGNEQNVKLIKGYRQKVEEELSKICSDILDIIDKHLIPSAGTGEATVFYYKMKGDYFRYLAEFKT
DSERKEASEQSLKGYEAATATANTDLSSTHPIRLGLALNFSVFYYEIMNSPERACHLAKQAFDEAIAELDTL
SEESYKDSTLIMQLLRDNLTLWTSDLPEDGGEENVKTDEPKAVEPKSADAKSAEAKSTEAKSVEPEEASK
DKQ
```

图 5-1　TFT11 和 TFT12 的蛋白序列

下划线部分为 14-3-3 motif

表 5-1　TFT11 和 TFT12 的两种工具鉴定结果

	Smart			PROSITE	
	14-3-3 结构域	E 值	EST 表达证据	14-3-3 基序	Motif 位置
TFT11	5～247	5.99e～210	113	RNLLSVAYKNV	44～54
				YKDSTLIMQLLRDNLTLWTS	216～235
TFT12	7～248	7.15e～176	106	RNLLSVGYKNV	45～55
				YKDSTLIMQLLRDNLTLWTS	217～236

注：其他结构域的 E 值过高，未列出

（2）候选序列的筛选

利用这 2 条序列分别用 tblastn 工具在 nr 库中进行检索。结果发现 1 条从番茄矮化品种'Micro-Tom'叶中测序获得的核酸序列与 TFT11 完全匹配（E＝0，一致性＝100%）。该核酸序列 GenBank 登录号为 AK322895.1，长度为 1144 个碱基（图 5-2）。而 TFT12 却没发现完全匹配序列。

```
TFT11 (predicted)     1-MADSREENVYMAKLAEQAERYEEMVEFMEKVAKVDVEELTVEERNLLSVAYKNVIGARRA
TFT11 (Lancaster)     1-MADSREENVYMAKLAEQAERYEEMVEFMEKVAKVDVEELTVEERNLLSVAYKNVIGARRA
                        ************************************ ************************

TFT11 (predicted)     SWRIISSIEQKEESRGNEDHVSSIKEYRAKIEAELSKICDGILSLLESHLVPSASTAESK
TFT11 (Lancaster)     SWRIISSIEQKEESRGNEDHVSSIKEYRAKIEAELSKICDGILSLLESHLVPSASTAESK
                        ********************************************************** *

TFT11 (predicted)     VFYLKMKGDYHRYLAEFKTGAERKEAAENTLLAYKSAQDIALAELAPTHPIRLGLALNFS
TFT11 (Lancaster)     VFYLKMKGDYHRYLAEFKTGAERKEAAENTLLAYKSAQDIALAELAPTHPIRLGLALNFS
                        ***********************************************************

TFT11 (predicted)     VFYYEILNSPDRACNLAKQAFDDAIAELDTLGEESYKDSTLIMQLLRDNLTLWTSDTTDD
TFT11 (Lancaster)     VFYYEILNSPDRACNLAKQAFDDAIAELDTLGEESYKDSTLIMQLLRDNLTLWTSDTTDD
                        ***********************************************************

TFT11 (predicted)     AGDEIREASKQESGDGQQ-258
TFT11 (Lancaster)     AGDEIREASKQESGDGQQ-258
                        ******************
```

图 5-2　预测的 TFT11 蛋白序列（predicted）与已知的 TFT11（Lancaster）的比对结果

（3）*TFT11* 的 CDS（编码序列）鉴定

利用与 TFT11 蛋白序列完全匹配的核酸序列 AK322895.1 在 NCBI 的 ORF finder 进行 ORF 预测，发现其最长的 ORF 位于 79～855，编码 258 个氨基酸，+1 翻译方式，与 Lancaster 大学公布的 TFT11 完全匹配（图 5-3）。

```
ATTCAATATCCTTCTAATTGGAGTTTCTTCTTCTTCGTTAGAGACATCAATCACCAGGTAACTTTATAG
ACAACAAAAATGGCCGATTCACGTGAAGAAATGTGTACATGGCCAAGCTGGCTGAACAGGCTGAG
AGGTATGAGGAAATGGTTGAGTTTATGGAGAAGGTTGCAAAGGTAGATGTTGAAGAGCTGACTGTG
GAAGAAAGGAATCTTCTTTCTGTGGCTTACAAGAATGTCATTGGTGCAAGAAGGGCTTCGTGGAGGA
TAATATCTTCAATTGAGCAGAAAGAGGAGAGCCGTGGAAATGAAGACCATGTTAGCAGCATTAAAG
AATATAGAGCCAAAATTGAGGCTGAGCTCAGCAAGATATGTGATGGGATTTTGAGCCTTCTCGAATC
CCATTTAGTACCATCAGCCTCAACAGCCGAGTCCAAAGTGTTTTACTTGAAGATGAAAGGTGATTAC
CATAGGTACTTGGCTGAGTTTAAGACAGGGGCAGAGAGGAAAGAAGCTGCAGAGAACACTTTATTA
GCCTACAAGTCTGCTCAGGATATTGCATTGGCTGAACTGGCTCCTACTCACCCAATCAGGCTGGGACT
TGCCCTTAACTTTTCGGTGTTCTACTATGAAATTCTTAACTCACCTGATCGTGCTTGTAACCTTGCAAA
ACAGGCCTTTGATGATGCC
ATCGCAGAGCTGGATACACTGGGTGAGGAATCTTACAAGGACAGTACATTGATTATGCAGCTTCTCC
GAGACAATCTCACACTTTGGACTTCTGATACCACGGATGATGCCGGGGATGAGATCAGGGAAGCTTC
AAAACAAGAGTCGGGTGATGGACAGCAGTGACAACTTAGTAGCCTAGTCTTGTACTCCTTATTTTGT
GATTTTCGACTACTCTTCGTATTTACTGCTGAAGTTGTTTGATATTAGAACAGGTTTTAGTCTGATAAA
AGAAACATGTTTAGTACAATTTGTTGTGATGCTATTTCCATCGCCATTTAATAATTAGAGTTGGAATA
CAGCTATTTCTTGTATACTGATGTGTTGGCTTGTGTCGATGAGCTTTGTATTTTTGAATAATTCAGAGT
ATTTAACAAATCAATTATCTTTTAGCCTCCTTTTATCAAAAAAAAAA
```

图 5-3　*TFT11* 的完整 CDS

下划线部分为 *TFT11* 的 ORF；*ATG*：起始密码子；*TGA*：终止密码子

（4）*TFT12* 的电子克隆

利用 UniGene 电子克隆法，以 TFT12 的蛋白序列为探针用 tblastn 算法检索番茄的 nr 库，获得 1 条相似性为 83% 的核酸序列，GenBank 登录号为 AF079450.1，以该序列为种子序列查询 UniGene 库获得包括 3 条 mRNA 在内的共 106 条 EST 序列（簇），用 Cap3

进行拼接，获得的 contig 经 NCBI 的 ORF finder 查询后，获得 1 条 252 个氨基酸的蛋白序列，而该蛋白序列并不是 TFT12 的蛋白序列。

5.1.1.3　小结

通过电子克隆与 ORF 验证的方法获得了 *TFT11* 完整的基因序列，但未获得 *TFT12* 的基因序列。电子克隆是以足够的 EST 序列为基础，*TFT12* 基因序列克隆的失败可能是库中 EST 序列数量不足所导致，因此要获得其基因序列须通过实验手段克隆获得。

5.1.2　番茄 14-3-3 蛋白与蔗糖磷酸合成酶的互作预测

14-3-3 蛋白是一种非常重要的小分子调节蛋白，对细胞的多种生理过程均有重要调节作用。自 Moore 等于 1967 年首次从牛脑组织中分离出 14-3-3 蛋白后，陆续发现多种真核生物的 14-3-3 蛋白，但直到 1992 年才在一些植物中发现，并相继从拟南芥（*Arabidopsis thaliana*）、大麦（*Hordeum vulgare*）、玉米（*Zea mays*）、菠菜（*Spinacia oleracea*）、月见草（*Oenothera hookeri*）、马铃薯（*Solanum tuberosum*）和番茄等多种植物中分离出 14-3-3 蛋白。目前发现在 14-3-3 蛋白家族中，拟南芥共 13 个蛋白成员、烟草（*Nicotiana tabacum*）共 11 个蛋白成员、番茄共 12 个蛋白成员。

研究显示 14-3-3 蛋白通过与靶蛋白的相互作用而作为激活因子或抑制因子参与细胞周期调控、胁迫应答、细胞凋亡等几乎所有生理反应过程。癌细胞中超过 200 种蛋白与 14-3-3 存在互作。在大麦叶片中发现 150 种蛋白受 14-3-3 的调控，在大麦胚乳中也检测到 54 种蛋白受 14-3-3 的调节。

番茄中的 14-3-3 蛋白亦能与相关靶蛋白产生互作，但不同的番茄 14-3-3 蛋白成员（TFT1～TFT12）似乎能与不同的靶蛋白互作而执行不同的功能。研究发现 TFT7 能通过与丝裂原活化蛋白激酶激酶激酶 α（mitogen activated protein kinase kinase kinase，MAPKKKα）的 C-末端区域结合而提高该蛋白的丰度和信号放大能力进而正调节免疫相关的细胞程序性死亡（programmed cell death）。研究发现 TFT1\TFT3\TFT5\TFT6 能与番茄疮痂病菌（*Xanthomonas campestris* pv. vesicatoria）的 HopM1、XopN 蛋白互作而与抗病性有关。其他番茄 14-3-3 蛋白成员的互作研究虽尚未见报道，但有证据表明 14-3-3 蛋白能与 SPS 结合而调节 SPS 的活性。SPS 是调控植物碳同化和分配的关键酶之一，其活性高低影响蔗糖的合成能力和光合同化的碳在淀粉和蔗糖之间的分配。番茄 SPS 不仅调控叶片的碳代谢，还对果实竞争同化物的能力、果实的糖分组成及含量具有重要的调节作用。

利用烟草 SPS 为诱饵构建酵母双杂交系统，在烟草中筛选到 2 个与之互作的蛋白 T14-3d 和 T14-3g，两者均为 14-3-3 蛋白。番茄中 14-3-3 蛋白与 SPS 的互作研究目前未见报道，关于 SPS 与 14-3-3 蛋白的代谢通路研究还比较薄弱。利用生物信息学手段预测番茄 14-3-3 蛋白家族中与 SPS 互作的成员，可为试验设计提供参考，同时预测其理化性质可以为下一步试验奠定基础。

5.1.2.1　材料与方法

（1）主要数据库和工具

试验用主要的数据库和工具软件见表 5-2。

表 5-2　主要数据库和工具软件

数据库或工具软件	网址	功能
UniProtKB	http://www.expasy.org/	获取蛋白质序列
ProtParam	http://www.expasy.org/	预测蛋白的理化性质
Swiss-Model	http://swissmodel.expasy.org/	蛋白三维结构建模
MEGA4.0	http://www.megasoftware.net/	构建进化树
Blast＋	ftp://ftp.ncbi.nlm.nih.gov/blast	比较蛋白间的相似性
RasMol	http://rasmol.org/	编辑蛋白三维结构
Blast online	http://blast.ncbi.nlm.nih.gov/Blast.cgi	数据检索
DNAMAN	http://www.lynnon.com/	蛋白质多序列比对
NCBI	http://www.ncbi.nlm.nih.gov/	获取蛋白序列
Prosite	http://www.expasy.ch/prosite/	motif 搜索

（2）数据搜集

从瑞士生物信息学研究所专家蛋白质序列分析系统（EXPASY）的 UniProtKB 库（更新时间 2010 年 6 月）下载番茄的 10 条 14-3-3 蛋白序列、1 条 SPS 序列，及烟草的 T14-3g、T14-3d 蛋白序列、1 条 SPS 蛋白序列，其 UniProtKB 登录号见表 5-3。UniProtKB 库和 NCBI 均未发表番茄 TFT11、TFT12 的蛋白序列，这 2 条蛋白序列来源于 Lancaster 大学。

表 5-3　蛋白序列的 UniProtKB 登录号

烟草		番茄			
蛋白名	登录号	蛋白名	登录号	蛋白名	登录号
T14-3d	Q5KTN4	TFT1	P93206	TFT7	P93212
T14-3g	Q947K7	TFT2	P93208	TFT8	P93213
SPSA	Q9SNY7	TFT3	P93209	TFT9	P93214
		TFT4	P42652	TFT10	P93207
		TFT5	P93210	TFT11	—
		TFT6	P93211	TFT12	—
				SPS	Q9FXK8

注：—表示未在 UniProtKB 中检索到登录号

（3）番茄 14-3-3 蛋白理化性质预测

利用 ProtParam 软件对 12 个番茄 14-3-3 蛋白成员分别进行理化性质预测。

（4）氨基酸序列相似性分析

首先以烟草的 14-3-3 蛋白成员 T14-3g、T14-3d 序列构建本地 Blast 序列分析库，将番茄 14-3-3 蛋白序列与这 2 条蛋白序列进行本地 Blast 比对和 Mega4.0 进化树构建；再以烟草的 SPS 序列构建本地 Blast 数据分析库，比较番茄 SPS 序列与烟草 SPSA（蔗糖磷酸合成酶 A）序列的相似性。

（5）候选蛋白序列的三维结构预测

用 NCBI 的在线 Blastp 程序以 TFT1 蛋白序列为探针查询 Protein Data Bank（PDB）库，获取 TFT1 的模板序列，然后以 TFT1 为目标序列与模板序列进行多序列比对，再将序列比对文件上传至 Swiss-Model，用其联配模式（Alignment mode）进行三维结构模型构建，最后用 Swiss-Model 自带 ANOLEA 原子平均势能的 web 界面进行质量检查。下载该建模结果至本地，用 RasMol 软件查看并标注蛋白质的三维结构，对 TFT10、T14-3d、T14-3g、SPS、SPSA 进行相同操作。

5.1.2.2　结果与分析

（1）番茄 14-3-3 蛋白家族的理化性质

番茄 14-3-3 蛋白家族的理化性质分析结果如表 5-4 所示。番茄 14-3-3 蛋白的等电点（PI）为 4.63（TFT8）～4.96（TFT7），表明目前发现的番茄 14-3-3 蛋白均为酸性蛋白，其相对分子量为 28.2（TFT1）～32.2（TFT12）kD 且其平均分子量为 29.3 kD，这与 14-3-3 蛋白是平均分子量约为 30 kD 的酸性蛋白的结论一致；总平均疏水性为 −0.701（TFT12）～ −0.269（TFT1），说明番茄 14-3-3 蛋白家族的成员均为亲水性蛋白。

脂肪系数是反映蛋白质热稳定性的指标。番茄 14-3-3 蛋白的脂肪系数均在 70 以上，表明该组蛋白均为热稳定性较高的蛋白。另外有研究表明嗜热菌蛋白质中亮氨酸（Leu）和谷氨酸（Glu）含量均高于常温菌，主要是因为 Leu 具有较强的疏水性和较大的侧链，Glu 比带同样电荷的其他氨基酸具有更大的侧链，表明高含量的 Leu 和 Glu 有利于提高蛋白质的热稳定性。对番茄 14-3-3 蛋白的氨基酸组成分析发现除了 TFT10 含 Leu 最高（13.1%）外，其余均是（Glu）含量最高，这进一步证实了高含量的 Leu 和 Glu 对提高蛋白的热稳定性具有重要作用。

表 5-4　番茄 14-3-3 蛋白家族的理化性质

蛋白名称	氨基酸序列长度	分子量/kD	等电点	分子式	总平均疏水性	含量最高氨基酸/%	脂肪系数
TFT1	249	28.2	4.76	$C_{1248}H_{1985}N_{323}O_{393}S_{13}$	−0.269	12.0	92.53
TFT2	254	28.9	4.72	$C_{1257}H_{1997}N_{341}O_{417}S_{10}$	−0.591	12.6	82.68
TFT3	260	29.3	4.78	$C_{1282}H_{2040}N_{346}O_{420}S_{9}$	−0.563	13.1	83.36
TFT4	260	29.3	4.66	$C_{1284}H_{2042}N_{344}O_{426}S_{7}$	−0.517	13.1	87.54
TFT5	255	28.8	4.76	$C_{1260}H_{2001}N_{335}O_{413}S_{9}$	−0.525	12.2	84.27
TFT6	258	29.0	4.70	$C_{1266}H_{2009}N_{34:}O_{417}S_{9}$	−0.508	12.4	83.72
TFT7	252	28.8	4.96	$C_{1258}H_{1994}N_{346}O_{412}S_{8}$	−0.659	13.1	79.80
TFT8	261	29.5	4.63	$C_{1286}H_{2038}N_{348}O_{426}S_{9}$	−0.531	11.1	84.87
TFT9	261	29.4	4.76	$C_{1282}H_{2025}N_{343}O_{422}S_{11}$	−0.538	11.9	80.80
TFT10	252	28.6	4.80	$C_{1265}H_{2012}N_{332}O_{402}S_{10}$	−0.356	13.1	92.58
TFT11	258	29.1	4.69	$C_{1273}H_{2022}N_{344}O_{420}S_{8}$	−0.492	12.8	86.71
TFT12	285	32.2	4.94	$C_{1404}H_{2241}N_{377}O_{467}S_{10}$	−0.701	13.3	74.70

注：除 TFT10 含量最高的氨基酸为亮氨酸（Leu）外，其余含量最高的均为谷氨酸（Glu）

（2）氨基酸序列相似性分析

Blast 比对结果见表 5-5。与 T14-3d 相似性最高的是 TFT1，其次为 TFT10，其余均介于 60%～80%；与 T14-3g 相似性最高的是 TFT10，其次为 TFT1，其余均介于 60%～80%，说明番茄 14-3-3 蛋白家族成员与 T14-3d、T14-3g 均具有同源性。与此同时对番茄和烟草的 SPS 蛋白序列相似性作了比较，其相似性为 93%，高度相似，具有同源性。已证实 T14-3d、T14-3g 与 SPS 存在互作，据此可初步推测番茄 14-3-3 蛋白的所有成员都可能与 SPS 产生互作。进化树（图 5-4）分析发现 TFT1\TFT10\T14-3d\T14-3g 均在同一进化支上，而且可以确定 *TFT1* 和 *T14-3d*、*TFT10* 与 *T14-3g* 是 2 组直系同源基因，由此可推测 TFT1 和 TFT10 最有可能与 SPS 互作。

表 5-5　番茄 14-3-3 蛋白成员与烟草 T14-3d、T14-3g 的 Blast 比对结果（单位：%）

	TFT1	TFT2	TFT3	TFT4	TFT5	TFT6	TFT7	TFT8	TFT9	TFT10	TFT11	TFT12
T14-3d	95	78	77	76	75	76	66	63	68	83	76	67
T14-3g	82	76	76	75	75	76	67	60	66	94	76	67

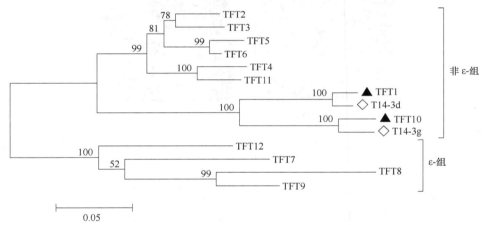

图 5-4　番茄 14-3-3 蛋白与 T14-3d、T14-3g 的系统进化树

由 NJ 法构建的系统进化树，枝上的数字为 Bootstrap1000 次的支持率

番茄 14-3-3 蛋白的其他成员虽然与 T14-3d、T14-3g 都具有较高相似性，但其亲缘关系相对较远且在不同进化支上。这种高相似性可能是因为它们均为同一家族成员，具有共同的保守区。

（3）候选序列的三维结构预测

通过对 PDB 库进行 Blast 检索发现，TFT1\TFT10\T14-3d\T14-3g 的最佳匹配序列为同一序列（PDB 登录号为：1O9CA），除 T14-3g 与 1O9CA 的相似性为 75% 外，其他 3 条序列与 1O9CA 的相似性均为 77%，以 1O9CA 序列为模板与 TFT1\TFT10\T14-3d\T14-3g 分别进行多序列比对，然后用 Swiss-Model 的联配模式进行三维结构建模并检查结构质量，结果如图 5-5（A～D）所示。

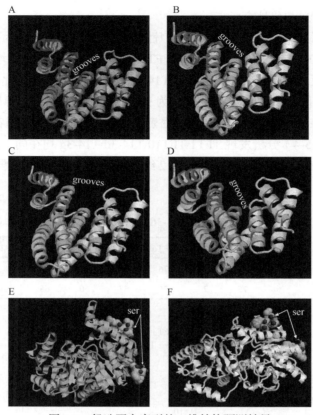

图 5-5　候选蛋白序列的三维结构预测结果

利用 Swiss-Model 的同源模建法模拟蛋白质的三维结构（A. TFT1；B. T14-3d；C. TFT10；D. T14-3g；E. SPSA；F. SPS）；grooves 结构是 14-3-3 蛋白识别磷酸化靶蛋白的保守结构；E 和 F 图中球状结构表示 SPSA\SPS 的活性位点，其中磷酸化位点即为丝氨酸残基（ser）

14-3-3 蛋白氨基酸序列的中心高度保守而两翼却多变。其三维结构以同源或异源二聚体存在，每个反向平行的亚基中至少含 9 个 α-螺旋，这种反向平行结构形成了 1 个凹穴（groove），所有的必需氨基酸残基位于该凹穴的中心，这些氨基酸残基用来跟磷酸化蛋白识别。三维结构预测结果表明 TFT1、TFT10 与 T14-3d、T14-3g 一样均形成凹穴结构，推测前二者都能跟磷酸化蛋白识别结合。烟草 14-3-3 蛋白的 C-末端可变区具有自我抑制功能从而阻止 14-3-3 蛋白与 SPS 互作，对 T14-3d、T14-3g 与其他不能与 SPS 互作的 14-3-3 蛋白的 C-末端序列的比较，发现其他序列均比 T14-3d、T14-3g 长，有不同长度的插入序列，当 T14-3c 的插入序列被敲除后就能与 SPS 互作，暗示 C-末端的插入序列能自我抑制 14-3-3 蛋白与 SPS 互作。本研究比较了番茄 14-3-3 蛋白与 T14-3d、T14-3g 间 C-末端可变区的 8 个氨基酸残基（图 5-6），发现 TFT1 和 T14-3d、TFT10 和 T14-3g 的 C-末端可变区氨基酸序列完全相同，而其他 14-3-3 蛋白的 C-末端可变序列均比 T14-3d 和 T14-3g 长，这说明 TFT1\TFT10 与 T14-3d\T14-3g 在具有相似三维结构的基础上，其 C-末端可变区氨基酸序列又不存在自我抑制功能。

```
TFT1    WTS D MQEQMDEA                                         249
T14-3d  WTS D MQEQMDEA                                         249
TFT10   WTS D AQDQLDES                                         252
T14-3g  WTS D AQDQLDES                                         252
TFT2    WTS D MQDDGADE I KE . . TKNDNEQQ                       254
TFT3    WTS D MQDDGADEI KE . . DP KP EEKN                      259
TFT4    WTS D NADDVGDDI KEAS KP ES GEGQQ                       260
TFT5    WTS D MQDDGTDEI KE. . . PSKADNE                        255
TFT6    WTS D MQDDGTDEI KEA. TPKPDDNE                          258
TFT7    WTS D LEEGG . . EHS KGDER QGEN                         252
TFT8    WTS D IPEDG. EEAPKGDAANKVGAGEDAE                       261
TFT9    WTS D LPEDA. EDAQKGDATNKAGGGEDAE                       261
TFT11   WTS D TTDDAGDEI REAS KQES GDGQQ                        258
TFT12   WTS D LPEDGGEENVKTDEPKAVEPKS ADAKS AEAKS T EAKS VEP EEAS KDK   284
```

图 5-6　不同 14-3-3 蛋白成员 C-末端可变区氨基酸列多重比对结果

SPSA 和 SPS 的最佳匹配序列亦为同一序列（PDB 登录号为：2R60A），且二者与 2R60A 的相似性分别为 32% 和 31%，结果如图 5-5（E、F）。SPS 与 SPSA 的三维结构极其相似。因此 TFT1、TFT10 极有可能与 SPS 互作，支持上述推测；其他 14-3-3 蛋白序列的 C-末端可变区序列可能具有自我抑制功能而阻止这些蛋白与 SPS 互作。

5.1.2.3　小结

番茄 14-3-3 蛋白家族成员均为热稳定性较高的亲水性蛋白，其中 *TFT1* 和 *T14-3d*、*TFT10* 和 *T14-3g* 是 2 组直系同源基因，TFT1 和 TFT10 最有可能与 SPS 互作。

5.1.3　番茄叶中 *14-3-3* 基因的表达量与糖含量及相关酶活性的关系

叶是植物光合作用的主要部位，植物用来形态建成及其他各种生理生化反应的物质大部分来源于叶片的光合作用。蔗糖是植物光合作用后源到库的主要运输形式。蔗糖在叶片中合成后有两种利用途径：一方面合成用于叶片中的代谢，合成淀粉暂时储存或经酶催化后生成己糖（葡萄糖和果糖）进入糖酵解途径；另一方面蔗糖向库端运输。蔗糖在叶中的代谢受到蔗糖磷酸合成酶、蔗糖合成酶和转化酶 3 类关键酶的催化，研究显示 14-3-3 蛋白能与蔗糖磷酸合成酶互作而对其进行调控。因而 14-3-3 蛋白与蔗糖代谢相关，但其调控效应仍不清楚，本部分基于生物信息学预测结果分析 14-3-3 蛋白的表达量与糖代谢之间的具体关系，力求阐明番茄 14-3-3 蛋白与蔗糖代谢的相关机制。

5.1.3.1　不同发育时期番茄叶中糖含量的变化

（1）材料与方法

试验材料为番茄栽培品种'辽园多丽'，在番茄植株第 1 花序第 2 花开放时挂标牌记载日期，分别在开花后 0 d、10 d、15 d、25 d、35 d、45 d、55 d 取第 1 花序第 2 果下最近的 1 片功能叶，用来分别测定糖含量，取样 3 次重复。

将取样后称重的样品在 80% 乙醇溶液中提取可溶性糖，提取 3 次。提取后用高效液相色谱（HPLC）测定可溶性糖含量。测定方法为：取样后称重→置入试管→倒入 80% 乙醇溶液，浸没样品约 1cm→80℃ 水浴 1h→冷却后封存。

取测糖后的干燥残渣，用高氯酸水解法测定淀粉含量。

（2）结果与分析

1）可溶性糖含量变化　　经高效液相色谱测定，以峰面积示糖含量，如图 5-7 所示。葡萄糖和果糖呈现下降（0～5 d）—上升（5～25 d）—下降（25～55 d）的倒"Z"形变化趋势，其中 0 d 的果糖和葡萄糖含量最高，在该变化趋势中己糖含量变化有微小波动。蔗糖呈现上升—下降的单峰型变化趋势，在 5～10 d 达最大值，而且变化不剧烈。己糖含量一直高于蔗糖含量，3 种糖中果糖含量最高。

2）淀粉含量变化　　淀粉含量变化如图 5-8 所示。番茄叶中不同时期淀粉含量呈单峰型变化趋势。在花后 5 d 达最大值，这可能是番茄生长发育初期进行了强烈的营养生长，积累了大量磷酸丙糖，而这些磷酸丙糖并不能全部转化为蔗糖进行远距离运输或经己糖激酶催化后进入糖酵解途径而进行卡尔文循环，从而形成淀粉暂时储存了下来。

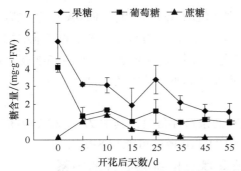

图 5-7　不同发育时期番茄叶中的糖含量

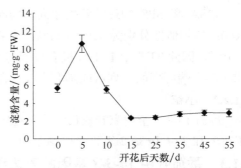

图 5-8　不同发育时期番茄叶中的淀粉含量

（3）小结

番茄叶片发育过程中，各类糖的含量变化不尽相同。己糖含量高于蔗糖含量，而且在生长初期（0～5 d）己糖含量由最高呈下降趋势，同时蔗糖含量呈上升趋势，这说明光合作用的最初产物——磷酸丙糖由叶绿体转运至细胞质后须先合成己糖后再进入合成蔗糖的代谢途径，而因生长初期果实所需的碳水化合物的量非常有限，形成的蔗糖不能及时运输至库中，因此在生长初期合成的己糖会出现积累现象，同理，淀粉也会出现积累现象，随着番茄植株发育过程的进行，库所需的蔗糖越来越多，因此叶中的蔗糖不断运向果实中，这时叶片中蔗糖浓度降低并且需要不断合成蔗糖以满足库的需求，此时蔗糖和己糖含量均呈下降趋势，己糖含量高于蔗糖含量促使反应向合成蔗糖的方向进行。

5.1.3.2　番茄叶中蔗糖代谢相关酶活性的变化

（1）材料与方法

试验材料为番茄栽培品种'辽园多丽'，糖代谢相关酶的提取和活性测定参照王永章（2000）和於新建（1985）的方法。

（2）结果与分析

1）酸性转化酶活性的变化　　番茄叶片不同发育时期酸性转化酶活性变化趋势

如图 5-9 所示。该酶活性呈现上升（0～5 d）—下降（5～15 d）—上升（15～55 d）的"N"形变化趋势，在花后 5 d 达最大值 14.5234 μmol Glucose·g^{-1} FW·h^{-1}。

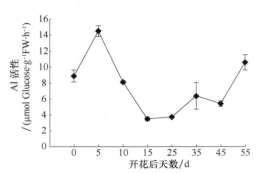

图 5-9　不同发育时期番茄叶片酸性转化酶活性的变化

2）中性转化酶活性的变化　番茄叶片不同发育时期中性转化酶活性变化趋势如图 5-10 所示。该酶活性在 0～5 d 急剧下降，从花后 10 d 开始上升，在花后 15～45 d 酶活性变化不大但有轻微波动，自花后 45 d 该酶活性急剧下降，检测的发育时期中酶活性最小值为 1.4211 μmol Glucose·g^{-1} FW·h^{-1}。

3）蔗糖磷酸合成酶活性的变化　番茄叶片发育过程中蔗糖磷酸合成酶活性的变化如图 5-11 所示。该酶活性呈现下降（0～10 d）—上升（10～25 d）—下降（25～35 d）—上升（35～55 d）的"W"形变化，在花后 35 d 达最小值 0.1128 μmol Sucrose·g^{-1} FW·h^{-1}。

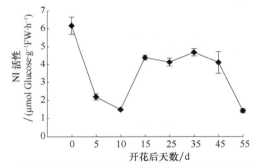

图 5-10　不同发育时期番茄叶片中性转化酶活性的变化

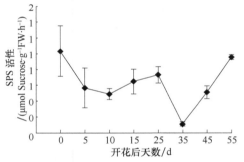

图 5-11　不同发育时期番茄叶片蔗糖磷酸合成酶活性的变化

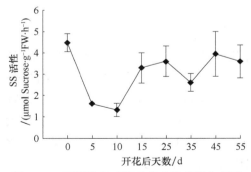

图 5-12　不同发育时期番茄叶片蔗糖合成酶活性的变化

4）蔗糖合成酶活性的变化　番茄叶片发育过程中蔗糖合成酶活性变化如图 5-12 所示。该酶活性呈现下降（0～10 d）—上升（10～25 d）—下降（25～35 d）—上升（35～55 d）的"W"形变化趋势，在花后 0 d 达最大值，花后 10 d 为最小值。

（3）小结

番茄叶片发育早期酸性转化酶和中性转化酶活性较高，因叶片发育早期需要自身形态建成，因此需要将早期合成的蔗糖进行转化后进入糖酵解等代谢途径而变成自身生长所需的物质和能量，随着发育进程的进行，二者的活性有所下降。

蔗糖磷酸合成酶是催化蔗糖合成的关键酶，该酶的活性影响碳水化合物的分配。在该试验中，蔗糖磷酸合成酶活性变化比较复杂，说明在叶片发育过程中蔗糖的合成经过了复杂的反应过程。蔗糖合成酶的活性在叶片发育早期活性也较高，但随着发育过程的进行活性有所下降。

5.1.3.3 番茄叶片糖代谢相关酶基因表达量的变化

研究显示在番茄的 12 个 14-3-3 蛋白成员中仅 TFT1 和 TFT10 能和蔗糖磷酸合成酶进行互作，因此探寻这 2 个蛋白与蔗糖代谢相关酶活性的关系。

（1）试验材料

供试材料为栽培型番茄'辽园多丽'。

1）引物设计　　从 NCBI 的 GenBank 库中下载 *SPS*、*TFT1*、*TFT10* 和 *actin* 的基因序列，利用 primer 5.0 设计引物，委托上海英骏生物技术有限公司合成。引物序列如表 5-6 所示。

表 5-6　用于实时定量 PCR 的引物序列

基因	登录号	引物序列
SPS	AB051216.1	F 5'-CGGTGGATGGCAAAACG-3'
		R 5'-GGCAATCGGCCTCTGGT-3'
TFT1	X95900.2	F 5'-CGGAAATTACCGGCGATTG-3'
		R 5'-AACCCGACCCGATTACGAG-3'
TFT10	X98866.2	F 5'-TTGAACAGAAGGAGGAATCGC-3'
		R 5'-CACTGGTAGTAGCAGAGGGAACA-3'
actin	Q96483	F 5'-TGTCCCTATTTACGAGGGTTATGC-3'
		R 5'-AGTTAAATCACGACCAGCAAGAT-3'

2）植物总 RNA 的提取　　采用 TianGen 公司 RNAprep pure 植物总 RNA 提取试剂盒。

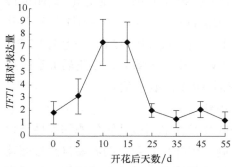

图 5-13　不同发育时期番茄叶中 *TFT1* 表达量的变化

（2）结果与分析

不同发育时期番茄叶中 *TFT1*、*TFT10* 和 *SPS* 的表达量如图 5-13～图 5-15 所示，结果表明，*TFT1* 的表达量呈单峰型变化趋势，在花后 0～10 d 呈上升趋势继而在花后 10～15 d 达到最大值，在花后 15～55 d 虽有轻微波动但下降趋势比较明显，且在花后 55 d 为最小值（图 5-13）；*TFT10* 的表达量与 *TFT1* 的相比虽有相似趋势但前者却呈现上升（0～10 d）—下降（10～35 d）—上升（35～45 d）—下降（45～55 d）的"M"形变化趋势，并在花后 10 d 达最大值，0 d 为最小值（图 5-14）；*SPS* 的表达量在叶的发育初期（0～10 d）变化较大，而在 10～55 d 变化比较平稳，且在花后 5 d 达最大值（图 5-15）。

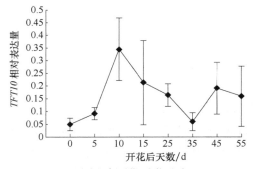

图 5-14　不同发育时期番茄叶中 *TFT10* 表达量的变化

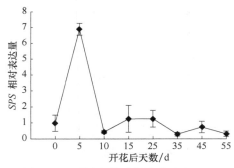

图 5-15　不同发育时期番茄叶中 *SPS* 表达量的变化

（3）*14-3-3* 基因与 *SPS* 表达量的相关性分析

由表 5-7 可知，在番茄叶片发育过程中，*TFT1* 的表达量与 *SPS* 的表达量呈正相关，而 *TFT10* 与 *SPS* 的表达量呈负相关，二者的相关性均不显著。

表 5-7　番茄叶片中 *14-3-3* 基因与蔗糖磷酸合成酶基因表达量的相关关系

14-3-3 基因	*SPS* 基因
TFT1	0.119
TFT10	−0.050

注：表中数值均未达显著水平

（4）小结

TFT1 的表达量在花后 5～25 d 较高；*TFT10* 的表达量呈 "N" 形变化趋势，并在花后 10 d 达最大值；*SPS* 的表达量呈单峰型变化，并在花后 5 d 达最大值；在番茄叶片发育过程中未发现 *TFT1*、*TFT10* 的表达量与 *SPS* 的表达量之间的显著或极显著关系。

5.1.3.4　不同发育时期番茄叶中相关指标的相关性分析

（1）番茄叶中可溶性糖及淀粉含量与糖代谢相关酶活性的关系

利用 SPSS11.5 对数据进行相关性分析，结果如表 5-8 所示。在番茄叶的发育过程中，其可溶性糖及淀粉含量的变化与糖代谢相关酶活性呈现如下关系（表 5-8）。叶中的葡萄糖和果糖含量与蔗糖合成酶均呈显著负相关（$P < 0.05$），而蔗糖含量与蔗糖合成酶呈极显著正相关（$P < 0.01$）。葡萄糖和果糖含量与酸性转化酶呈极显著正相关（$P < 0.01$）。葡萄糖和果糖含量与中性转化酶分别呈显著（$P < 0.05$）和极显著正相关（$P < 0.01$）。淀粉含量与酸性转化酶活性呈极显著负相关（$P < 0.01$）。

表 5-8　番茄叶可溶性糖及淀粉含量与糖代谢相关酶的关系

可溶性糖及淀粉	蔗糖合成酶	蔗糖磷酸合成酶	酸性转化酶	中性转化酶
葡萄糖	−0.895*	−0.562	0.935**	0.835*
果糖	−0.823*	−0.307	0.897**	0.973**
蔗糖	0.841**	0.338	−0.556	0.557
淀粉	0.544	−0.043	−0.837**	−0.292

*显著相关（0.05 水平）；**极显著相关（0.01 水平）

（2）番茄叶中相关基因表达量与糖代谢相关酶活性的关系

相关基因表达量变化与糖代谢相关酶活性的相关关系如表 5-7 所示。*TFT1* 的表达量与蔗糖磷酸合成酶、蔗糖合成酶和中性转化酶均呈负相关，但与酸性转化酶却呈正相关；*TFT10* 的表达量与蔗糖合成酶、蔗糖磷酸合成酶、酸性转化酶和中性转化酶均呈负相关；*SPS* 的表达量与蔗糖合成酶和中性转化酶的活性呈负相关，而与蔗糖磷酸合成酶和酸性转化酶的活性呈正相关。以上均不属于显著相关性。

5.1.4　番茄果实中 *14-3-3* 基因的表达量与糖含量及相关酶活性的关系

蔗糖自叶经韧皮部筛管-伴胞复合体长距离运输到果实后被消耗或积累，而蔗糖代谢相关酶对糖的积累和代谢起重要调节作用。另外 14-3-3 蛋白在调节糖代谢相关酶活性方面的作用亦不可忽视。所以要全面了解番茄果实中糖的积累机理，就必须对蔗糖代谢相关酶活性的变化以及其活性的调节进行综合研究。

5.1.4.1　不同发育时期番茄果实中糖含量的变化

（1）材料与方法

试验材料为番茄栽培品种'辽园多丽'，在番茄植株第 1 花序第 2 花开放时挂标牌记载日期，然后分别在开花后 0 d、10 d、15 d、25 d、35 d、45 d、55 d 取第 1 花序第 2 果，采用 HPLC 方法测定可溶性糖含量，每样 3 次重复。取测糖后的干燥残渣，用高氯酸水解法测定淀粉含量。

（2）结果与分析

1）可溶性糖含量的变化　　利用高效液相色谱（HPLC）对不同发育时期番茄果实中的可溶性糖含量进行分析，结果如图 5-16 所示。己糖（葡萄糖和果糖）呈现上升—下降—上升—下降的"M"形变化，并在花后 5 d 达最大值，在各发育时期果糖的含量高于葡萄糖的含量；蔗糖虽呈现上升—下降的变化趋势，但总体的波动均不大，而且其含量一直低于己糖的含量。

2）淀粉含量的变化　　不同发育时期番茄果实淀粉含量的变化如图 5-17 所示。淀粉含量随着番茄果实发育过程的进行呈现单峰型变化趋势。在花后 0～5 d 淀粉含量上升至最大值，随后开始下降，直到花后 55 d 降到最小值。

（3）小结

在果实发育过程中，己糖的含量较高，特别是果糖的含量高于葡萄糖和蔗糖；淀粉在果实发育初期出现瞬间积累现象。

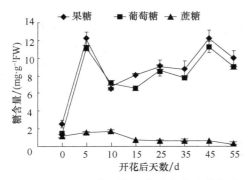

图 5-16　不同发育时期番茄果实中的糖含量

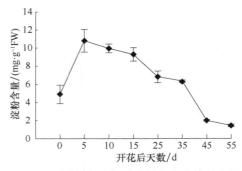

图 5-17　不同发育时期番茄果实中的淀粉含量

5.1.4.2　不同发育时期番茄果实中蔗糖代谢相关酶活性的变化

（1）材料与方法

试验材料为普通栽培型番茄'辽园多丽'，酶活性测定参照王永章（2000）和於新建（1985）的方法。

（2）结果与分析

1）酸性转化酶活性的变化　　不同发育时期番茄果实酸性转化酶活性的变化如图 5-18 所示。花后 0～35 d，酸性转化酶的活性虽有少许波动，但总体变化比较平稳，在花后 35 d 为其最低值，花后 35 d 酸性转化酶的活性急剧上升，花后 55 d 达最大值。

2）中性转化酶活性的变化　　不同发育时期番茄果实中性转化酶活性的变化如图 5-19 所示。该酶的活性在花后 0～5 d 急剧上升，并在花后 5 d 达最大值。花后 5 d 该酶的活性呈下降趋势，花后 10～55 d 虽活性有少许波动，但总体变化比较平稳。

3）蔗糖合成酶活性的变化　　不同发育时期番茄果实中蔗糖合成酶活性的变化如图 5-20 所示。该酶活性呈现单峰型变化趋势。花后 0～5 d 其活性急剧上升，随后急剧

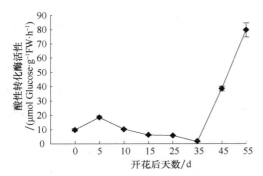

图 5-18　不同发育时期番茄果实中
酸性转化酶活性的变化

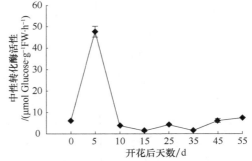

图 5-19　不同发育时期番茄果实中
中性转化酶活性的变化

下降直到花后 10 d，并在花后 5 d 达最大值，在花后 10～55 d，该酶的活性均较低而且变化趋势也比较平稳。

4）蔗糖磷酸合成酶活性的变化　　不同发育时期番茄果实中蔗糖磷酸合成酶活性的变化如图 5-21 所示。该酶的活性在番茄果实的发育前期（0～10 d）活性较高，并且在花后 5 d 达最大值，在番茄果实的发育后期（10～55 d）该酶活性虽有波动但总体变化趋势平稳，在花后 45 d 最小。

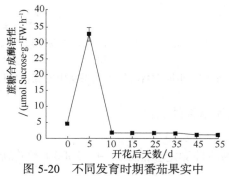

图 5-20　不同发育时期番茄果实中
蔗糖合成酶活性的变化

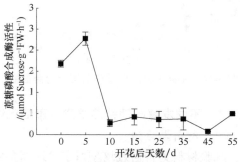

图 5-21　不同发育时期番茄果实中
蔗糖磷酸合成酶活性的变化

（3）小结

酸性转化酶活性在番茄果实发育前期（0～35 d）比较低，但在发育后期（35～55 d）活性剧增，这说明酸性转化酶主要在番茄果实发育后期行使功能，是该发育时期的关键酶；中性转化酶和蔗糖合成酶具有相似的变化趋势，均在果实发育早期（0～10 d）活性较高，随着果实发育过程的进行其活性逐渐降低，说明中性转化酶和蔗糖合成酶是番茄果实发育早期的关键酶；蔗糖磷酸合成酶的活性变化比较复杂，其波动幅度较大，说明在果实中蔗糖的合成和分解经历了较为复杂的变化过程。

5.1.4.3　番茄果实中糖代谢相关酶基因表达量的变化

（1）材料与方法

试材为普通栽培型番茄'辽园多丽'。采用 TianGen 公司 RNAprep pure 试剂盒测定。

（2）结果与分析

1）不同发育时期番茄果实中 *TFT1* 的表达量变化　　不同发育时期番茄果实中 *TFT1* 的表达量变化如图 5-22 所示。该基因的表达量在花后 0～5 d 剧增并在花后 5 d 达最大值，之后 *TFT1* 的表达量逐渐下降直到花后 55 d，这过程中随着果实的发育虽有轻微波动但大致呈下降趋势，花后 15 d 为最小值。

2）不同发育时期番茄果实中 *TFT10* 的表达量变化　　不同发育时期番茄果实中 *TFT10* 的表达量变化如图 5-23 所示。在果实的整个发育过程中该基因的表达量呈现上升（0～10 d）—下降（10～35 d）—上升（35～45 d）—下降（45～55 d）的"M"形变化趋势，并在花后 10 d 达最大值，花后 0 d 最小。

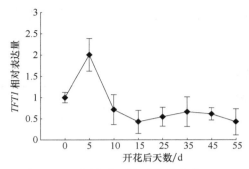

图 5-22　不同发育时期番茄果实中 *TFT1* 表达量的变化

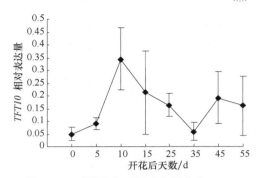

图 5-23　不同发育时期番茄果实中 *TFT10* 表达量的变化

3）不同发育时期番茄果实中 *SPS* 的表达量变化　在番茄果实发育过程中蔗糖磷酸合成酶基因的表达量呈现上升（0～5 d）—下降（5～55 d）的单峰型变化趋势并在花后 5 d 达最大值，花后 55 d 最小（图 5-24）。

（3）*14-3-3* 基因与 *SPS* 表达量的相关关系

由表 5-9 可知，在番茄果实发育过程中，*TFT1* 的表达量与 *SPS* 的表达量呈负相关，而 *TFT10* 与 *SPS* 的表达量呈正相关，但是二者的相关性均不显著。

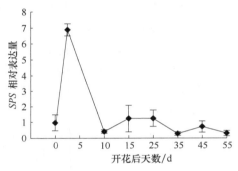

图 5-24　不同发育时期番茄果实中 *SPS* 表达量的变化

表 5-9　番茄 *TFT1* 和 *TFT10* 基因与糖代谢相关酶及 *SPS* 基因表达量的相关关系

14-3-3 基因	蔗糖合成酶	酸性转化酶	中性转化酶	蔗糖磷酸合成酶	*SPS* 的表达量
TFT1	0.897**	−0.182	0.935**	0.894**	−0.228
TFT10	0.830*	0.092	0.918**	0.893**	0.059

*显著相关（0.05 水平）；**极显著相关（0.01 水平）

（4）小结

TFT1 的表达量在花后 0～10 d 较高，且在花后 5 d 达最大值，说明 *TFT1* 基因的表达可能跟番茄果实的早期发育有关；*TFT10* 的表达量在花后 10 d 达最大值，其表达过程波动较大；*SPS* 的表达量呈现单峰型变化，并在花后 5 d 达最大值，变化趋势类似于 *TFT1*；在番茄果实发育过程中未发现 *SPS* 的表达量与 *TFT1*、*TFT10* 表达量间的显著相关关系。

5.1.4.4　番茄果实中相关指标的相关性分析

（1）番茄果实中可溶性糖及淀粉含量与蔗糖代谢相关酶活性的关系

在果实发育早期，果实是很强的碳水化合物库，在库的建成上蔗糖合成酶起很重要的作用。蔗糖合成酶活性最高时，叶片合成的同化产物输入到库器官的速率最大。可见在果实发育前期蔗糖合成酶起比较重要的作用。本试验结果显示，蔗糖合成酶的活性不仅与蔗糖的含量呈极显著正相关，而且与葡萄糖含量呈极显著负相关，同时与果糖的含量呈显著负相关、与淀粉的含量呈显著正相关。另外蔗糖的含量还与蔗糖磷酸合成酶呈极显著正相关、与中性转化酶呈极显著负相关（表 5-10）。

表 5-10　番茄果实可溶性糖及淀粉含量与糖代谢相关酶的关系

	蔗糖合成酶	蔗糖磷酸合成酶	酸性转化酶	中性转化酶
葡萄糖	−0.904[**]	−0.179	0.358	0.423
果糖	−0.858[*]	−0.103	0.268	0.615
蔗糖	0.980[**]	0.850[**]	−0.116	−0.977[**]
淀粉	0.884[*]	−0.349	−0.692	−0.401

*显著相关（0.05 水平）；**极显著相关（0.01 水平）

（2）番茄果实中 *14-3-3* 基因表达量与蔗糖代谢相关酶活性的关系

在果实发育期间，能对蔗糖磷酸合成酶产生调节作用的 14-3-3 蛋白基因——*TFT1*、*TFT10* 的表达量具有一定的变化趋势且与蔗糖代谢的相关酶活性具有如下相关关系：*TFT1* 的表达量与蔗糖合成酶、中性转化酶和蔗糖磷酸合成酶均呈极显著正相关而与酸性转化酶呈负相关，*TFT10* 的表达量与中性转化酶和蔗糖磷酸合成酶呈极显著正相关而与蔗糖合成酶呈显著正相关。*TFT10* 的表达量与酸性转化酶的活性虽呈正相关但相关性不显著（表 5-9）。这就暗示 *TFT1*、*TFT10* 除了能对蔗糖磷酸合成酶具有一定的调节作用外，对中性转化酶和蔗糖合成酶也具有调节作用。

5.2　*SnRK1* 基因与番茄糖代谢的关系

蔗糖非发酵型蛋白激酶是广泛存在于植物中的蛋白激酶，属于 Ser/Thr 类蛋白激酶，在植物生命过程中起着至关重要的作用。植物的 SnRK1 与酵母 SNF1 和哺乳动物 AMPK 同源，三者共同组成 SNF1 蛋白激酶超家族。1981 年，Carlson 等最先在酿酒酵母的突变体中发现 SNF1。SNF1 能够响应细胞内低葡萄糖信号，并且其活性在有葡萄糖时受抑制。SNF1 在真核生物中有很强的保守性，植物中已鉴定出大量 SNF1 类似物，按照氨基酸保守序列分析，可分为 3 个亚族，分别为 SnRK1、SnRK2、SnRK3 三类，参与植物的多种代谢活动，同时在植物的抗逆中起着非常重要的作用，在 14-3-3 蛋白信号通路的下游调控糖代谢过程。

SNF1、AMPK 和 SnRK1 蛋白激酶在异源三聚体的形式下才能发挥作用，包括有催化功能的 α 亚基和有调节功能的 β、γ 亚基。α 亚基在三聚体复合物中起催化作用，β 亚基起全面调节作用，γ 亚基的主要作用是为该三聚体复合物寻找合适的底物。例如，在酿酒酵母中包含有 1 个催化亚基（SNF1）、3 个 β 亚基（Sip1、Sip2 和 Gal83）和 1 个 γ 亚基（Snf4）。在动物中同时存在这 3 个亚基，分别命名为 AMPKα、AMPKβ 和 AMPKγ。在植物中，SnRK1 复合物同样包含这 3 个亚基（图 5-25）。在拟南芥中，与 SNF1 和 AMPKα 有相似结构和功能的是 KIN10/KIN11，同时可能存在假基因 *KIN12*。拟南芥另外 3 个基因 *KINβ1/KINβ2/KINβ3* 的典型特征与酵母和哺乳动物的 β 亚基一样。同时，植物中的 SNF4 和 γ 亚基是同源的。在拟南芥中命名为 KINγ/KINβγ，是利用 *SNF4* 突变体功能互补法在拟南芥中发现的。

图 5-25　酵母、哺乳动物和植物中 SNF1/AMPK/SnRK1 形成的异源三聚体复合物

SNF1、AMPK 和 SnRK1 蛋白激酶在异源三聚体的形式下才能发挥作用，由α亚基（椭圆形）、β亚基（长方形）和γ亚基（多边形）构成

1991 年，Alderson 等从植物中分离到第一个 *SnRK1* 基因，这个序列是从黑麦的 cDNA 文库中分离的。它编码一个相对分子量为 57.7 kD、含有 502 个氨基酸的多肽链。与酵母 SNF1 和动物 AMPKα 有 42%～45% 的同源性。目前，SnRK1 在拟南芥、水稻、番茄、马铃薯及玉米等一些植物中被发现，并且可能存在于所有植物中。

SnRK1 根据氨基酸序列相似性和表达模式的差异又可分为两组：SnRK1a 和 SnRK1b。在植物整个发育时期 *SnRK1a* 都有所表达；*SnRK1b* 在种子中表达水平很高，但在植株其他部位表达水平相对较低，而且该基因只在双子叶植物中才存在。研究表明，SnRK1 是糖代谢途径中的关键性因子，参与了糖的代谢调控、激素和信号转导的调节。

现已确认蔗糖代谢中蔗糖磷酸合成酶、蔗糖合成酶是 SnRK1 的底物，且 SnRK1 可以直接在转录水平上调控蔗糖合成酶和蔗糖磷酸合成酶基因的表达，从而控制碳水化合物代谢。在野生型马铃薯块茎中，蔗糖合成酶基因的表达正常，且能被叶外施的蔗糖所诱导。反义表达 *SnRK1* 基因使马铃薯块茎中 SnRK1 活性降低，同时蔗糖合成酶活性也降低，并且其在转反义基因植株的叶片中不可被蔗糖所诱导。蔗糖合成酶是马铃薯块茎中最重要的糖代谢酶，也在许多作物贮藏器官的蔗糖和淀粉代谢中起着关键性的作用（图 5-26）。

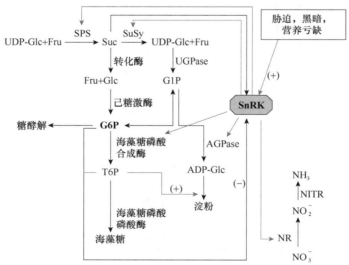

图 5-26　SnRK1 处于植物碳氮代谢调控的中心，通过影响编码相关酶的基因活性来发挥作用

（＋）. 激活过程；（－）. 抑制反应；Glc. 葡萄糖；Fru. 果糖；Suc. 蔗糖；G6P. 葡萄糖-6-磷酸；G1P. 葡萄糖-1-磷酸；T6P. 海藻糖-6-磷酸；AGPase. ADP-葡萄糖焦磷酸化酶；UGPase. UDP-葡萄糖焦磷酸化酶；SPS. 蔗糖磷酸合成酶；SuSy. 蔗糖合成酶；NR. 硝酸还原酶；NITR. 亚硝酸转运酶

多年来对甜菜、葡萄、马铃薯、番茄等的研究，可以表明蔗糖代谢相关酶与糖代谢存在密切关系，同时 SnRK1 与蔗糖代谢相关酶类也有着密切的关系。转化酶、蔗糖磷酸合成酶和蔗糖合成酶是果实糖代谢的关键酶。已有研究表明 SnRK1 可以直接在转录水平上调控蔗糖合成酶基因的表达，从而控制碳水化合物代谢。SnRK1 在 14-3-3 蛋白的下游可能参与 14-3-3 蛋白对糖代谢的调控。目前有关番茄糖代谢与蔗糖代谢相关酶活性规律的研究很多，但是研究不同发育时期番茄叶片和果实中 *SnRK1* 基因表达与糖含量及其酶活性的变化规律，继而分析 SnRK1 在蔗糖代谢过程中的作用还很少。

本研究以普通栽培型番茄为试材，从 mRNA 水平研究 SnRK1 相关蛋白激酶三聚复合体的 3 个亚基及 SPS 在不同组织、不同时期的表达特性，并研究了其对番茄生长和发育过程中物质代谢的调节作用，为进一步揭示 SNF1 相关蛋白激酶-1 在番茄中的生理功能奠定基础，为最终用生物学手段调控番茄糖代谢提供充分的依据，并为番茄品质和产量的改良及栽培提供生理学和分子生物学方面的依据。

5.2.1 番茄叶片中 *SnRK1* 基因的表达量与糖含量及相关酶活性的关系

5.2.1.1 番茄叶片中相关基因表达量的变化

（1）材料与方法

试验材料为普通栽培型番茄'辽园多丽'。

从 NCBI 的 GenBank 库中下载 *SNF1*、*SNF4*、*Gal83*、*SS*、*SPS* 和 *actin* 的基因序列，利用 primer 5.0 设计引物，委托上海英骏生物技术有限公司合成。引物序列如表 5-11 所示。植物总 RNA 的提取和测定采用 TianGen 公司的试剂盒。

表 5-11　实时定量 RT-PCR 的引物序列

基因	登录号	引物序列
SNF1	AF143743.1	F 5′-GAAGACAAGTTGCGGAAGCC-3′
		R 5′-TCATCGTCAAACGGAAGGGT-3′
SNF4	AF143742.1	F 5′-GCGGGAAGCCCTCGTAGA-3′
		R 5′-CACCACCTTGTTAGCCATCAGA-3′
Gal83	AY245177.1	F 5′-CAATCAAATGTGGGGCAATG-3′
		R 5′-GATGGAAGGACCAAAAGAACG-3′
SS	L19762.1	F 5′-TCCTAAACCAACCCTCACCAA-3′
		R 5′-AGCATCATTGTCTTGCCCTTAT-3′
SPS	AB051216.1	F 5′-CGGTGGATGGCAAAACG-3′
		R 5′-GGCAATCGGCCTCTGGT-3′
actin	Q96483	F 5′-TGTCCCTATTTACGAGGGTTATGC-3′
		R 5′-AGTTAAATCACGACCAGCAAGAT-3′

（2）结果与分析

1）番茄叶片中 *SnRK1*、*SS* 与 *SPS* 表达量的变化　　在番茄果实不同发育时期，番茄叶片中 *SnRK1* 基因与 *SS* 表达量的变化如图 5-27～图 5-31 所示。*SNF1* 在花后 0～5 d

呈现上升趋势，在花后 5 d 达到最大值，而后在 5~10 d 迅速降低。在花后 10~35 d SNF1 表达量在较低水平波动，在花后 35 d 又迅速上升（图 5-27）；SNF4 的表达量呈现上升（0~5 d）—下降（5~15 d）—上升（15~25 d）—下降（25~35 d）—上升（35~55 d）的锯齿形变化趋势，并在花后 55 d 降到最大值，花后 15 d 降到最小值（图 5-28）；Gal83 的表达量变化与 SNF4 变化趋势相似，但 Gal83 在花后 10 d 达到最大值，且在 45~55 d 呈下降趋势（图 5-29）。

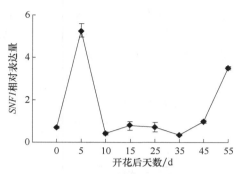

图 5-27　不同发育时期番茄叶片 SNF1 表达量的变化

SS 的表达量在叶的发育初期（0~10 d）变化不明显，在花后 10~25 d 有波动，在 25 d

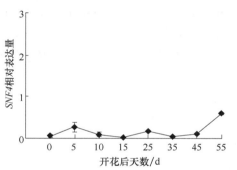

图 5-28　不同发育时期番茄叶片 SNF4 表达量的变化

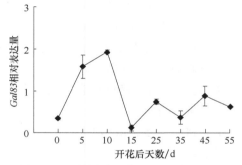

图 5-29　不同发育时期番茄叶片 Gal83 表达量的变化

表达量迅速上升，在 35 d 达到最大值，而后在较高水平略有波动（图 5-30）。SPS 的表达量在叶的发育初期（0~10 d）变化较大，而在 10~55 d 虽有轻微波动但大体变化比较平稳，在花后 5 d 达最大值（图 5-31）。

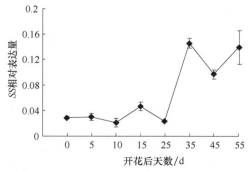

图 5-30　不同发育时期番茄叶片 SS 表达量的变化

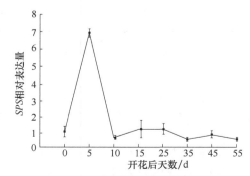

图 5-31　不同发育时期番茄叶片 SPS 表达量的变化

2）SnRK1 基因与 SS 和 SPS 表达量的相关关系　　由表 5-12 可知，在番茄果实发育过程中，*SNF1*、*SNF4* 和 *Gal83* 的表达量与 *SS* 的表达量呈正相关，但是二者的相关性均不显著。*SNF1*、*SNF4* 和 *Gal83* 与 *SPS* 的表达量呈正相关，且 *SNF1* 与 *SPS* 呈显著性正相关，相关系数为 0.810。

表 5-12　*SnRK1* 基因与 *SS* 和 *SPS* 表达量的相关关系

	SNF1	SNF4	Gal83
SS	0.043	0.373	0.388
SPS	0.810*	0.201	0.419

*显著相关（0.05 水平）

（3）小结

本试验在番茄果实发育过程中的叶片未发现 *SnRK1* 基因的表达量与 *SS* 的表达量呈显著或极显著关系。但是 *SNF1*、*SNF4* 和 *Gal83* 的表达量与 *SS* 的表达量呈正相关。说明 *SS* 的表达很大程度上受到 *SnRK1* 的正向调控，与前人的研究结果一致。*SNF1*、*SNF4* 和 *Gal83* 与 *SPS* 的表达量呈正相关，且 *SNF1* 与 *SPS* 呈显著性正相关。说明 *SnRK1* 在转录水平上正向促进 *SPS* 的表达。

5.2.1.2　番茄叶片中蔗糖代谢相关指标的相关关系

（1）试验材料

试验材料为普通栽培型番茄'辽园多丽'。

（2）结果与分析

1）番茄叶中相关基因表达量与糖含量的关系　　不同发育时期番茄叶中相关基因表达量变化与糖含量的关系如表 5-13 所示。*SNF1* 的表达量与葡萄糖和果糖含量呈负相关，与蔗糖和淀粉含量呈正相关；*SNF4* 的表达量与葡萄糖、果糖含量呈正相关，与蔗糖和淀粉含量呈负相关；*Gal83* 的表达量与葡萄糖的含量呈负相关而与果糖、蔗糖和淀粉的含量呈正相关。*Gal83* 的表达量与蔗糖含量呈显著性正相关，相关系数为 0.826。

表 5-13　番茄叶片 *SnRK1* 基因与糖含量的相关关系

	葡萄糖	果糖	蔗糖	淀粉
SNF1	−0.098	−0.180	0.228	0.704
SNF4	−0.222	−0.382	0.100	0.125
Gal83	−0.072	0.085	0.826*	0.613

*显著相关（0.05 水平）

2）番茄叶片相关基因表达量与糖代谢相关酶活性的关系　　番茄叶片中基因表达量变化与糖代谢相关酶活性的关系如表 5-14 所示。*SNF1* 的表达量与中性转化酶呈负相关，与蔗糖合成酶、酸性转化酶和蔗糖磷酸合成酶呈正相关；*SNF4* 的表达量与蔗糖合成酶、蔗糖磷酸合成酶、酸性转化酶呈正相关，与中性转化酶呈负相关；*Gal83* 的表达量与蔗糖磷酸合成酶和中性转化酶的活性呈负相关而与蔗糖合成酶和酸性转化酶的活性呈正相关。*SNF1* 与酸性转化酶呈显著性正相关，相关系数为 0.833，*Gal83* 与中性转化酶呈显著性负相关，相关系数是 −0.713。

表 5-14 番茄叶片 *SnRK1* 基因与糖代谢相关酶的相关关系

	蔗糖合成酶	蔗糖磷酸合成酶	酸性转化酶	中性转化酶
SNF1	0.199	0.150	0.833[*]	−0.561
SNF4	0.116	0.486	0.548	−0.659
Gal83	0.683	−0.155	0.496	−0.713[*]

*显著相关（0.05 水平）

（3）小结

SnRK1 的表达量与葡萄糖和果糖呈负相关，与蔗糖和淀粉呈正相关，且与蔗糖含量呈显著的正相关关系。*SnRK1* 的表达量与蔗糖合成酶活性和酸性转化酶活性呈正相关，与中性转化酶活性呈负相关，可推测 *SnRK1* 正向调控蔗糖合成酶的表达，所以当 *SnRK1* 表达量增加时蔗糖合成酶活性升高。*SnRK1* 表达量与转化酶之间的关系有待进一步研究。

5.2.2 番茄果实中 *SnRK1* 基因表达量与糖含量及相关酶活性的关系

5.2.2.1 番茄果实糖代谢酶相关基因表达量的变化

（1）材料与方法

试验材料为普通栽培型番茄'辽园多丽'。采用 TianGen 公司的试剂盒测定基因的表达量。

（2）结果与分析

1）不同发育时期番茄果实中 *SNF1* 的表达量变化化如图 5-32 所示。该基因的表达量在花后 0～5 d 急剧下降，在 5～25 d 缓慢上升，而后在 25～35 d 又急剧上升，从 35～55 d 呈下降趋势。该基因表达量在花后 5 d 最低，花后 35 d 达到最高。

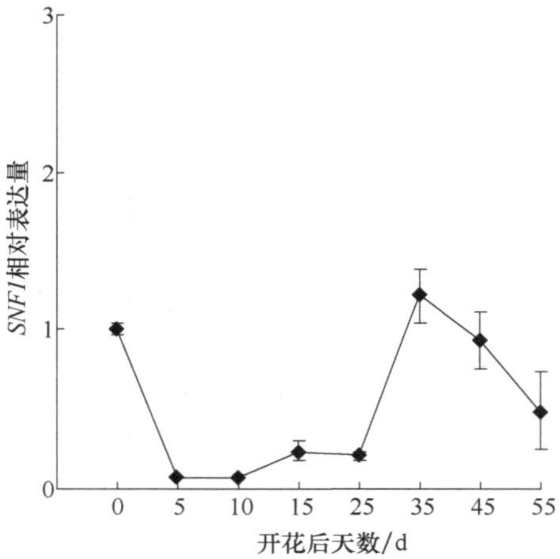

2）不同发育时期番茄果实中 *SNF4* 的表达量变化 不同发育时期番茄果实中 *SNF4* 的表达量变化如图 5-33 所示。在果实的整个发育前中期该基因的表达量呈现下降（0～15 d）—上升（15～35 d）的趋势，且在花后 35 d 迅速上升，在花后 45 d 达到最大值，而后迅速下降。

3）不同发育时期番茄果实中 *Gal83* 的表达量变化 不同发育时期番茄果实中 *Gal83* 的表达量变化如图 5-34 所示。在番茄果实发育过程中 *Gal83* 表达量呈现下降的趋势，在花后 0 d 其表达量最高。在花后 15～55 d *Gal83* 的表达量在较低水平波动。

图 5-32 不同发育时期番茄果实 *SNF1* 表达量的变化

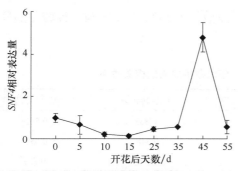

图 5-33　不同发育时期番茄果实 *SNF4* 表达量的变化

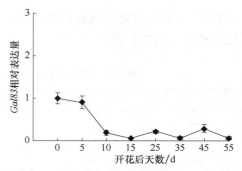

图 5-34　不同发育时期番茄果实 *Gal83* 表达量的变化

4）不同发育时期番茄果实中 SS 表达量的变化　　不同发育时期番茄果实中 SS 的表达量变化如图 5-35 所示。SS 在番茄果实中的表达量较低，且 SS 表达量变化呈现下降趋势，花后 0～10 d 迅速下降，花后 10～55 d SS 表达量很低，且无明显变化。

5）不同发育时期番茄果实 SPS 表达量的变化　　不同发育时期番茄果实中 SPS 的表达量变化如图 5-36 所示。SPS 的表达量变化整体呈上升趋势。花后 0～10 d 缓慢下降，10～35 d 其表达量变化幅度不大，35～55 d SPS 表达量急剧上升。

6）SnRK1 基因与 SS 和 SPS 表达量的相关关系　　由表 5-15 可知，在番茄果实发育过程中，SS 的表达量与 SNF1、SNF4 和 Gal83 的表达量呈正相关，且 SS 与 Gal83 表达量为极显著正相关，相关系数为 0.970。SPS 与 SNF1、SNF4 和 Gal83 的表达量呈正相关。

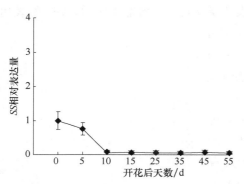

图 5-35　不同发育时期番茄果实 SS 表达量的变化

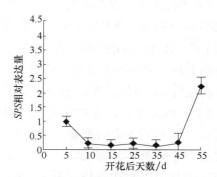

图 5-36　不同发育时期番茄果实 SPS 表达量的变化

表 5-15　*SnRK1* 与 *SS* 和 *SPS* 表达量的相关关系

	SNF1	*SNF4*	*Gal83*
SS	0.095	0.072	0.970**
SPS	0.132	0.036	0.125

**极显著相关（0.01 水平）

（3）小结

在番茄果实发育过程中，*SS* 的表达量与 SnRK1 复合体的 3 个亚基都呈正相关，且与 *Gal83* 的表达量存在极显著正相关。说明在果实内 *SnRK1* 与 *SS* 的表达有直接关系，起正向促进作用。*SPS* 与 *SNF1*、*SNF4* 和 *Gal83* 的表达量呈正相关，说明 *SnRK1* 可能在转录水平调节 SPS 的活性。

5.2.2.2　不同发育时期番茄果实蔗糖代谢相关指标的相关关系

（1）试验材料

试验材料为普通栽培型番茄'辽园多丽'。

（2）结果与分析

1）番茄果实中相关基因表达量与糖含量的关系　　不同发育时期番茄果实中基因表达量变化与糖含量的关系如表 5-16 所示。*SNF1* 的表达量与葡萄糖和果糖呈负相关，与蔗糖和淀粉呈正相关；*SNF4* 的表达量与葡萄糖和果糖呈负相关，与蔗糖和淀粉呈正相关；*Gal83* 的表达量与葡萄糖和果糖呈负相关，与蔗糖和淀粉呈正相关。

表 5-16　番茄果实中 *SnRK1* 基因表达量与可溶性糖及淀粉含量的关系

	葡萄糖	果糖	蔗糖	淀粉
SNF1	−0.248	−0.097	0.451	0.594
SNF4	−0.389	−0.440	0.136	0.549
Gal83	−0.371	−0.411	0.628	0.271

注：表中数据均未达显著相关水平

2）番茄果实中相关基因表达量与糖代谢相关酶活性的关系　　不同发育时期番茄果实中相关基因表达量变化与糖代谢相关酶活性相关性如表 5-17 所示。*SNF1* 的表达量与蔗糖合成酶和中性转化酶呈负相关，与酸性转化酶和蔗糖磷酸合成酶呈正相关；*SNF4* 的表达量与蔗糖合成酶、蔗糖磷酸合成酶和中性转化酶呈负相关，与酸性转化酶呈正相关；*Gal83* 的表达量与蔗糖合成酶、蔗糖磷酸合成酶和中性转化酶的活性呈正相关而与酸性转化酶的活性呈负相关。*Gal83* 与蔗糖磷酸合成酶呈极显著正相关，相关系数为 0.904。

表 5-17　番茄果实中 *SnRK1* 基因与糖代谢相关酶活性的关系

	蔗糖合成酶	蔗糖磷酸合成酶	酸性转化酶	中性转化酶
SNF1	−0.381	0.610	0.002	−0.393
SNF4	−0.133	0.255	0.277	−0.044
Gal83	−0.659	0.904[**]	0.176	−0.626

**极显著相关（0.01 水平）

（3）小结

在番茄果实发育过程中，可溶性糖及淀粉含量均与 SPS 活性无显著性关系，说明番茄果实中糖的积累与代谢可能主要受 SS 和转化酶活性调控。果实发育过程中，*SnRK1*

的表达量与葡萄糖和果糖呈负相关，与蔗糖和淀粉呈正相关。不同发育时期番茄果实中，*Gal83* 表达量变化与蔗糖磷酸合成酶呈极显著关系。

5.3　14-3-3 蛋白对不同种番茄蔗糖磷酸合成酶调控的效应

14-3-3 蛋白是高度保守并在真核生物中普遍存在的一种调节蛋白，它可以通过识别特别的磷酸化序列与靶蛋白相互作用，在各种不同细胞功能和生理过程中起调控作用。现有的资料表明，高等植物中的 14-3-3 蛋白在糖的合成代谢中发挥着重要作用，它可以通过与蔗糖磷酸合成酶结合的形式调控活性而影响糖代谢，这在烟草、菠菜和马铃薯的研究中已经得到证实。另外，研究发现在拟南芥中抑制 14-3-3 蛋白活性可导致淀粉积累。

在番茄中一共存在 12 个 14-3-3 蛋白的同工型，它们具有不同的细胞特异性。利用生物信息学的方法推测 14-3-3 蛋白家族中的 TFT1 和 TFT10 最有可能与 SPS 发生互作而调控其活性。

5.3.1　不同种番茄 14-3-3 蛋白与蔗糖磷酸合成酶的表达量

5.3.1.1　不同种番茄叶片中 *TFT1*、*TFT10* 和 *SPS* 的表达量

（1）材料与方法

试验材料为普通栽培型番茄和野生型番茄。

从 NCBI 的 GenBank 库中下载 *SPS*、*TFT1*、*TFT10* 和 *actin* 的基因序列，利用 primer 5.0 进行引物设计，并委托 TianGen 公司合成。引物序列如表 5-18 所示。

表 5-18　荧光实时定量 RTQ-PCR 引物序列

基因	登录号	引物序列
SPS	AB051216.1	F 5′-CGGTGGATGGCAAAACG-3′
		R 5′-GGCAATCGGCCTCTGGT-3′
TFT1	X95900.2	F 5′-CGGAAATTACCGGCGATTG-3′
		R 5′-AACCCGACCCGATTACGAG-3′
TFT10	X98866.2	F 5′-TTGAACAGAAGGAGGAATCGC-3′
		R 5′-CACTGGTAGTAGCAGAGGGAACA-3′
actin	Q96483	F 5′-TGTCCCTATTTACGAGGGTTATGC-3′
		R 5′-AGTTAAATCACGACCAGCAAGAT-3′

（2）结果与分析

图 5-37 表示的是不同发育时期番茄叶中 *TFT1*、*TFT10* 和 *SPS* 表达量的动态变化。在普通栽培型番茄叶片中，*TFT1* 和 *TFT10* 的相对表达量的动态变化基本是一致的，在花后 35 d 突然大幅度增加，然后急剧下降；*SPS* 表达量在花后 20 d 显著增加，花后 30 d 又下降，之后相对变化不大。而在野生型番茄叶片中，*SPS* 表达量在花后 30 d 略有增加，之后随着植株的生长而不断下降；而且，*TFT1* 和 *TFT10* 的相对表达量并没有普通栽培型番茄那么一致，*TFT1* 在花后 35 d 表达量不断增加，而 *TFT10* 表达量在花后 25 d 升高

后基本没有太大变化。

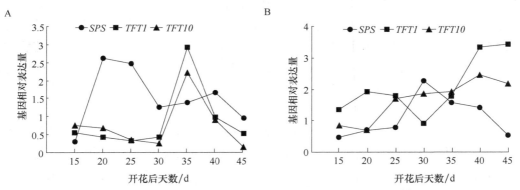

图 5-37　不同发育时期番茄叶中 *TFT1*、*TFT10* 和 *SPS* 表达量的动态变化
A. 普通栽培型番茄；B. 野生型番茄

（3）小结

在普通栽培型番茄叶片中，*TFT1* 和 *TFT10* 的相对表达量变化情况基本一致，在花后 15～30 d 相对表达量较小，而在花后 35 d 相对表达量突然升高，继而不断下降；在野生型番茄叶片中，*TFT1* 在果实成熟期明显的升高，*TFT10* 没有较大变化。*SPS* 的相对表达量比较复杂，在普通栽培型番茄叶片中出现先升后降，继而没有较大波动的变化趋势，其中花后 20 d 和花后 25 d 维持较高的相对表达量，而在野生型番茄中 *SPS* 的相对表达量在花后 30 d 出现倒 "V" 形趋势，其他时期的相对表达量较小。

5.3.1.2　不同种番茄果实中 *TFT1*、*TFT10* 和 *SPS* 的表达量

（1）材料与方法

试验材料为普通栽培型番茄和野生型番茄。采用实时定量 RT-PCR 方法测定基因表达量。

（2）结果与分析

如图 5-38，在普通栽培型番茄果实中，*SPS* 的相对表达量从花后 35 d 起不断增加，

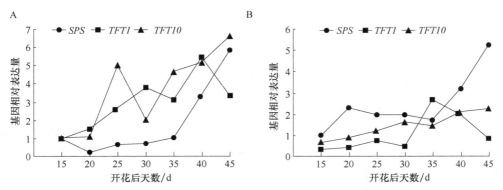

图 5-38　不同发育时期番茄果实中 *TFT1*、*TFT10* 和 *SPS* 表达量的动态变化
A. 普通栽培型番茄；B. 野生型番茄

而 *TFT1* 的表达量在花后 15~30 d 不断增加，之后出现波浪形趋势，并在花后 40 d 达到峰值；*TFT10* 的相对表达量在花后 25 d 突然升高，继而在花后 30 d 下降，之后不断增加；另外，*SPS*、*TFT1* 和 *TFT10* 的相对表达量数值在花后 15 d 基本相同。在野生型番茄果实中，*SPS* 的相对表达量在花后 20 d 略有上升，并且与普通栽培型番茄果实一样，花后 35 d 起不断增加；*TFT1* 的相对表达量在花后 35 d 突然增加后又不断下降；*TFT10* 的相对表达量在整个果实发育期间都在不断小幅度增加。

（3）小结

在普通栽培型番茄果实中，*SPS* 和 *TFT1* 的相对表达量总体呈上升趋势，并且在果实的成熟期表达量增加相对较大，而 *TFT10* 相对表达量在花后 25 d 出现峰值，从花后 35 d 开始又不断增加；在野生型番茄果实中，*SPS* 和 *TFT10* 的相对表达量总体呈上升趋势，且 *SPS* 从花后 40 d 开始表达量明显升高，*TFT1* 在花后 35 d 表达量突然升高后又不断下降。

5.3.1.3　不同种番茄叶片和果实中 *14-3-3* 基因与 *SPS* 表达量的关系

（1）材料与方法

试验材料为普通栽培型番茄和野生型番茄。*14-3-3* 基因（*TFT1* 和 *TFT10*）与 *SPS* 表达量间的相关性分析使用 PASW Statistics 18 软件。

（2）结果与分析

由表 5-19 可知，*TFT1* 和 *TFT10* 在两个不同种番茄果实中的相对表达量与 *SPS* 的相对表达量都呈正相关，并且在野生型番茄的果实中，*TFT10* 和 *SPS* 的相对表达量呈显著正相关，相关系数为 0.818。

表 5-19　番茄叶片和果实中 *14-3-3*（*TFT1* 和 *TFT10*）基因与 *SPS* 表达量的相关性

部位		*14-3-3* 基因	*SPS*
普通栽培型番茄	叶片	*TFT1*	−0.119
		TFT10	−0.050
	果实	*TFT1*	0.476
		TFT10	0.729
野生型番茄	叶片	*TFT1*	−0.328
		TFT10	0.464
	果实	*TFT1*	0.075
		TFT10	0.818*

*显著相关（0.05 水平）

（3）小结

两个不同种番茄的叶片和果实中的 *14-3-3* 基因（*TFT1* 和 *TFT10*）和 *SPS* 相对表达量间的相关性分析显示，只有在野生型番茄果实中，*TFT10* 的相对表达量与 *SPS* 的相对表达量呈显著正相关，相关系数为 0.818，而在普通栽培型番茄叶片、果实中及野生型番茄的叶片中，*TFT1* 和 *TFT10* 的相对表达量与 *SPS* 的相对表达量均无显著相关性，在野生型番茄果实中，*TFT1* 的相对表达量与 *SPS* 的相对表达量也没有显著相关性。

5.3.2　不同种番茄 *14-3-3* 表达量与蔗糖代谢相关酶活性的关系

5.3.2.1　不同种番茄叶片中 *14-3-3* 表达量与蔗糖代谢相关酶活性的关系

（1）试验材料

试验材料为普通栽培型番茄和野生型番茄。

（2）结果与分析

如表 5-20 所示，在普通栽培型番茄叶片中，*TFT1* 和 *TFT10* 与蔗糖代谢相关酶活性均呈现负相关，但相关性都不显著。而在野生型番茄叶片中，*TFT1* 和 *TFT10* 与酸性转化酶、中性转化酶和蔗糖合成酶的活性呈显著正相关，与蔗糖磷酸合成酶活性呈负相关，并且与酸性转化酶和中性转化酶呈显著相关性，相关性系数分别为 0.846、0.831 和 0.813、0.763。

表 5-20　番茄叶片中 *14-3-3* 基因相对表达量与蔗糖代谢相关酶活性的相关性

	14-3-3 基因	酸性转化酶	中性转化酶	蔗糖合成酶	蔗糖磷酸合成酶
普通栽培型番茄	*TFT1*	−0.0200	−0.056	−0.224	−0.315
	TFT10	−0.061	−0.171	−0.361	−0.102
野生型番茄	*TFT1*	0.846*	0.831*	0.331	−0.549
	TFT10	0.813*	0.763*	0.233	−0.705

*显著相关（0.05 水平）

（3）小结

在普通栽培型番茄叶片中，*TFT1* 和 *TFT10* 的相对表达量与各个糖代谢相关酶之间并无显著相关性，而在野生型番茄叶片中，*TFT1* 和 *TFT10* 的相对表达量与酸性转化酶和中性转化酶的活性呈显著正相关性，相关系数分别为 0.846、0.831 和 0.813、0.763，与蔗糖合成酶和蔗糖磷酸合成酶的活性也不呈显著性相关，但值得注意的是，*TFT1* 和 *TFT10* 的相对表达量与蔗糖磷酸合成酶的活性呈负相关，且相关系数分别是−0.549 和−0.705。

5.3.2.2　不同种番茄果实中 *14-3-3* 的表达量与蔗糖代谢相关酶活性的关系

（1）试验材料

试验材料为普通栽培型番茄和野生型番茄。

（2）结果与分析

由表 5-21 可知，在普通栽培型番茄果实中，*TFT1* 与酸性转化酶和中性转化酶的活性呈显著正相关，相关系数分别是 0.843 和 0.845，与蔗糖合成酶活性呈显著负相关，相关系数是−0.848，与蔗糖磷酸合成酶活性呈负相关，相关性不显著；*TFT10* 与酸性转化酶和中性转化酶的活性呈正相关，与蔗糖合成酶和蔗糖磷酸合成酶呈负相关，相关性均不显著。在野生型番茄果实中，*TFT1* 和 *TFT10* 与蔗糖代谢相关酶活性均不呈显著相关关系。

表 5-21 番茄果实中 *14-3-3* 基因相对表达量与蔗糖代谢相关酶活性的相关性

	14-3-3 基因	酸性转化酶	中性转化酶	蔗糖合成酶	蔗糖磷酸合成酶
普通栽培型番茄	*TFT1*	0.843[*]	0.845[*]	−0.848[*]	−0.299
	TFT10	0.617	0.613	−0.563	−0.644
野生型番茄	*TFT1*	0.372	−0.074	−0.407	−0.054
	TFT10	0.581	−0.207	−0.365	0.631

*显著相关（0.05 水平）

（3）小结

在普通栽培型番茄果实中，*TFT1* 的相对表达量与酸性转化酶和中性转化酶的活性呈显著正相关，与蔗糖合成酶的活性呈显著负相关，与蔗糖磷酸合成酶的活性相关性不显著，而 *TFT10* 的相对表达量与各个蔗糖代谢相关酶的活性并无显著相关性。同样，在野生型番茄果实中，*TFT1* 和 *TFT10* 与蔗糖代谢相关酶活性均不呈显著相关关系。

5.4 讨论

5.4.1 TFT1 和 TFT10 最有可能与 SPS 互作

目前公认 14-3-3 蛋白与被激酶磷酸化的靶蛋白互作改变靶蛋白的空间构象，从而影响其功能。确定蛋白间互作关系的研究方法有酵母双杂交、免疫共沉淀等，若所要筛选的某种蛋白互作对象不止 1 个，应用生物信息学手段对研究对象进行预测，然后通过试验对预测的结果进行验证是重要而可行的研究思路。本研究根据 Bornke 的酵母双杂交结果对番茄中可能与 SPS 互作的 14-3-3 蛋白成员进行了预测，结果显示 TFT1 和 TFT10 最有可能与 SPS 产生互作。

研究结果显示黑暗条件下 SPS 被 Ser\Thr 蛋白激酶磷酸化并抑制其活性，在光照条件下被蛋白磷酸酶 2A（PP2A）脱磷酸化而恢复活性，说明 SPS 能在较高温度条件下显示活性，这与蔗糖的积累和转运相关。而 TFT1 和 TFT10 的热稳定性是番茄 14-3-3 蛋白成员中最高的，表明 TFT1 和 TFT10 有可能在较高温度条件下与 SPS 产生互作而对其活性进行调节。

蛋白质氨基酸序列折叠的空间结构决定了其功能。三维结构预测显示 TFT1、TFT10 与已经报道的 T14-3d、T14-3g 的空间结构极其相似，而且能抑制与 SPS 互作的 14-3-3 蛋白的 C-末端可变区氨基酸序列也完全相同。14-3-3 蛋白能识别 R（S/Ar）XpSXP 和 RX（Ar/S）XpSXP 两个 motif，pS 代表磷酸化的丝氨酸或苏氨酸残基，而 Ar 代表芳香族氨基酸残基。菠菜中的研究表明 SPS 与 14-3-3 蛋白互作的位点是 229 位的丝氨酸残基，其 motif 为 RQVSAP；烟草中的 SPS 虽有 A、B、C 三种亚型，但是可以肯定 Bornke（2005）研究的是 A 型（SPSA），其研究结果表明 SPSA 的 221 位和 470 位的丝氨酸残基是 SPSA 与 14-3-3 蛋白的互作位点，其 motif 分别为 RQVSSP、RFFSNP。通过比对番茄 SPS 与 SPSA 的氨基酸序列，发现番茄的 218～223 位有一个 RQVSSP 的 motif，同时在 467～470 位有一个 RFFSNP 的 motif，这暗示番茄的 SPS 与 SPSA 在具有相似空间结构的情况下，其活性位点也相似，因此 TFT1 和 TFT10 能与 SPS 产生互作的理由相当充分。

另外进化树分析表明，番茄的 14-3-3 蛋白成员分属于非 ε-样和 ε-样 2 个类，这与前人的分组结果一致，而 TFT1\T14-3d\TFT10\T14-3g 均属于非 ε-样进化支，且 *TFT1* 和 *T14-3d*、*TFT10* 和 *T14-3g* 分别位于同一支，是 2 组直系同源基因，应具有相似功能，这有力地支持了上述预测结果。

TFT1 和 *TFT10* 与 *T14-3d* 和 *T14-3g* 虽是 2 组直系同源基因，但 Bornke 体外证实了烟草的 T14-3d 和 T14-3g 能与 SPS 互作，活体研究未见报道。番茄中 TFT1 和 TFT10 是否与 SPS 存在互作，若存在互作，其在细胞中互作的位置、时间、结果、机理及因此而带动的信号转导途径等均需进一步试验验证。

5.4.2　番茄糖分积累与相关酶活性和基因表达的关系

5.4.2.1　番茄叶中糖分积累与相关酶活性及基因表达的关系

本研究发现，随着番茄果实的发育进程，早期番茄叶中有一定量的己糖积累，随着发育过程的进行，己糖的含量呈现下降趋势，这表明番茄叶在开花前需要积蓄己糖（图 5-7），然后才能转化为蔗糖，这可能与蔗糖合成酶活性有关系，因为随着蔗糖合成酶活性的升高，蔗糖出现了上升趋势并在花后 5 d 达最大值。另外在番茄果实发育前期叶片酸性转化酶和中性转化酶的活性也逐渐升高，酶活性的升高为己糖在叶中进入相关代谢途径提供了机会，一方面经转化酶催化而形成的己糖可进入糖酵解途径而产生叶片代谢过程中所需要的能量和次生代谢物；另一方面己糖为淀粉的合成提供了原料，导致淀粉在该过程中也出现了瞬间积累现象（图 5-8）。蔗糖磷酸合成酶作为催化己糖合成蔗糖的酶，其活性变化比较复杂（图 5-11）。蔗糖合成酶在花后 0 d 达最大值，而同期的蔗糖含量却在花后 5 d 才出现累积上升现象，这说明蔗糖磷酸合成酶活性提高后，才出现蔗糖累积，暗示蔗糖磷酸合成酶与蔗糖的正相关性并不是同时的，而是有一滞后，另外在花后的其他时期蔗糖含量和蔗糖磷酸合成酶活性的变化趋势暗示叶中蔗糖的合成过程中出现了复杂变化，变化机制有待进一步研究。

蔗糖合成酶的重要作用已经在果实的库建成过程中得到了描述，在细胞发育过程中蔗糖合成酶能提供 UDPG 构建细胞壁或者合成胼胝质。与果实中描述的现象相似的是在该试验中蔗糖合成酶活性与蔗糖含量呈极显著正相关（表 5-7），与葡萄糖和果糖的产生呈显著负相关。与果实中描述的现象不同的是，在这过程中叶片酸性转化酶的活性与葡萄糖和果糖的含量均呈极显著正相关，且中性转化酶的活性与葡萄糖和果糖的含量分别呈显著和极显著正相关，这可能与蔗糖在番茄叶中的代谢相关，因为番茄叶中产生的蔗糖不仅需要运输到库中提供给果实发育，同时也是自身代谢过程中的能源物质。

目前已证实 14-3-3 蛋白对转化酶和蔗糖磷酸合成酶的活性具有调节作用。本试验发现 *TFT1* 的表达量与蔗糖合成酶、蔗糖磷酸合成酶和中性转化酶的活性均呈负相关而与酸性转化酶的活性呈正相关，*TFT10* 的表达量与蔗糖合成酶、蔗糖磷酸合成酶、酸性转化酶及中性转化酶的活性均呈负相关，这些相关性与前面所述的研究结果相一致。但是本试验中未发现显著相关和极显著相关，没有关键因子呈现，因此需进一步设计试验进行研究取证。

研究表明，SnRK1 在 14-3-3 蛋白调控糖代谢中起作用。土豆中 SnRK1 积极响应"高蔗糖/低葡萄糖"状态。SnRK1 能够响应细胞内低葡萄糖信号，并且其活性在有葡萄糖时受抑制。从表 5-12 可知 *SnRK1* 的表达量与葡萄糖和果糖呈负相关，当细胞内葡萄糖和果糖含量低时，*SnRK1* 的表达量升高。*SnRK1* 的表达量与蔗糖和淀粉呈负相关。*SNF1* 的表达量与中性转化酶呈负相关，与蔗糖合成酶、酸性转化酶和蔗糖磷酸合成酶呈正相关；*SNF4* 的表达量与蔗糖合成酶、蔗糖磷酸合成酶、酸性转化酶呈正相关，与中性转化酶呈负相关；*Gal83* 的表达量与蔗糖合成酶、蔗糖磷酸合成酶和中性转化酶的活性呈负相关而与酸性转化酶的活性呈正相关，*SNF1* 与酸性转化酶呈显著性正相关，*Gal83* 与中性转化酶呈显著性负相关，其原因还有待于进一步研究探讨。

5.4.2.2　番茄果实中糖分积累与相关酶活性及基因表达的关系

成熟番茄果实中主要积累己糖（己糖积累型）。随着果实的发育，库中蔗糖含量一直低于己糖的含量且呈现下降趋势，淀粉含量虽在花后 0～15 d 出现瞬间积累现象，但是随着己糖含量的上升呈下降趋势。相反，己糖的含量却呈现上升趋势且果糖含量一直高于葡萄糖的含量，这一方面说明碳水化合物在库中进行了复杂的分解代谢最后储存己糖，另一方面也暗示了该品种番茄在品质上较好（图 5-16、图 5-17）。

番茄幼果（0～10 d）是一个强烈的代谢库，而且在该库中早期主要是蔗糖合成酶在起作用。花后 0～10 d，蔗糖合成酶活性出现峰值，说明蔗糖合成酶将蔗糖转化为己糖。中性转化酶也出现了跟蔗糖合成酶一样的变化趋势，但该酶与蔗糖含量的相关性不显著。另外在番茄果实发育前期（花后 0～35 d）酸性转化酶活性均较低，说明在该过程中酸性转化酶不起主要作用（图 5-18）。另外在花后 0～10 d 蔗糖磷酸合成酶活性出现峰值，同期蔗糖含量呈上升趋势，说明在库中蔗糖出现了分解—再合成的过程（图 5-16、图 5-19）。

番茄果实成熟期（花后 35～55 d）主要是酸性转化酶起作用（图 5-18）。该期酸性转化酶活性急剧上升，其活性与淀粉含量和蔗糖含量均呈负相关，同期己糖含量也呈上升趋势，但是在花后 55 d 却出现了轻微的下降趋势，这与相关学者观察到的现象不一致。

成长中的果实是一个很强的代谢库，一方面需要从源吸取大量的碳水化合物供自身的形态建成需求，另一方面需要将这些碳水化合物进行处理而进入不同的代谢途径。该试验发现在番茄果实的发育前期蔗糖含量与蔗糖合成酶、中性转化酶的活性分别呈极显著正相关和极显著负相关，这暗示在果实的发育前期蔗糖合成酶和中性转化酶是关键酶，调控果实的早期发育。酸性转化酶虽与蔗糖的含量不呈极显著相关关系，但是可以看出酸性转化酶在果实发育后期的活性相当高，这暗示酸性转化酶主要在果实的发育后期起作用，因此酸性转化酶是调控番茄果实后期发育的关键酶。值得一提的是，蔗糖合成酶的活性与葡萄糖和果糖的含量分别呈极显著负相关、显著负相关，说明蔗糖合成酶在将蔗糖催化分解为己糖的过程也起重要作用。另外蔗糖含量与蔗糖磷酸合成酶呈极显著正相关，因此蔗糖磷酸合成酶也是蔗糖合成过程中的一个关键酶，这与已有的结论一致，同时也说明了蔗糖在果实中的代谢过程受到蔗糖合成酶、蔗糖磷酸合成酶、转化酶 3 个关键酶的调节，可见蔗糖在果实中的代谢相当复杂。

目前已证实 14-3-3 蛋白对转化酶和蔗糖磷酸合成酶的活性具有调节作用。本研究发现 *TFT1* 的表达量与蔗糖合成酶、蔗糖磷酸合成酶和中性转化酶的活性均呈极显著正相关，与酸性转化酶的活性呈负相关，*TFT10* 的表达量与蔗糖合成酶活性呈显著正相关、与蔗糖磷酸合成酶和中性转化酶的活性均呈极显著正相关，这说明 *TFT1* 和 *TFT10* 可能是蔗糖合成酶、中性转化酶和蔗糖磷酸合成酶的关键调节因子。而中性转化酶和蔗糖合成酶主要在果实的发育早期起作用，因此可以推测 *TFT1* 和 *TFT10* 主要在番茄果实的发育早期起调节作用。

SnRK1 在 14-3-3 蛋白的下游，可能调控番茄的糖代谢。有研究表明，番茄果实中蔗糖可被水解为葡萄糖和果糖，当细胞内具有较高蔗糖或低葡萄糖水平，SnRK1 激酶活性有所增强。从表 5-15 可知，果实发育过程中，*SnRK1* 的表达量与葡萄糖和果糖呈负相关，与蔗糖和淀粉呈正相关。推测糖含量能调节 *SnRK1* 的表达。

已有研究表明 SnRK1 蛋白对蔗糖合成酶的表达和蔗糖磷酸合成酶的活性具有调节作用。由表 5-14 可知 *SnRK1* 正向促进 *SS* 的表达，说明 *SnRK1* 可能直接在转录水平上促进蔗糖合成酶基因的表达。而由表 5-15 可知 *SNF1* 和 *SNF4* 的表达量与蔗糖合成酶活性呈负相关，说明 SS 转录后翻译及其活性可能还受其他酶或蛋白的调控，其活性大小不一定与其表达量呈正比。*Gal83* 与蔗糖磷酸合成酶呈极显著性正相关，由表 5-14 可知 *SnRK1* 可能直接在转录水平上促进蔗糖磷酸合成酶基因的表达。所以 *SnRK1* 的表达可以促进蔗糖磷酸合成酶活性的提高。

5.4.3　不同种番茄 14-3-3 蛋白对 SPS 的调控

在番茄的 12 个 14-3-3 蛋白中，TFT1 和 TFT10 最有可能与 SPS 发生互作并调控其活性。根据本研究结果，发现在普通栽培型番茄叶片中 *TFT1* 和 *TFT10* 的相对表达趋势基本上是一致的，并且 *SPS* 的相对表达量在花后 20 d 和花后 25 d 相对较高时，*TFT1* 和 *TFT10* 的相对表达量较低且变化不大，在花后 35 d 和 40 d *SPS* 的相对表达量下降，*TFT1* 和 *TFT10* 则相对较高，花后 45 d，*SPS*、*TFT1* 和 *TFT10* 的相对表达量都呈下降趋势；在野生型番茄叶片中，最明显的变化是在花后 40 d 和 45 d，*SPS* 的相对表达量呈下降趋势，而 *TFT1* 和 *TFT10* 则呈不断上升的趋势。同样，在普通栽培型番茄果实中，在花后 40 d 和 45 d，*SPS* 和 *TFT10* 的相对表达量不断升高，*TFT1* 虽然表达量也相对较高，但在花后 45 d 呈略微下降的趋势，在野生型番茄果实中，当 *SPS* 相对表达量在花后 40 d 和 45 d 升高时，*TFT1* 和 *TFT10* 则相对较低。

通过两种不同番茄叶片和果实中 *14-3-3* 基因（*TFT1* 和 *TFT10*）和蔗糖代谢相关酶基因之间的相关性分析发现：在野生型番茄叶片中 *TFT1* 和 *TFT10* 的相对基因表达量与酸性转化酶和中性转化酶的活性呈显著正相关；在普通栽培型番茄果实中 *TFT1* 的相对基因表达量与酸性转化酶和中性转化酶的活性呈显著正相关，与蔗糖合成酶活性呈显著负相关；其他则相关性不显著。这个结果是否可以证明 14-3-3 蛋白对蔗糖代谢酶中的酸性转化酶、中性转化酶和蔗糖合成酶的活性具有调控作用还需要更进一步的验证。

另一方面，14-3-3 基因（*TFT1* 和 *TFT10*）的相对表达量与蔗糖磷酸合成酶活性并没有显著性相关，但在野生型番茄果实中 *TFT10* 的相对表达量与 *SPS* 相对表达量呈显著正相关。本研究结果还显示，野生型番茄果实在花后 15 d *SPS* 的相对表达量相对较低，花后 25 d 略有升高，至花后 35 d 并没有显著变化，而花后 40 d 又显著地大幅度升高，相对而言，SPS 的活性在花后 15～40 d 并没有显著变化，在花后 45 d 才出现升高的情况。

SPS 活性与 *SPS* 的相对表达量之间的差异性或许正是 14-3-3 蛋白调控 SPS 所造成的，尤其是 *TFT10* 的相对表达量，随着果实的发育而不断地缓慢升高。另外，在两种番茄的叶片和普通栽培型番茄果实中，同样发现了这样的差异性。在普通栽培型番茄果实中，*SPS* 的相对表达量在花后 40 d 和 45 d 都明显升高，而 SPS 活性并没有出现明显变化，在叶片中，花后 20 d 和 25 d 的 *SPS* 相对表达量都相对较高，而 *SPS* 活性并没有出现升高的情况；在野生型番茄叶片中，花后 15～25 d 的 *SPS* 相对表达量并不高，但是 SPS 的活性却表现的相对较高。以上 *SPS* 相对表达量与 SPS 活性间的差异性，或许可以证明 14-3-3 蛋白在不同种番茄中的不同部位可以在一定的时间内调控 SPS 的活性，并且这种调控作用因作物品种和作物部位而不同。

5.5 本章小结

5.5.1 14-3-3 蛋白与番茄糖代谢的关系

应用生物信息学方法电子克隆出了番茄 *TFT11* 的 CDS 序列，该序列与 GenBank 上的 AK322895.1 是一致的，另外所有的 14-3-3 蛋白一般具有 2 个结构域（14-3-3 结构域和自我抑制结构域）；在番茄的 12 个 14-3-3 蛋白成员中（TFT1～TFT12）TFT1 和 TFT10 最有可能与 Ser 被磷酸化的 SPS 互作而调控蔗糖磷酸合成酶的活性。

在番茄果实的早期（0～10 d）发育过程中，会出现己糖瞬间积累现象；NI 和 SS 在果实的发育早期（0～10 d）行使主要功能，而在果实发育末期（35～55 d）则是 AI 起主要作用；SPS 在果实发育早期（0～10 d）活性较高。

不同发育时期番茄叶中，*TFT1* 的表达量与 SPS 的表达量呈正相关；*TFT10* 的表达量与 *SPS* 的表达量分别呈负相关；不同发育时期番茄果实中，*TFT1* 的表达量与 SS、NI、SPS 的活性均呈极显著正相关（$P<0.01$）；*TFT10* 的表达量与 SS、NI、SPS 的活性分别呈显著正相关（$P<0.05$）、极显著正相关（$P<0.01$）、极显著正相关（$P<0.01$）。

5.5.2 番茄 *SnRK1* 基因与糖代谢的关系

普通栽培型番茄'辽园多丽'随着果实的发育，番茄叶片中可溶性糖含量和淀粉含量都呈现下降的趋势，但是蔗糖和淀粉含量在果实生长发育的前期有小幅度上升。番茄叶片转化酶活性逐渐升高。随着果实的发育，库对蔗糖的需求量加大，番茄叶片中葡萄糖含量逐渐降低，激活 *SnRK1* 基因的表达，从而促进蔗糖合成酶基因的表达，使得 SS 活性有所上升。

  普通栽培型番茄'辽园多丽'果实以积累己糖为主,果实中蔗糖代谢的关键酶是蔗糖合成酶和转化酶。在果实生长发育过程中,转化酶活性随着果实的发育而增强,直至果实成熟时转化酶活性达到最高,此时己糖含量也达到较高水平。蔗糖合成酶活性随果实发育而降低。可能是由于己糖含量的升高,*SnRK1* 基因的表达量降低,使得 *SS* 的表达量也降低,从而其活性降低。

5.5.3 14-3-3 蛋白对两种不同番茄糖代谢的影响

  在普通栽培型番茄叶片中,果糖和葡萄糖含量先升后降,而在野生型番茄叶片中含量始终相对较低,且在果实成熟期两种番茄叶片中的果糖和葡萄糖含量相差不多;蔗糖含量在两种番茄叶片中的变化趋势也较为一致,在花后 15~25 d 大幅度下降后又基本保持不变;在两个番茄品种叶片中淀粉含量在花后 15 d 和花后 25 d 相差较大,之后含量相差无几。

  果实中,两种番茄的糖含量变化差异性较为明显。在普通栽培型番茄中,在果实发育后期主要积累果糖和葡萄糖,蔗糖含量相对较少,而在野生型番茄中,在花后 45 d 蔗糖大量积累,另外,二者的淀粉含量总体都呈现下降趋势,且含量相对于其他糖分均较低。

  在普通栽培型番茄叶片中,调控糖代谢的主要酶是酸性转化酶,在野生型番茄叶片中,主要有酸性转化酶、中性转化酶和蔗糖磷酸合成酶调控蔗糖代谢。而在在普通栽培型番茄果实中,酸性转化酶、中性转化酶和蔗糖合成酶参与了蔗糖代谢调控,在野生型番茄果实中,仅蔗糖磷酸合成酶表现出了调控作用。

  本研究通过糖含量变化、蔗糖代谢酶活性变化和相关基因的相对表达量变化的研究,推测 14-3-3 蛋白中的 TFT1 和 TFT10 两个亚型蛋白可能对蔗糖磷酸合成酶 SPS 的活性具有调控作用,而通过相关性分析得知 TFT1 和 TFT10 或许对其他蔗糖代谢酶如酸性转化酶、中性转化酶和蔗糖合成酶的活性都可能存在调控作用。

第6章 番茄 14-3-3 基因 *TFT1* 和 *TFT10* 的克隆及遗传转化

6.1 番茄 *TFT1* 和 *TFT10* 基因过表达载体的构建

番茄中有 12 个 14-3-3 蛋白的同工型，分别命名为 TFT1~TFT12，这些蛋白具有较强的组织特异性，各个同工型蛋白执行不同的功能。

科研人员通过 RT-PCR 的方法分析了番茄幼苗在盐胁迫、钾缺乏和铁缺乏中的 *14-3-3* 基因家族的表达情况，发现在正常情况下，12 个基因的表达水平有显著不同；而胁迫下，这些基因表现出了不同的表达模式。结果表明 14-3-3 蛋白可能参与了这 3 种胁迫的信号转导，*TFT7* 可能是盐胁迫、低钾和低铁 3 个信号通路的调节交叉点。在低磷胁迫下 *TFT1*~*TFT12* 的表达研究显示，*TFT6* 基因在晚期应答而 *TFT7* 基因在早期应答。与野生型拟南芥相比，分别过表达 *TFT6* 和 *TFT7* 基因的拟南芥植株更加高大。低磷环境下，*TFT6* 过表达植株中淀粉合成酶的活性下降，淀粉含量降低蔗糖含量上升；*TFT7* 过表达植株根尖质子流量增加，根部质膜 H^+-ATPase 活性增强。以上结果暗示了 TFT6 和 TFT7 在抵御低磷中起了不同的作用：TFT6 主要在叶片中参与系统性响应低磷，它通过调节叶碳分配和增加韧皮部的蔗糖运输来促进根系生长；而 TFT7 直接在根中起作用，在低磷情况下通过激活根系质膜 H^+-ATPase 以释放更多的质子。

番茄果实积累糖的种类和含量对果实的风味、品质有重要影响。不同种番茄成熟时果实积累的糖分比率不同：大部分栽培型番茄以积累己糖（葡萄糖和果糖）为主；而野生型番茄'克梅留斯基'以积累蔗糖为主。在果实发育过程中，蔗糖的合成积累与 SPS 活性的升高呈正相关。菠菜和马铃薯中的 14-3-3 蛋白都能与 SPS 互作并下调其活性。生物信息学预测显示番茄的 TFT1 和 TFT10 两个 14-3-3 蛋白同工型最有可能与 SPS 互作。

因此本研究构建了 *TFT1* 和 *TFT10* 基因的植物过表达载体，为进一步探究番茄中 14-3-3 蛋白对 SPS 的调节作用，及两种代谢类型番茄果实糖积累差异的可能分子机理提供理论基础，进而为提高番茄果实品质提供新途径。

6.1.1 野生型番茄再生体系的建立

建立再生体系是农杆菌介导法转化番茄的必要前提。有关番茄离体再生体系的建立已有大量文献报道，以番茄子叶、下胚轴、叶片等为外植体而建立的再生体系均已经取得成功，但由于再生体系具有较大的基因型依赖性，不同种番茄适合的再生条件不同。普通栽培型番茄的再生体系已经成熟，但野生型番茄的研究报道较少，再生困难。

本研究通过对野生型番茄品种'克梅留斯基'（*Solanum chmielewskii*）进行不同外植体、不同激素配比筛选，建立了野生型番茄的再生体系，为进一步开展野生型番茄的遗传转化研究奠定基础。

6.1.1.1 材料与方法

（1）试验材料

野生型番茄'克梅留斯基'，种子为本实验室保存。

（2）植物激素

6-BA（6-苄基腺嘌呤）、IAA（吲哚-3-乙酸）。

（3）培养基

1）种子萌发培养基　　1/2MS＋30 g/L 蔗糖＋7 g/L 琼脂，MS 培养基是目前使用最普遍的培养基，由 Murashige 和 Skoog 设计，以二人名字的缩写命名。

2）诱导培养基

1 号：MS＋30 g/L 蔗糖＋7 g/L 琼脂＋IAA 0.2 mg/L＋6-BA 1.0 mg/L。

2 号：MS＋30 g/L 蔗糖＋7 g/L 琼脂＋IAA 0.5 mg/L＋6-BA 1.0 mg/L。

3 号：MS＋30 g/L 蔗糖＋7 g/L 琼脂＋IAA 0.2 mg/L＋6-BA 2.0 mg/L。

4 号：MS＋30 g/L 蔗糖＋7 g/L 琼脂＋IAA 0.5 mg/L＋6-BA 2.0 mg/L。

5 号：MS＋30 g/L 蔗糖＋7 g/L 琼脂＋IAA 1.0 mg/L＋6-BA 2.0 mg/L。

3）生根培养基

6 号：MS＋30 g/L 蔗糖＋7 g/L 琼脂＋IAA 0.2 mg/L。

7 号：MS＋30 g/L 蔗糖＋7 g/L 琼脂＋IAA 0.5 mg/L。

8 号：MS＋30 g/L 蔗糖＋7 g/L 琼脂＋IAA 1.0 mg/L。

上述培养基 pH 均为 5.8，121℃灭菌 20 min。由于 IAA 不耐高温，预先配制好 IAA 母液过滤除菌，待培养基湿热灭菌后温度降为 60℃时按比例加入。

（4）无菌苗的获得

挑选饱满的野生型番茄种子，用蒸馏水清洗干净，然后于室温浸泡 12 h。将种子用 75%乙醇溶液浸泡 30 s，再用 10%次氯酸钠溶液浸泡消毒 20 min，无菌水洗涤 5 次，然后接种到种子萌发培养基中。

先在 25±1℃黑暗条件下培养 6 d 左右，露白后转至 25±1℃、3500 lx 日光灯照射 12 h 的条件下培养，直至子叶完全展开，备用。

（5）诱导培养基筛选

MS 基本培养基加不同浓度 6-BA、IAA 即为诱导培养基。无菌操作将无菌苗取出，切取子叶接种于 1～5 号诱导培养基。胚轴切成 0.7 cm 大小，接种于 1～5 号诱导培养基上。每个处理 60 块外植体。置于 25±1℃、3500 lx 日光灯照射 12 h 的条件下培养。

（6）生根培养基筛选及试管苗移栽

MS 基本培养基加不同浓度 IAA 即为生根培养基。将长到 1～2 cm 高的不定芽切下，接种到 6～8 号生根培养基中。置于 25±1℃、3500 lx 日光灯照射 12 h 的条件下培养。30 d 后统计根的诱导情况。待生根的试管苗长至 4～5 cm 高时，洗净根部培养基，移栽到基质中，用塑料薄膜覆盖保湿 5～7 d 后揭开。温室培养。

6.1.1.2　结果与分析

（1）不同外植体及不同激素配比对愈伤组织诱导的影响

愈伤组织诱导是再生体系建立的第一步，不同外植体诱导生成愈伤组织的能力及其愈伤组织分化不定芽的能力有所不同。本研究选取子叶和下胚轴为外植体，选用1～5号5种诱导培养基进行野生番茄的愈伤组织诱导。表6-1是不同外植体及不同激素配比对愈伤组织诱导的影响。

表 6-1　不同激素配比对番茄子叶和下胚轴愈伤组织诱导的影响　（单位：%）

诱导率及愈伤组织生长情况	培养基编号				
	1	2	3	4	5
子叶	75+	86+	100++	100+++	93+
下胚轴	72+	79+	98+++	93++	86+

注：+、++和+++依次代表生长一般、较好和好

作为外植体，子叶和下胚轴相比具有更高的愈伤组织诱导频率。以子叶作为外植体诱导愈伤，10 d左右子叶明显增大、增厚、卷曲。随后由切口处逐渐形成淡绿色愈伤组织，其上布有许多白色或淡绿色突起结构，此种愈伤组织生长速度快、分生能力强，是遗传转化的较理想材料。以下胚轴作为外植体，7 d左右下胚轴变粗、变长、切面变钝，由切面处逐渐形成愈伤组织，其形成的愈伤组织情况与子叶相似。

1～5号培养基均能诱导外植体形成愈伤组织，但各个处理诱导愈伤组织的频率存在较大差异。3～5号培养基都能高频率诱导子叶和下胚轴产生愈伤组织。4号培养基更适合子叶愈伤组织的生长，3号培养基更适合下胚轴愈伤组织的生长，具体表现为其愈伤组织比其他培养基诱导的愈伤组织发生早、发育快。因此，确定3号和4号培养基作为愈伤组织的分化培养基。

（2）不同外植体及不同激素配比对不定芽分化的影响

外植体再生的关键是形成质量好、数量多的不定芽。在基本培养基一定时，芽的产生主要取决于愈伤组织的分化能力和激素配比。本研究选用3号和4号培养基对子叶和下胚轴诱导的愈伤组织进行不定芽的分化。表6-2为不同激素配比对子叶和下胚轴芽诱导的影响，其中，不定芽分化率=分化不定芽的外植体数/接种的总外植体×100%；不定芽分化数=分化的不定芽总数/分化的不定芽的外植体数×100%。

由表6-2可见，下胚轴不定芽的分化率和不定芽分化数均低于子叶，因此子叶更适合作为野生型番茄的外植体。与3号培养基相比，4号培养基更利于愈伤组织的不定芽分化。

表 6-2　不同激素配比对番茄子叶和下胚轴芽诱导的影响

不定芽分化率及不定芽分化数	3号培养基		4号培养基	
	不定芽分化率/%	不定芽分化数	不定芽分化率/%	不定芽分化数
子叶	59	1.1	65	2.3
下胚轴	33	0.7	37	0.8

综合考虑，最终确定以子叶为外植体，MS＋0.5 mg/L IAA＋2.0 mg/L 6-BA 为愈伤组织诱导和不定芽分化的最佳生芽激素组合。

（3）生根培养基的筛选

待培养的幼芽长到 1～2 cm 高时，选取较为健壮的芽体，将不定芽下的愈伤组织切除干净，插入具有不同浓度 IAA 的 6～8 号生根培养基中诱导生根，表 6-3 的研究结果表明，不同 IAA 浓度生根情况不同，其中以 8 号培养基（1.0 mg/L IAA）诱导生根效果最好。

表 6-3　不同激素配比对番茄根诱导的影响

培养基编号	6	7	8
生根率/%	29	56	85

6.1.1.3　小结

本试验研究了不同外植体类型、不同激素配比等因素对野生型番茄'克梅留斯基'愈伤组织诱导、不定芽分化和根再生的影响，建立了野生型番茄的组织培养再生体系。结果表明：以子叶为外植体再生不定芽的频率高于下胚轴；0.5 mg/L IAA 和 2.0 mg/L 6-BA 组合最适合诱导野生型番茄的愈伤组织和不定芽再生；1.0 mg/L IAA 最适合诱导生根。本研究所建立的再生体系为外源目的基因导入野生型番茄的遗传转化奠定了基础。

6.1.2　普通栽培型番茄高效再生体系的优化

建立高效的再生体系是利用农杆菌介导法转化番茄植株的必要前提，也是在生产中进行种苗脱毒和快速繁育的重要途径。番茄再生频率主要受植物基因型、外植体选择、植物激素种类和浓度等因素的影响。番茄品种不同，其再生频率差别较大；不同的外植体或者不同发育时期的同一外植体的再生能力有差别，一般来说，番茄叶片外植体的再生能力大于子叶，子叶大于下胚轴；选择植物激素的种类和浓度是影响同一番茄品种相同外植体的再生频率的决定因素。研究表明，适合普通栽培型番茄子叶诱导芽分化的激素配比为 ZT：IAA＝9：1，其分化频率为 93.3%，IBA 较 NAA 诱导普通栽培型番茄不定芽生根速度快，但生根率不高，只大于 70.0%。适合普通栽培型番茄愈伤组织诱导和再生的培养基激素配比为 MS＋ZR（2.0 mg/L）＋IAA（0.5 mg/L），适合诱导生根的是 IBA（0.2 mg/L）。适合诱导愈伤组织形成的培养基激素配比为 MS＋6-BA（2.0 mg/L）＋IAA（0.2 mg/L），适合愈伤组织生芽的培养基激素配比为 MS＋ZT（1.0 mg/L），适合生根的培养基激素配比为 MS＋NAA（0.05 mg/L）。

本研究通过对普通栽培型番茄进行不同激素组合配比处理，筛选出适宜番茄愈伤再生、诱芽及生根的培养基，优化了稳定高效的番茄再生体系，为深入开展其遗传转化研究奠定了基础。

6.1.2.1　材料与方法

（1）植物材料

试验材料为普通栽培型番茄（*Solanum lycopersicum*），种子为本实验室保存。

（2）培养基

培养基配方如表 6-4 所示。

表 6-4　培养基配方

培养基名称	配方
种子萌发培养基	MS＋30.0 g/L 蔗糖＋7.0 g/L 琼脂
愈伤组织、芽诱导培养基	A1：MS＋30.0 g/L 蔗糖＋7.0 g/L 琼脂＋1.0 mg/L ZR
	A2：MS＋30.0 g/L 蔗糖＋7.0 g/L 琼脂＋2.0 mg/L ZR
	A3：MS＋30.0 g/L 蔗糖＋7.0 g/L 琼脂＋2.0 mg/L ZR＋0.1 mg/L IAA
	A4：MS＋30.0 g/L 蔗糖＋7.0 g/L 琼脂＋2.0 mg/L ZR＋0.5 mg/L IAA
	A5：MS＋30.0 g/L 蔗糖＋7.0 g/L 琼脂＋2.0 mg/L ZR＋1.0 mg/L IAA
生根培养基	R1：MS＋30.0 g/L 蔗糖＋7.0 g/L 琼脂
	R2：MS＋30.0 g/L 蔗糖＋7.0 g/L 琼脂＋0.2 mg/L IBA
	R3：MS＋30.0 g/L 蔗糖＋7.0 g/L 琼脂＋0.5 mg/L IBA
	R4：MS＋30.0 g/L 蔗糖＋7.0 g/L 琼脂＋1.0 mg/L IBA
	R5：MS＋30.0 g/L 蔗糖＋7.0 g/L 琼脂＋2.0 mg/L IBA

上述培养基均用 0.1 mol/L NaOH 将 pH 调节至 5.8，121℃、25 min 高压蒸汽灭菌。由于 ZR、IAA 和 IBA 不耐高温，采用灭菌后的水系 0.22μm 滤头过滤除菌后再按比例加入灭菌后冷却至 60℃的培养基中。

6.1.2.2　试验方法

（1）无菌苗的获得

选取饱满的番茄种子蒸馏水洗净后在室温下浸泡 12 h，然后在 55℃水浴锅中热激 15 min，在超净工作台上倒掉多余的水分后，再加一滴吐温-80 的 10%次氯酸钠溶液浸泡消毒 15 min，将废液倒掉后添加适量 70%乙醇溶液，浸泡 30 s，再用无菌水漂洗 4～5 次，接种至种子萌发培养基上，在 25±1℃环境下暗培养 6 d，再置于 25±1℃、光照强度 1800 lx、16 h 光/8 h 暗的光循环条件的光照培养箱进行无菌苗培养。

（2）诱导培养基的筛选

取培养 10 d 左右第一片真叶刚长出的幼苗，用手术刀切掉子叶两端，沿叶脉垂直方向将其从中间切成两段。接种至含有不同浓度 ZR 和 IAA 的 A1～A5 诱导培养基。每个处理 33 块外植体，重复 3 次，之后于 25±1℃、1800 lx、16 h 光/8 h 暗的光循环条件下培养。培养 40 d 后统计不定芽及愈伤组织的诱导数。

（3）生根培养基的筛选

在 MS 基本培养基中加入不同浓度 IBA 即为生根培养基。将长到 1～2 cm 高的不定芽切下，接种到含有不同浓度 IBA 的生根培养基中，每瓶接种 1～2 个，每处理 20 个再生芽，重复 3 次。接种完毕后置于 25±1℃、光强 1800 lx、16 h 光/8 h 暗的光循环条件下进行培养。30 d 后统计新生根的诱导情况。

（4）生根苗的炼苗及移栽

将根长 3～4 cm 的试管苗在养苗室环境进行光适应 3 d。将封口膜除去，再适应 4 d，倒入蒸馏水，继续适应直至长出新的叶片。然后将根部的培养基小心洗干净，移栽到装有基质的小钵中，用保鲜膜覆盖保湿 5 d 后再正常管理。

6.1.2.3　结果与分析

（1）不同激素配比对愈伤组织诱导的影响

子叶作为外植体比其他部位的外植体愈伤组织诱导频率更高，因此本研究选用子叶作为外植体进行愈伤组织诱导，诱导一周后子叶变厚增大，并发生卷曲。继续培养后伤口处有淡绿色愈伤组织形成，这种愈伤组织具有生长速度快、分生能力强的优点，适合进行遗传转化研究。外植体在 A1～A5 诱导培养基中都可以形成愈伤组织，但不同处理的愈伤组织形成率存在差别。

从表 6-5 可以看出，随着 ZR 浓度的增大，愈伤形成数增多。添加 2.0 mg/L ZR 培养基（A2）比添加 1.0 mg/L ZR 的培养基（A1）愈伤诱导数多。此外，在添加相同浓度的 ZR（2.0 mg/L）的情况下，添加 0.1 mg/L IAA 能够诱导更多愈伤的形成，愈伤形成率达到 100%。愈伤形成数随 ZR 的添加浓度增大而增多，与此不同的是，愈伤形成数并不是随 IAA 的添加浓度增大而增多的。当 IAA 的添加浓度超过 0.1 mg/L 时，愈伤形成率出现下降趋势。A3、A4 培养基的愈伤形成率较高，但是 A4 培养基需要添加更大浓度的 IAA。

表 6-5　A1～A5 培养基中子叶愈伤组织形成情况

培养基	外植体数	愈伤形成数	愈伤形成率/%
A1	98	79	80.72a
A2	96	87	90.40ab
A3	100	100	100.00b
A4	97	95	97.91b
A5	102	93	91.17ab

注：a、b 表示差异显著性水平（$P < 0.05$）

（2）不同激素配比对不定芽形成的影响

形成高品质的不定芽是外植体再生的关键。本研究选用 A1～A5 培养基对子叶外植体诱导形成的愈伤组织进行不定芽的诱导。表 6-6 所示为不同培养基对子叶诱导芽的影响。

由表 6-6 可以看出，随着 ZR 浓度的增大，不定芽形成数增多，芽的生长状况更好。添加 2.0 mg/L ZR 培养基（A2）比添加 1.0 mg/L ZR 的培养基（A1）不定芽形成率大。此外，在添加相同浓度 ZR（2.0 mg/L）的情况下，添加 0.1 mg/L IAA 能够更好地诱导不定芽形成，不定芽形成率达到 80%。然而，不定芽数并不随 IAA 浓度的增加而增加。当 IAA 的添加浓度超过 0.1 mg/L 时，不定芽形成率出现下降趋势。

表 6-6　A1～A5 培养基中不定芽形成情况

培养基	外植体数	不定芽形成数	不定芽形成率/%
A1	98	66	67.30a
A2	96	70	72.93a
A3	100	80	80.00a
A4	97	76	78.35a
A5	102	77	75.30a

注：a 表示差异显著性水平（$P < 0.05$）

综上，A3、A4 培养基的愈伤形成率和不定芽形成率较高，但是 A4 培养基需要添加更大浓度的 IAA，因此确定 A3 培养基（MS＋30.0 g/L 蔗糖＋7.0 g/L 琼脂＋2.0 mg/L ZR＋0.1 mg/L IAA）作为诱导愈伤和不定芽形成的最佳培养基。

（3）生根培养基的筛选

选择诱导形成长 1～2 cm 的生长情况良好的不定芽，将其从愈伤组织上切下，转到含有不同浓度 IBA 的 R1～R5 生根培养基中诱导生根，从表 6-7 的结果可以看出，添加不同浓度 IBA 生根情况不同，在 IBA 浓度达到 0.5 mg/L 之前，生根状况随其浓度增加而变好，超过该浓度后，生根状况下降。从生根时间上看，R2～R5 都较快，且生根率均为 100%。其中 R3、R4 最快，只有 3～5 d；R2、R5 需要 5～7 d；R1 不生根。从根的生长情况来看，R2 生根少且细；R3、R4 生根量多且细根少；R5 生根多且细。

表 6-7　R1～R5 培养基中生根情况

培养基	开始生根时间/d	生根率/%
R1	—	0
R2	5～7	100
R3	3～5	100
R4	3～5	100
R5	5～7	100

6.1.2.4　小结

本研究以普通栽培型番茄的子叶作为外植体，以添加了不同激素配比生物 MS 培养基作为愈伤组织、不定芽以及根的诱导培养基，筛选出适合番茄愈伤组织诱导及其不定芽分化的最优培养基及最优的生根培养基，建立并优化了番茄高效再生体系。

研究结果显示，以普通栽培型番茄子叶作为外植体进行愈伤组织诱导时，获得最大愈伤形成率的是诱导培养基 A3（MS＋30.0 g/L 蔗糖＋7.0 g/L 琼脂＋2.0 mg/L ZR＋0.1 mg/L IAA），诱导率为 100%。同时，该培养基得到的不定芽形成率也是最大的，达到 80%。综合考虑，确定选择 A3 作为最优诱导培养基。同时，本研究确定最优生根培养基为 R3（MS＋30.0 g/L 蔗糖＋7.0 g/L 琼脂＋0.5 mg/L IBA），生根率为 100%。

6.1.3　*TFT1* 和 *TFT10* 基因的植物过表达载体构建

构建表达载体，即将已知的外源基因插入到表达载体上，是转基因研究的一个关键步骤。本研究通过 RT-PCR 方法获得了番茄 *TFT1* 和 *TFT10* 基因的 CDS 全长，将扩增产物与 pMD18-T 载体连接并转化克隆菌株。测序鉴定后，通过酶切连接的方法将该基因与表达载体 pCAMBIA1304 连接，成功构建了目的基因的正义表达载体，并将重组载体转化入农杆菌。为进一步研究两个基因的功能及其对番茄蔗糖代谢的调控机制奠定了基础。

6.1.3.1　材料与方法

（1）试验材料

普通栽培型番茄种子为本实验室保存。总 RNA 提取材料为番茄幼苗叶片。植物表达载体 pCAMBIA1304 来自沈阳农业大学生物科学技术学院 123 实验室。pMD18-T Vector 购自宝生物工程（大连）有限公司。大肠杆菌 TOP10、农杆菌 EHA105 为本实验室保存。

（2）目的基因的 PCR 扩增

分别根据 *TFT1*、*TFT10* 基因的序列，设计特异性上下游引物（分别在引物的 F 端和 R 端添加 *Nco* I 和 *Spe* I 限制性内切酶的酶切位点），以合成的 cDNA 为模板，PCR 扩增目的基因片段。

引物委托北京鼎国昌盛生物技术有限责任公司合成，序列如下。

TFT1：F 5′-ACCATGGATGGCCTTGCCTGAAAATTT-3′
　　　　R 5′-CCACACTAGTTCAAGCCTCGTCCATCTG-3′
TFT10：F 5′-TATTCCATGGCGGCTCTAATCCCT-3′
　　　　R 5′-CCGGACTAGTTCAAGATTCATCCAAC-3′

（3）目的基因片段的连接、转化和鉴定

将纯化回收的目的基因与 pMD18-T 载体片段在 16℃连接过夜，连接产物转化感受态大肠杆菌，然后进行阳性克隆鉴定。

（4）表达载体构建

将从 pMD18-T 载体上回收得到的目的基因连接到 pCAMBIA1304 植物表达载体上，用冻融法把植物表达载体转入 EHA105 农杆菌。

（5）质粒的提取及酶切鉴定

从含有目的基因重组质粒的菌液和含有表达载体的菌液中，提取 pMD18-T-*TFT1*、pMD18-T-*TFT10* 和 pCAMBIA1304 质粒。分别用 *Nco* I 和 *Spe* I 双酶切 pMD18-T-*TFT1*、pMD18-T-*TFT10* 重组质粒和植物表达载体 pCAMBIA1304。

将纯化回收的目的基因与 pCAMBIA1304 载体片段进行连接，并进行重组质粒的初鉴定、扩繁和提取。以表达载体质粒为模板，进行质粒 PCR 鉴定。用冻融法将重组质粒导入农杆菌 EHA105。

6.1.3.2 结果与分析

（1）基因克隆

以番茄叶片为材料提取总 RNA，取 PCR 扩增产物 3 μL 用 0.8%的琼脂糖凝胶进行电泳检测。得到长约 750 bp 的 *TFT1* 和 *TFT10* 清晰片段。Marker 为 DL2000（图 6-1）。

（2）阳性克隆的鉴定

TFT1 和 *TFT10* 各自随机选取 6 个白色单菌落进行菌落 PCR 反应。阳性对照以 cDNA 为模板，阴性对照为无菌水，Marker 选用 DL2000。1～6 号样品为 pMD18-T-*TFT1* 转化后的 TOP10 大肠杆菌菌落 PCR 产物，7～12 号样品为 pMD18-T-*TFT10* 转化后的 TOP10 大肠杆菌菌落 PCR 产物（图 6-2）。

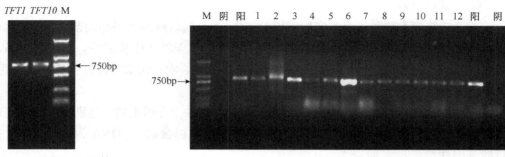

图 6-1 *TFT1* 和 *TFT10* 的 PCR 产物凝胶电泳检测

图 6-2 菌落 PCR

（3）表达载体鉴定

分别以构建好的表达载体 pCAMBIA1304-*TFT1* 和 pCAMBIA1304-*TFT10* 为模板，进行 PCR 扩增反应，产物通过琼脂糖凝胶电泳检测。Marker 为 DL2000，1 号样品为载体 pCAMBIA1304-*TFT1* 的扩增产物，2 号样品为载体 pCAMBIA1304-*TFT10* 的扩增产物。电泳显示均扩增出了 750 bp 的条带，证明表达载体构建成功（图 6-3）。

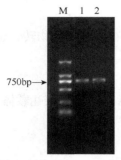

图 6-3 质粒 pCAMBIA1304-*TFT1* 和 pCAMBIA1304-*TFT10* 的 PCR

用 *Nco* I 和 *Spe* I 双酶切表达载体 pCAMBIA1304-*TFT1* 和 pCAMBIA1304-*TFT10*，产物通过琼脂糖凝胶电泳检测，以质粒 pCAMBIA1304-*TFT1* 和 pCAMBIA1304-*TFT10* 作为对照。结果显示两质粒均被酶切成两个片段，其中一条大小为 10000 bp 以上，另一条大小为 750 bp。证明表达载体构建成功。Marker 为 DL10000（图 6-4）。

（4）农杆菌菌落 PCR

以转化后的农杆菌为模板进行菌落 PCR 反应，产物通过琼脂糖凝胶电泳检测，显示均扩增出了 750 bp 条带。Marker 为 DL2000。1～3 号样品为随机挑选的 3 个转化 pCAMBIA1304-*TFT1* 的农杆菌菌落 PCR 产物，4～6 号样品为随机挑选的 3 个转化 pCAMBIA1304-*TFT10* 的农杆菌菌落 PCR 产物。证明表达载体成功转化入农杆菌（图 6-5）。

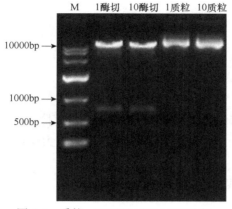

图 6-4　质粒 pCAMBIA1304-*TFT1* 和
pCAMBIA1304-*TFT10* 的双酶切结果

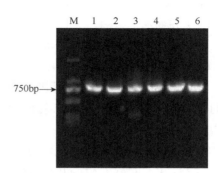

图 6-5　农杆菌菌落 PCR

6.1.3.3　小结

目的基因片段与表达载体的连接是表达载体构建的关键部分。由于本研究所选的两个酶切位点较近，所以选用了分步酶切 pCAMBIA1304，确保了酶切反应的顺利进行。在进行连接反应时，体系中目的基因片段和载体片段的摩尔比是决定反应成功与否的关键，一般控制在 3∶1～10∶1 较优。

本试验通过 RT-PCR 方法克隆了 *TFT1* 和 *TFT10* 基因，将目的基因插入含有花椰菜花叶病毒（CaMV）35 S 启动子的表达载体 pCAMBIA1304，成功构建了目的基因的正义表达载体 pCAMBIA1304-*TFT1* 和 pCAMBIA1304-*TFT10*，并将重组载体转入根癌农杆菌 EHA105，为目的基因转化番茄并进一步研究两个基因的功能奠定了基础。

6.2　番茄 *TFT1* 和 *TFT10* 基因 RNAi 表达载体构建

RNA 干扰是内源性或外源性的双链 RNA 诱发基因沉默的现象，而 Gateway 技术构建 RNAi 表达载体主要是根据噬菌体位点特异性重组的原理，在不同的质粒之间交换 DNA 片段，并维持基因定位和起始位点不变。Gateway 技术摆脱了传统载体构建双酶切的局限性，具有高效、特异、快速、操作方便等特点，是一种较好的大规模克隆系统，适用于基因功能的分析、高通量基因工程的操作以及蛋白质的表达，近年来在植物转基因研究中应用较多。TOPO 技术是将该酶共价修饰到线性化 TOPO 载体的 3′-磷酸基团上，利用异构酶的特性，这样催化了目的 DNA 片断和载体序列互补结合，简化了克隆步骤。

根据 pENTR^{Tn}/D-TOPO 载体的要求，设计目的基因的特异性引物，快速连接到 pENTR^{Tn}/D-TOPO 载体中，然后在 LR mix 作用下使 TOPO 克隆与最终表达载体发生 LR 置换反应，将表达载体上的 *ccdB* 基因置换掉，形成 RNAi 表达载体，以用于进一步植物转化的研究中，探索番茄 *TFT1* 和 *TFT10* 基因的功能。

6.2.1　番茄 *TFT1* 和 *TFT10* 基因克隆

6.2.1.1　材料与方法

（1）植物材料

植物材料为普通栽培型番茄。

（2）引物设计

分别根据 *TFT1*、*TFT10* 基因的序列，设计特异性引物，按照 TOPO 克隆 pENTR 载体的要求，上游引物需要在 5′-端添加 CACC 四个碱基。以合成的 cDNA 为模板，PCR 扩增目的基因片段。

引物委托上海英骏生物技术有限公司合成，序列如下。

TFT1：F 5′-CACCATGGCCTTGCCTG-3′

　　　　R 5′-TCAAGCCTCGTCCATCTGC-3′

TFT10：F 5′-CACCATGGCGGCTCTAATCC-3′

　　　　　R 5′-TCAAGATTCATCCAACTGATCCTGAG-3′

6.2.1.2　结果与分析

（1）番茄叶片总 RNA 的提取

以普通栽培型番茄叶片为材料提取总 RNA，然后琼脂糖凝胶电泳检测得到条带，当上方 28 s 条带的亮度是 18 s 条带亮度的 2 倍时（图 6-6），表明所提取的总 RNA 是完整、无降解的，并且质量较高，可以满足后续试验的要求。

（2）目的基因扩增产物的检测

在 PCR 反应中，退火温度是重要的影响因素，为了确定扩增出目的条带的最适退火温度，本试验进行梯度 PCR 反应。

取 PCR 扩增产物 3 µL，按照一定比例加入缓冲液，用 1.0% 的琼脂糖凝胶进行电泳检测。最终得到 *TFT1* 基因 750 bp 的干扰片段和 *TFT10* 基因 759 bp 的干扰片段。Marker 为 DL2000（图 6-7）。

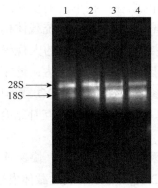

图 6-6　栽培型番茄叶片 RNA 的电泳检测
1~4 泳道均为提取的 RNA

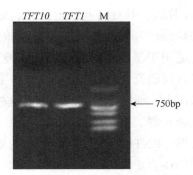

图 6-7　*TFT1* 和 *TFT10* 的 PCR 产物凝胶电泳检测

6.2.1.3　小结

从普通栽培型番茄叶片中提取总 RNA，采用梯度 PCR 反应成功克隆了 *TFT1* 和 *TFT0*
基因的干扰片段。

6.2.2　番茄 *TFT1* 和 *TFT10* 基因 RNAi 载体构建

6.2.2.1　PCR 产物纯化

PCR 扩增目的基因后，将 PCR 产物进行纯化，以顺利进行下步 TOPO 克隆反应，
并用热激法转化大肠杆菌。

6.2.2.2　TOPO 克隆的验证和质粒测序

两个转化后的平板需要过夜培养，培养后在平板上各自随机挑取单菌落，做好标记，
进行编号，然后进行菌落 PCR 反应。PCR 反应以 cDNA 为模板作为阳性对照，以无菌
水为模板作为阴性对照。高纯度小量提取质粒 DNA 后，进行 LR Cloning 及热激法转化
大肠杆菌。

6.2.2.3　最终载体单克隆的验证

在每个平板上选择 2～5 个单克隆分别接种于 LB 液体培养基（含 100 mg/L 的壮观
霉素）37℃，250 rpm 振荡培养约 12 h。高纯度小量提取质粒 DNA。

PCR 检测干扰片段是否整合进入最终载体。再分别用 *Xba* I 和 *Hind* III 酶切检测最终
载体。

6.2.2.4　Gateway 构建 RNAi 表达载体的试验方法

Gateway 技术是由 Invitrogen 公司开发的一种构建 RNAi 表达载体的方法。该方法包
括两个反应，在特定酶的介导下，质粒间 DNA 片断进行置换。Gateway 技术构建 RNAi
表达载体的 TOPO 克隆载体谱图、最终表达载体谱图、RNAi 载体构成流程分别见图 6-8～
图 6-10。

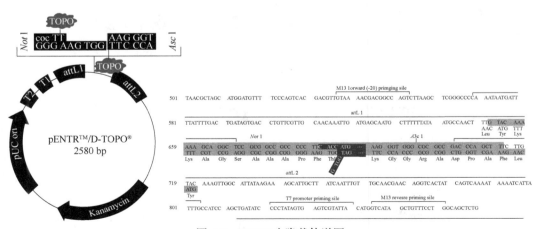

图 6-8　TOPO 克隆载体谱图

6.2.2.5　TOPO 克隆的鉴定

TFT1 随机选取 11 个白色单菌落进行菌落 PCR 反应。*TFT10* 随机选取 10 个白色单

菌落进行菌落 PCR 反应。Marker 选用 DL2000（图 6-11）。

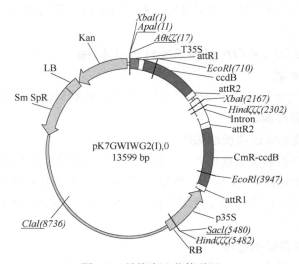

图 6-9　最终表达载体谱图

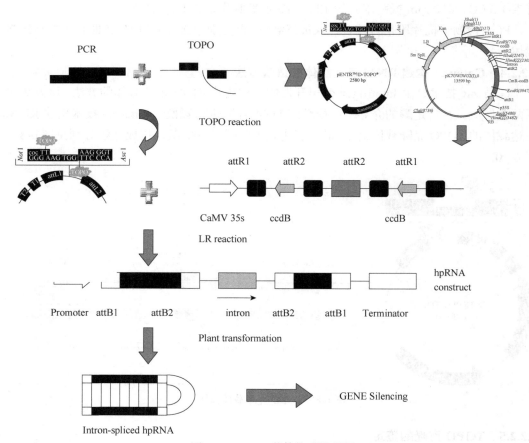

图 6-10　RNAi 载体构成流程图

取上述菌落 PCR 阳性结果的单菌落进行摇菌，过夜培养，提取质粒，进一步质粒 PCR 鉴定（图 6-12），Marker 选用 DL2000。

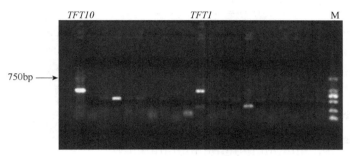

图 6-11　TOPO 克隆菌落 PCR

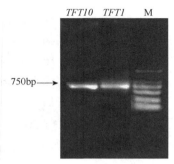

图 6-12　TOPO 克隆质粒 PCR

将所得的 TOPO 克隆质粒纯化后进行序列测定，TOPO 克隆测序结果如下：TOPO 克隆的 *TFT1* 基因片段长度为 750 bp，编码 249 个氨基酸。本试验所分离获得的目的 DNA 片段与 GenBank 登记号为 X95900 的番茄 *TFT1* 基因进行比对，发现其核苷酸序列的同源性达到 99.87%（图 6-13），只有一个碱基的差异，但与所推导的氨基酸序列同源性达到 99.60%（图 6-14），相差一个氨基酸。

```
1    ATGGCCTTGCCTGAAAATTTAACCAGAGAGCAGTGTTTGTACTTGGCGAAGCTAGCTGAG
     ||||||||||||||||||||||||||||||||||||||||||||||||||||||||||||
1    ATGGCCTTGCCTGAAAATTTAACCAGAGAGCAGTGTTTGTACTTGGCGAAGCTAGCTGAG

61   CAAGCTGAACGATATGAGGAGATGGTGAAGTTCATGGACAAGCTCGTAATCGGGTCGGGT
     ||||||||||||||||||||||||||||||||||||||||||||||||||||||||||||
61   CAAGCTGAACGATATGAGGAGATGGTGAAGTTCATGGACAAGCTCGTAATCGGGTCGGGT

121  TCATCGGAGTTGACGGTGGAAGAGAGAAATCTTCTTTCGGTGGCGTATAAGAACGTTATC
     ||||||||||||||||||||||||||||||||||||||||||||||||||||||||||||
121  TCATCGGAGTTGACGGTGGAAGAGAGAAATCTTCTTTCGGTGGCGTATAAGAACGTTATC

181  GGTTCACTTCGACGCAGCGTGGAGGATTGTATCGTCAATTGAGCAGAAGGAGGAGGGTAGG
     |||||||||||| |||||||||||||||||||||||||||||||||||||||||||||||
181  GGTTCACTTCGAGCAGCGTGGAGGATTGTATCGTCAATTGAGCAGAAGGAGGAGGGTAGG

241  AAGAACGATGAGCATGTGGTTCTAGTGAAGGATTACAGATCTAAAGTTGAATCTGAGCTT
     ||||||||||||||||||||||||||||||||||||||||||||||||||||||||||||
241  AAGAACGATGAGCATGTGGTTCTAGTGAAGGATTACAGATCTAAAGTTGAATCTGAGCTT

301  AGTGATGTGTTGTGCTGGAATTCTGAAGATTTTGGATCAGTATTTGATTCCTTCAGCTTCT
     ||||||||| |||||||||||||||||||| ||||||||||||||||||||||||||||
301  AGTGATGTTTGTGCTGGAATTCTGAAGATTTTGGATCAGTATTTGATTCCTTCAGCTTCT

361  GCTGGTGAATCCAAGGTGTTTTATTTGAAGATGAAAGGGGATTATTATCGTTATTTAGCT
     |||||||||||||||||||||||||||||||||||| ||||||||||| |||||||||||
361  GCTGGTGAATCCAAGGTGTTTTATTTGAAGATGAAAGGGGGATTATTATCGTTATTTAGCT

421  GAATTCAAAGTTGGAAATGAACGCAAGGAAGCTGCTGAGGATACTATGCTTGCCTACAAA
     ||||||||||||||||||||||||||||||||||||||||||||||||||||||||||||
421  GAATTCAAAGTTGGAAATGAACGCAAGGAAGCTGCTGAGGATACTATGCTTGCCTACAAA

481  GCTGCTCAGGACATCGCTGTTGCGGGAGCTTGCCCCAACACATCCGATACGACTTGGGTTG
     ||||||||||||||||| |||||||||||||||||||||||||||||||||||||||||||
481  GCTGCTCAGGACATCGCTGTTGCGGGAGCTTGCCCCAACACATCCGATACGACTTGGGTTG
```

图 6-13　TOPO 克隆 *TFT1* 基因与 X95900 基因序列同源性比对

```
541  GCTCTCAACTTCTCGGTGTTCTACTATGAGATTCTGAATGCATCAGAAAAAGCATGCAGC
     ||||||||||||||||||||||||||||||||||||||||| ||||||||||||||||||
541  GCTCTCAACTTCTCGGTGTTCTACTATGAGATTCTGAAT GCATCAGAAAAAGCATGCAGC

601  ATGGCTAAGCAGGCATTTGAGGAAGCTATTGCTGAACTGGACACTATGGGTGAGGAATCC
     |||||||||||||||||||||||||||||||||||||||||| | |||||||||||||||
601  ATGGCTAAGCAGGCATTTGAGGAAGCTATTGCTGAACTGGACACTTTGGGTGAGGAATCC

661  TATAAGGATAGCACACTTATCATGCAGTTGTTAAGGGACAATCTCACGCTCTGGACTTCC
     ||||||||||||||||||||||||||||||||||||||||||| |||||||||||||||
661  TATAAGGATAGCACACTTATCATGCAGTTGTTAAGGGACAATCTCACGCTCTGGACTTCC

721  GATATGCAGGAGCAGATGGACGAGGCTTGA
     ||||||||||||||||||||||||||||||
721  GATATGCAGGAGCAGATGGACGAGGCTTGA
```

图 6-13 TOPO 克隆 *TFT1* 基因与 X95900 基因序列同源性比对（续）

```
1    MALPENLTREQCLYLAKLAEQAERYEEMVKFMDKLVIGSGSSELTVEERNLLSVAYKNVI
     ||||||||||||||||||||||||||||||||||||||||||||||||||||||||||||
1    MALPENLTREQCLYLAKLAEQAERYEEMVKFMDKLVIGSGSSELTVEERNLLSVAYKNVI

61   GSLRAAWRIVSSIEQKEEGRKNDEHVVLVKDYRSKVESELSDVCAGILKILDQYLIPSAS
     ||||||||||||||||||||||||||||||||||||||||||||||||||||||||||||
61   GSLRAAWRIVSSIEQKEEGRKNDEHVVLVKDYRSKVESELSDVCAGILKILDQYLIPSAS

121  AGESKVFYLKMKGDYYRYLAEFKVGNERKEAAEDTMLAYKAAQDIAVAELAPTHPIRLGL
     ||||||||||||||||||||||||||||||||||||||||||||||||||||||||||||
121  AGESKVFYLKMKGDYYRYLAEFKVGNERKEAAEDTMLAYKAAQDIAVAELAPTHPIRLGL

181  ALNFSVFYYEILNASEKACSMAKQAFEEAIAELDTLGEESYKDSTLIMQLLRDNLTLWTS
     |||||||||||||||||||||||||||||||||||||||:||||||||||||||||||||
181  ALNFSVFYYEILNASEKACSMAKQAFEEAIAELDTMGEESYKDSTLIMQLLRDNLTLWTS

241  DMQEQMDEA
     |||||||||
241  DMQEQMDEA
```

图 6-14 TOPO 克隆 *TFT1* 基因与 X95900 基因序列推导氨基酸序列的同源性比对

TOPO 克隆的 *TFT10* 基因片段长度为 759 bp，可编码 252 个氨基酸。本试验所获得的 DNA 片段与 GenBank 登记号为 X98866 的番茄 *TFT10* 基因经比对，其核苷酸序列的同源性达到 99.34%（图 6-15），相差 5 个碱基，但与所推导的氨基酸序列同源性却为 100%（图 6-16），氨基酸序列是完全一致的。

```
1    ATGGCGGCTCTAATCCCTGAAAATCTCAGCCGTGAACAGTGTCTTTACTTAGCAAAACTC
     |||||||||||||||||||||||||||||||||||||||| ||||||||||||||||||
1    ATGGCGGCTCTAATCCCTGAAAATCTCAGCCGTGAACAGTGTCTTTACTTAGCAAAACTC

61   GCTGAACAAGCCGAGCGCTATGAAGAAATGGTTCAGTTCATGGACAAACTGGTTCTCAAC
     |||||||||||||||||||||||||||||||||||||||||||| |||||||| |||||||
61   GCTGAACAAGCCGAGCGCTATGAAGAAATGGTTCAGTTCATGGACAAACTAGTTCTCAAC

121  TCCACGCCGGCCGGCGAACTCACTGTTGAGGAACGGAATCTCCTCTCTGTCGCTTACAAA
     ||||||||||||||||||||| |||||||||||||| ||||||||||||||||||||||||
121  TCCACGCCGGCCGGCGAACTCACCGTTGAGGAAAGGAATCTCCTCTCTGTCGCTTACAAA

181  AACGTGATCGGATCTCTTCGTGCTGCCTGGCGTATTGTTTCCTCTATTGAACAGAAGGAG
     |||||||||||||||||||||||||||||||||||||||||||||||||||||||||||||
181  AACGTGATCGGATCTCTTCGTGCTGCCTGGCGTATTGTTTCCTCTATTGAACAGAAGGAG

241  GAATCGCGGAAGAACGAAGAACATGTGCATCTTGTTAAGGAGTATAGAGGTAAAGTCGAG
     ||||||||||||||||||||||||||||||||||||||||||||||| |||||||||||||
241  GAATCGCGGAAGAACGAAGAACATGTGCATCTTGTTAAGGAGTACAGAGGTAAAGTCGAG

301  AATGAACTTTCGCAGGTTTGTGCTGGTATACTCAAGTTGCTTGAGTCAAATCTTGTTCCC
     ||||||||||||||||||||||||||||||||||||||||||| ||||||||||||||||
301  AATGAACTTTCGCAGGTTTGTGCTGGTATACTCAAGTTGCTTGAGTCAAATCTTGTTCCC
```

图 6-15 TOPO 克隆 *TFT10* 基因与 X98866 基因序列同源性比对

```
361  TCTGCTACTACCAGTGAATCGAAGGTGTTTTACCTTAAGATGAAAGGTGATTATTACCGG
     ||||||||||||||||||||||||||||||||||||||||||||||||||||||||||||
361  TCTGCTACTACCAGTGAATCGAAGGTGTTTTACCTTAAGATGAAAGGTGATTATTACCGG

421  TATCTTGCTGAGTTTAAGATTGGTGATGAGAGGAAGCAGGCTGCTGAAGACACTATGAAT
     ||||||||||||||||||||||||||||||||||||||||||||||||||||||||||||
421  TATCTTGCTGAGTTTAAGATTGGTGATGAGAGGAAGCAGGCTGCTGAAGACACTATGAAT

481  TCTTATAAGGCTGCTCAGGAAATTGCACTGACAGATCTGCCTCCAACACATCCCATAAGG
     ||||||||||||||||||||||||||||||||||||||||||||||||||||||||||||
481  TCTTATAAGGCTGCTCAGGAAATTGCACTGACAGATCTGCCTCCAACACATCCCATAAGG

541  CTTGGTCTTGCACTCAACTTCTCTGTCTTTTACTTTGAGATACTTAACTCATCTGACAAA
     |||||||||||||||||||||||||||||||||||||| |||||||||||||||||||||
541  CTTGGTCTTGCACTCAACTTCTCTGTCTTTTACTTTGAGATACTGAACTCATCTGACAAA

601  GCTTGCAGTATGGCAAAACAGGCATTTGAGGAAGCGATAGCTGAGCTGGACACTTTAGGT
     ||||||||||||||||||||||||||||||||||||||||||||||||||||||||||||
601  GCTTGCAGTATGGCAAAACAGGCATTTGAGGAAGCGATAGCTGAGCTGGACACTTTAGGT

661  GAAGAATCATACAAGGATAGCACCCTCATAATGCAACTCCTACGAGACAATCTCACACTT
     ||||||||||||||||||||||||||||||||||||||||||||||||||||||||||||
661  GAAGAATCATACAAGGATAGCACCCTCATAATGCAACTCCTACGAGACAATCTCACACTT

721  TGGACCTCAGATGCTCAGGATCAGTTGGATGAATCTTGA
     |||||||||||||||||||||||||||||||||||||||
721  TGGACCTCAGATGCTCAGGATCAGTTGGATGAATCTTGA
```

图 6-15　TOPO 克隆 *TFT10* 基因与 X98866 基因序列同源性比对（续）

```
1    MAALIPENLSREQCLYLAKLAEQAERYEEMVQFMDKLVLNSTPAGELTVEERNLLSVAYK
     |||||||||||||||||||||||||||||||||||||||||||||||||||||||||||
1    MAALIPENLSREQCLYLAKLAEQAERYEEMVQFMDKLVLNSTPAGELTVEERNLLSVAYK

61   NVIGSLRAAWRIVSSIEQKEESRKNEEHVHLVKEYRGKVENELSQVCAGILKLLESNLVP
     |||||||||||||||||||||||||||||||||||||||||||||||||||||||||||
61   NVIGSLRAAWRIVSSIEQKEESRKNEEHVHLVKEYRGKVENELSQVCAGILKLLESNLVP

121  SATTSESKVFYLKMKGDYYRYLAEFKIGDERKQAAEDTMNSYKAAQEIALTDLPPTHPIR
     |||||||||||||||||||||||||||||||||||||||||||||||||||||||||||
121  SATTSESKVFYLKMKGDYYRYLAEFKIGDERKQAAEDTMNSYKAAQEIALTDLPPTHPIR

181  LGLALNFSVFYFEILNSSDKACSMAKQAFEEAIAELDTLGEESYKDSTLIMQLLRDNLTL
     |||||||||||||||||||||||||||||||||||||||||||||||||||||||||||
181  LGLALNFSVFYFEILNSSDKACSMAKQAFEEAIAELDTLGEESYKDSTLIMQLLRDNLTL

241  WTSDAQDQLDES
     ||||||||||||
241  WTSDAQDQLDES
```

图 6-16　TOPO 克隆 *TFT10* 基因与 X98866 基因序列推导氨基酸序列的同源性比对

6.2.2.6　最终载体单克隆的验证

将测序成功的 TOPO 克隆重新提取质粒，同时提取最终载体质粒进行 LR 反应并对结果进行检测（图 6-17）。

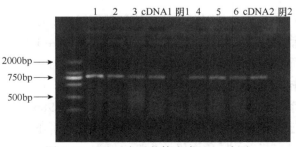

图 6-17　LR 反应后载体克隆 PCR 检测

用特异性引物对 LR 反应的单克隆质粒 DNA 进行 PCR 检测，初步验证干扰片段整合进入目的载体。然后对 RNAi 载体进行限制性内切酶酶切验证干扰片段整合的正确性，特别是 RNAi 载体中的发夹结构。选用了两种限制性内切酶对构建的 RNAi 载体进行酶切验证，分别是 *xba* I 和 *Hind* III 限制性内切酶。*xba* I 和 *Hind* III 酶切 LR 反应前载体 pk7GWIWG2（I）分别能切出 2167 bp 和 3180 bp 的片断，而 LR 反应后的载体用 *xba* I 酶切可以切出 1450 bp 的片段，用 *Hind* III 酶切可以切出 2468 bp 的片断。本连入 *TFT1* 基因片段无 *xba* I 和 *Hind* III 酶切位点，而 *TFT10* 基因片段含有多个 *Hind* III 酶切位点，因此只选用 *xba* I 酶切验证（图 6-18）。

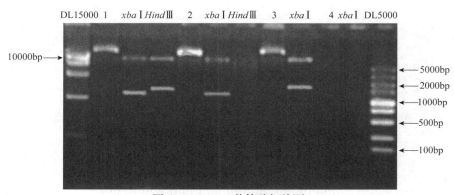

图 6-18　RNAi 载体酶切检测

6.2.2.7　小结

本实验通过设计特异性引物，在上游引物 5′端添加 CACC 四个碱基，利用 RT-PCR 方法克隆番茄中 *TFT1* 和 *TFT10* 基因，采用高效热启动酶 PCR 扩增目的基因片段，获得平末端，与 TOPO 载体连接。通过测序手段发现所获得的目的基因与 GenBank 中核苷酸序列同源性达 99%以上。将 TOPO 克隆与最终载体混合，在 LRmix 作用下，使 TOPO 克隆与最终表达载体发生 LR 置换反应，将最终表达载体上的 *ccdB* 基因置换掉，形成 RNAi 表达载体，然后通过壮观霉素进行抗性筛选，*xba* I 和 *Hind* III 限制性内切酶酶切验证，成功构建 *TFT1* 和 *TFT10* 基因 RNAi 表达载体。

6.3　番茄 *TFT1* 和 *TFT10* 基因的遗传转化

本研究用 *TFT1* 和 *TFT10* 基因过表达载体和基因沉默表达载体，采用根癌农杆菌介导法分别转化普通栽培型番茄植株，为进一步探究番茄中 14-3-3 蛋白对 SPS 的调节作用提供理论基础，进而为提高番茄果实品质提供新途径。

6.3.1　番茄遗传转化体系的优化

高效植物转化系统的建立是遗传转化成功的前提。自 1986 年以来，关于番茄遗传转化系统研究的文献已有多篇报道，其遗传转化体系也得到了不断优化。虽然番茄比较容易被转化，但较之拟南芥它的转化率仍然不高，仅为 1.4%～34%，尚满足不了功能基因组学研究的需求，因此其转化体系仍然需要继续进行优化。

影响农杆菌介导番茄遗传转化的因素有很多，如植物基因型、农杆菌菌株、菌液浓度、侵染时间、共培养时间、抗生素等，本研究通过对影响番茄遗传转化的农杆菌菌液浓度、侵染时间、共培养时间 3 个因素进行了研究，实现了番茄遗传转化系统的优化，以期获得更高的转化效率，为进一步研究奠定了基础。

6.3.1.1　材料与方法

（1）植物材料

普通栽培型番茄种子，为本实验室保存。

（2）质粒和菌株

质粒载体为 pCAMBIA1304-*TFT1*、pCAMBIA1304-*TFT10*，携带卡那霉素抗性基因；pB7GWIWG2-35S-*TFT1*、pB7GWIWG2-35S-*TFT10*，携带壮观霉素抗性基因，均为本实验室构建保存。农杆菌菌株为 EHA105，为本实验室保存。

（3）试验方法

1）无菌外植体的获得　　选取饱满的普通栽培型番茄种子蒸馏水洗净后在室温浸泡 12 h，然后在 55℃水浴锅中热激 15 min，在超净工作台上倒掉多余水分后，再滴加一滴吐温-80 的 10%次氯酸钠溶液浸泡消毒 15 min，将废液倒掉后添加适量 70%酒精，浸泡 30 s，再用无菌水漂洗 4～5 次，接种至种子萌发培养基上，在 25±1℃环境下暗培养 6 d，再置于 25±1℃、光照强度 1800 lx、16 h 光/8 h 暗的光循环条件的光照培养箱进行无菌苗培养。

取培养 10 d 左右第一片真叶刚长出的幼苗，用手术刀切掉子叶两端，沿叶脉垂直方向将其从中间切成两段，获得无菌的子叶外植体。

2）卡那霉素（Kan）对外植体存活及再生芽生根的影响　　为了确定进行转化时最适的 Kan 的浓度，进行了番茄子叶外植体对 Kan 的敏感性试验。在筛选出的最佳诱导培养基（MS＋30.0 g/L 蔗糖＋7.0 g/L 琼脂＋2.0 mg/L ZR＋0.1 mg/L IAA）中加入 Kan，使其浓度分别为 0 mg/L、25 mg/L、50 mg/L、75 mg/L 和 100 mg/L。置于 25±1℃、光照强度 1800 lx、16 h 光/8 h 暗的光循环条件下培养，持续观察外植体的生长状态，30 d 后统计外植体存活率。

选择诱导形成的长 1～2 cm 的生长情况良好的不定芽，将其从愈伤组织上切下，转到含有 Kan 浓度分别为 0 mg/L、5 mg/L、10 mg/L 和 15 mg/L 的生根培养基（MS＋30.0 g/L 蔗糖＋7.0 g/L 琼脂＋0.5 mg/L IBA）上进行诱导生根，30 d 后统计生根率。

3）壮观霉素（Sp）对外植体存活及再生芽生根的影响　　为了确定进行转化时最适的 Sp 浓度，进行了番茄子叶外植体对 Sp 的敏感性试验。在筛选出的最佳诱导培养基 A3 中加入 Sp，使其浓度分别为 0 mg/L、25 mg/L、50 mg/L、100 mg/L 和 200 mg/L。置于 25±1℃、光照强度 1800 lx、16 h 光/8 h 暗的光循环条件下培养，持续观察外植体的生长状态，30 d 后统计外植体存活率。

选择诱导形成的长 1～2 cm 的生长情况良好的不定芽，将其从愈伤组织上切下，转到含有 Sp 浓度分别为 0 mg/L、5 mg/L、10 mg/L、15 mg/L 和 20 mg/L 的生根培养基 R3 上进行诱导生根，30 d 后统计生根率。

4）农杆菌对头孢霉素（Cef）耐受力试验及 Cef 对外植体存活和再生芽生根的影响　外植体经过共培养后在其表面及浅层组织中有大量的共生农杆菌，细菌过度生长繁殖会对外植体的生长和分化产生很大影响，因此必须进行脱菌培养以及时有效地抑制农杆菌过度增殖。本研究选择抑菌剂 Cef 进行抑菌试验。将经农杆菌 EHA105 菌液侵染后的普通栽培型番茄子叶外植体接种于添加了 0 mg/L、100 mg/L、200 mg/L、300 mg/L、400 mg/L 和 500 mg/L 的 Cef 的培养基上，以未经农杆菌侵染的子叶外植体接种在普通的 A3 培养基上为对照，置于 25±1℃、光照强度 1800 lx、16 h 光/8 h 暗的光循环条件下培养，观察 Cef 对农杆菌的抑菌效果及对外植体存活的影响。

选择诱导形成的长 1～2 cm 的生长情况良好的不定芽，将其从愈伤组织上切下，转到含有 Cef 浓度分别为 0 mg/L、100 mg/L、200 mg/L、300 mg/L、400 mg/L 和 500 mg/L 的生根培养基上进行诱导生根，30 d 后统计生根率。

（4）转化方法

1）不同农杆菌液浓度对番茄遗传转化的影响　为了确定转化效率高时农杆菌的使用浓度，将子叶外植体接种在 10 mL 的 4 种不同浓度（OD_{600}＝0.2，0.3，0.5，0.7）的农杆菌悬浮液中侵染 10 min，共培养 2 d。之后于 25±1℃、光照强度 1800 lx、16 h 光/8 h 暗的光循环条件下培养，30 d 后统计不定芽再生频率。

2）不同侵染时间对番茄遗传转化的影响　农杆菌侵染时间在农杆菌介导的转化过程中起到非常关键的作用，因为农杆菌的吸收、转移和 T-DNA 的整合全部在此期间完成。为此，将子叶外植体在农杆菌悬浮液（OD_{600}＝0.5）中侵染不同时间（1 min、5 min、10 min、15 min），共培养 2 d。之后于 25±1℃、光照强度 1800 lx、16 h 光/8 h 暗的光循环条件下培养，30 d 后统计不定芽再生频率。

3）不同共培养时间对番茄遗传转化的影响　共培养是影响农杆菌介导的基因转化植物的关键因素。因此，将子叶外植体在农杆菌悬浮液（OD_{600}＝0.5）中侵染 10 min，共培养 1 d、2 d、3 d 和 4 d。之后于 25±1℃、光照强度 1800 lx、16 h 光/8 h 暗的光循环条件下培养，30 d 后统计不定芽再生频率。

6.3.1.2　结果与分析

（1）农杆菌转化 PCR 检测结果

取经过转化和抗生素筛选长出的农杆菌阳性单菌落进行菌落 PCR，将其反应产物进行 0.8%琼脂糖凝胶电泳，凝胶成像仪检测扩增产物，结果如图 6-19 所示。扩增出的条带所在位置在 750 bp 附近，与阳性对照一致，阴性对照未出现结果，说明质粒均已成功导入农杆菌 EHA105，可以保存并用来进行转化试验。

（2）Kan 对子叶外植体存活率及再生芽生根率的影响分析

转化过程中，筛选剂的使用在减少退化及节省确认转基因个体的劳动力方面很重要。本研究以不含 Kan 的诱导培养基作为对照，培养的子叶外植体显示出 100%的存活率。据观察，随着 Kan 浓度增大，子叶外植体存活质量变差，且存活率大幅下降（图 6-20），当诱导培养基中 Kan 浓度达到 50 mg/L 时，外植体的存活能力受到严重影响，且无不定芽形成。

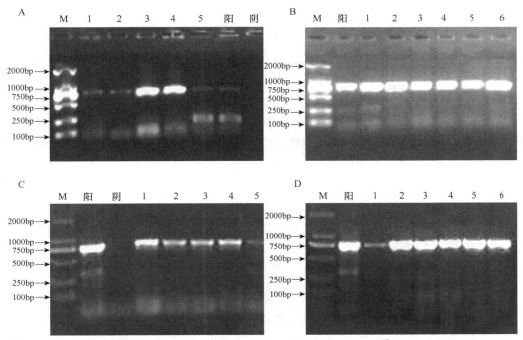

图 6-19　PCR 检测 pB7GWIWG2-35S-*TFT1*、pB7GWIWG2-35S-*TFT10* 及 pCAMBIA1304-*TFT1*、pCAMBIA1304-*TFT10* 电泳图

M 为 2000Marker；阳性对照为对应重组质粒；阴性对照为无菌水；A、B、C、D 分别对应经 pB7GWIWG2-35S-*TFT1*、pB7GWIWG2-35S-*TFT10* 及 pCAMBIA1304-*TFT1*、pCAMBIA1304-*TFT10* 转化的农杆菌

此外，随着 Kan 浓度增大，再生芽生根速度变缓且生根频率逐渐下降（表 6-8），当生根培养基中 Kan 浓度达到 10 mg/L 时，再生芽的生根率为 0。

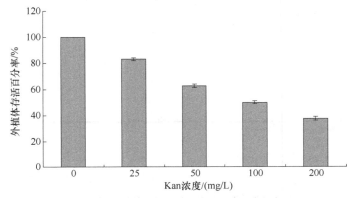

图 6-20　外植体对不同浓度 Kan 耐受力表现

表 6-8　不同浓度 Kan 对再生芽生根的影响分析

Kan 浓度/（mg/L）	生根时间/d	生根率/%	生长速度
0	4	100c	快
5	10	10b	慢
10	—	0a	不生根
15	—	0a	不生根

注：a、b、c 表示差异显著性水平（$P<0.05$）

（3）Sp 对子叶外植体存活率及再生芽生根率的影响分析

本研究以不含 Sp 的诱导培养基作为对照，培养的子叶外植体显示出 100%的存活率。据观察，随着 Sp 浓度增大，子叶外植体存活质量变差，且存活率大幅下降（图 6-21），当诱导培养基中 Sp 浓度达到 100 mg/L 时，外植体的存活能力受到严重影响，且无不定芽形成。

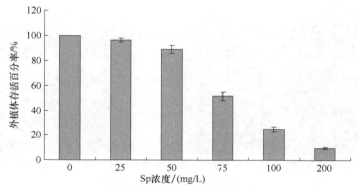

图 6-21　外植体对不同浓度 Sp 耐受力表现

此外，随着 Sp 浓度增大，再生芽生根速度变缓且生根频率逐渐下降（表 6-9），当生根培养基中 Sp 浓度达到 15 mg/L 时，再生芽的生根率为 0。

表 6-9　不同浓度 Sp 对再生芽生根的影响分析

Sp 浓度/（mg/L）	生根时间/d	生根率/%	生长速度
0	4	100c	快
5	10	20b	慢
10	15	1a	慢
15	—	0a	不生根
20	—	0a	不生根

注：a、b、c 表示差异显著性水平（$P<0.05$）

（4）农杆菌对 Cef 耐受力分析

本研究结果表明，在没有添加 Cef 抑制农杆菌的培养基中，农杆菌出现了大量的增殖，外植体生长及不定芽形成受到抑制。添加 Cef 的浓度越大，抑菌效果越明显（表 6-10）。当 Cef 添加浓度达到 300 mg/L 时，农杆菌过度增殖得到有效控制。当 Cef 浓度为 400 mg/L

和 500 mg/L 时，抑菌效果与 300 mg/L 时相同。

表 6-10　农杆菌对 Cef 耐受力分析

Cef 浓度/（mg/L）	抑菌效果	Cef 浓度/（mg/L）	抑菌效果
0	−	300	＋＋＋＋
100	＋	400	＋＋＋＋
200	＋＋	500	＋＋＋＋

注：−表示不抑制；＋表示抑菌程度，＋越多，抑菌效果越好

（5）Cef 对外植体再生影响分析

本研究以不含 Cef 的诱导培养基作为对照，培养的子叶外植体显示出 100% 的存活率。据观察，随着 Cef 浓度增大，子叶外植体存活质量变差，且存活率大幅下降（图 6-22），当诱导培养基中 Cef 浓度达到 300 mg/L 时，外植体的存活能力受到较大影响，存活率为 45%。

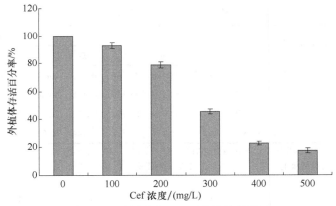

图 6-22　不同浓度 Cef 对外植体的影响

此外，在生根培养基中添加 Cef 后，再生芽生根速度变缓，当 Cef 浓度超过 300 mg/L 时，生根速度变得更慢且生根频率开始下降（表 6-11）。

表 6-11　不同浓度 Cef 对再生芽生根的影响分析

Cef 浓度/（mg/L）	生根时间/d	生根率/%	生长速度
0	4	100c	快
100	7	100c	中等
200	7	100c	中等
300	7	100c	中等
400	10	80b	慢
500	10	75a	慢

注：a、b、c 表示差异显著性水平（$P<0.05$）

（6）单因素试验结果分析

1）不同农杆菌菌液浓度对番茄遗传转化的影响　　由于农杆菌与植物细胞壁接触

后才可发生转化，因此侵染用农杆菌菌液的使用浓度会对转化效率产生影响。本研究采用不同浓度的农杆菌菌液侵染子叶外植体，结果如表 6-12 所示，当 OD_{600}＝0.2 时，由于接种菌量少，所以在经共培养后的外植体切口部分农杆菌生长量较少，因此产生的抗性芽率也较低，分别为 2.44%、1.96%、1.94%和1.92%；当 OD_{600}＝0.3 时，较 OD_{600}＝0.2 获得更多的抗性芽，但抗性芽率也不高；当 OD_{600}＝0.5 时，获得最多数量的不定芽及最大的抗性芽率，分别为 7.33%、6.01%、6.49%、5.35%；当 OD_{600}＝0.7 时，农杆菌过度生长，脱菌过程繁琐、周期长，外植体生长受到严重影响，不定芽诱导率较低，产生抗性芽率为 0。

适当提高侵染用农杆菌浓度可以提高遗传转化中的转化效率，但是过高的浓度会导致农杆菌过度生长现象，对外植体造成严重伤害，进而影响不定芽诱导率和抗性芽率。因此，本研究筛选的最佳菌液浓度为 OD_{600}＝0.5，在保证高转化率的同时，也保证了外植体的健康生长状态。

表 6-12　不同农杆菌侵染浓度对转化效率的影响　　　　（单位：%）

侵染浓度 OD_{600}	愈伤形成率				不定芽诱导率				抗性芽率			
	A	B	C	D	A	B	C	D	A	B	C	D
0.2	74.42b	71.93b	74.49b	67.54b	39.21b	38.44b	40.86b	36.98b	2.44b	1.96b	1.94b	1.92b
0.3	76.68bc	74.83bc	78.57b	71.77b	43.66b	42.55b	45.84bc	40.13b	3.44c	2.32b	2.56c	2.25b
0.5	79.69c	78.64c	80.59b	74.34b	50.21c	44.00b	50.78c	42.92b	7.33d	6.01c	6.49d	5.35c
0.7	51.85a	49.60a	52.33a	43.83a	31.73a	25.03a	32.52a	21.14a	0.00a	0.00a	0.00a	0.00a

注：A、B、C、D 分别表示经质粒载体 pCAMBIA1304-*TFT1*、pCAMBIA1304-*TFT10*、pB7GWIWG2-*TFT1*、pB7GWIWG2-*TFT10* 转化后的农杆菌侵染的外植体；a、b、c、d 表示差异显著性水平（$P<0.05$）

2）不同侵染时间对番茄遗传转化的影响　　在菌液中浸泡外植体时间的长度会影响转化效率。从表 6-13 可以发现，当侵染时间为 1 min 和 5 min 时，抗性芽产生率都为 0，即无法实现转化；当侵染时间为 10 min 时，所得抗性芽率较之前有明显提高；当侵染时间为 15 min 时，所得抗性芽率较侵染 10 min 时下降，且出现农杆菌过度生长现象，外植体生长受到较大影响。综合考虑，本研究筛选出的最佳侵染时间为 10 min，既可保证高的抗性芽率，又可有效防止农杆菌的过度生长。

表 6-13　不同侵染时间对转化效率的影响　　　　（单位：%）

侵染时间/ min	愈伤形成率				不定芽诱导率				抗性芽率			
	A	B	C	D	A	B	C	D	A	B	C	D
1	72.95a	78.34a	77.54a	74.52a	25.56a	22.07a	24.06a	20.22a	0.00a	0.00a	0.00a	0.00a
5	80.07ab	76.14a	80.08a	76.16a	27.24a	24.62ab	25.72ab	23.16ab	0.00a	0.00a	0.00a	0.00a
10	84.64b	83.45b	84.96b	80.48a	31.21b	28.70b	29.88b	25.49b	6.89c	6.27c	7.64c	6.49c
15	80.42ab	76.18a	79.48a	75.54a	27.11a	22.30a	26.18ab	24.55a	4.20b	3.73b	4.30b	3.20b

注：A、B、C、D 分别表示经质粒载体 pCAMBIA1304-*TFT1*、pCAMBIA1304-*TFT10*、pB7GWIWG2-*TFT1*、pB7GWIWG2-*TFT10* 转化后的农杆菌侵染的外植体；a、b、c 表示差异显著性水平（$P<0.05$）

　　3）不同共培养时间对番茄遗传转化的影响　　共培养这一环节在转化过程中十分重要。本研究发现（表 6-14），共培养 2 d 和 3 d 后得到的抗性芽率较高，且共培养 2 d 获得了最大的抗性芽率。此外，当共培养 1 d 时，由于农杆菌菌落生长量少，所以在培养基上几乎观察不到农杆菌菌落的生长；当共培养 2 d 时，可在外植体周围清楚观察到菌落的生长；当共培养进行 3 d、4 d 后，培养基上生长的农杆菌菌落成片分布。

表 6-14　不同共培养时间对转化效率的影响　　　　　（单位：%）

共培养时间/d	愈伤形成率				不定芽诱导率				抗性芽率			
	A	B	C	D	A	B	C	D	A	B	C	D
1	82.04c	79.82c	81.10c	78.24c	8.30a	7.44a	8.34a	7.75a	2.97b	2.90a	3.47a	3.26a
2	80.04bc	77.14c	79.17c	77.44c	19.21d	18.38c	21.34c	15.41d	10.67d	10.00c	12.25c	10.60d
3	77.06b	70.69b	69.62b	69.96b	14.23c	11.95b	15.87b	10.33b	7.17c	6.91b	8.45b	6.98c
4	67.17a	62.56a	57.89a	58.86a	10.32b	8.20a	9.38a	7.52a	1.97a	3.21a	4.50a	5.10b

　　注：A、B、C、D 分别表示经质粒载体 pCAMBIA1304-*TFT1*、pCAMBIA1304-*TFT10*、pB7GWIWG2-*TFT1*、pB7GWIWG2-*TFT10* 转化后的农杆菌侵染的外植体；a、b、c、d 表示差异显著性水平（$P<0.05$）

6.3.1.3　小结

　　本研究以普通栽培型番茄的子叶作为外植体，研究了 Kan、Sp 和 Cef 对外植体存活、不定芽形成以及生根的影响。通过单因素试验对影响普通栽培型番茄转化效率的农杆菌菌液浓度、侵染时间、共培养时间 3 个因素进行了研究，实现了普通栽培型番茄遗传转化系统的优化。

　　本研究发现，普通栽培型番茄子叶外植体对 Kan 的耐受浓度为 50 mg/L，不定芽生根时对其的耐受浓度为 10 mg/L。子叶外植体对 Sp 的耐受浓度为 100 mg/L，不定芽生根时对其的耐受浓度为 15 mg/L。使用 300 mg/L 的 Cef 可以有效控制农杆菌的生长。子叶外植体对 Cef 的耐受浓度为 300 mg/L，不定芽生根时对其的耐受浓度为 300 mg/L。

　　单因素试验研究发现，当使用 $OD_{600}=0.5$ 的农杆菌菌液侵染时，可以获得最大的抗性芽率，且农杆菌不会过度生长，因此 $OD_{600}=0.5$ 是最优的侵染浓度。侵染时间为 10 min 时，抗性芽率最大，农杆菌生长可有效控制，因此 10 min 是最优的侵染时间。共培养时间为 2 d 诱导时，可以获得最大的抗性芽率，同时可以保证外植体的生长不受过量增长的农杆菌侵害，因此 2 d 是最优的共培养时间。综上，确定 $OD_{600}=0.5$ 的菌液浓度、侵染子叶外植体 10 min、共培养 2 d 可以获得最大的转化效率。

6.3.2　*TFT1* 和 *TFT10* 的番茄遗传转化及鉴定

　　以建立的普通栽培型番茄高效再生体系为基础，运用筛选出的最优转化体系将实验室构建的 *TFT1* 和 *TFT10* 基因的过表达载体和 RNAi 基因沉默载体转化到目的番茄植株中。并对转化植株进行相应的 PCR 鉴定。

6.3.2.1 材料与方法

（1）试验材料

普通栽培型番茄种子，为本实验室保存。

（2）工程菌株

工程菌株为本实验室构建的载体：农杆菌 EHA105，携带质粒载体 pCAMBIA1304-*TFT1*、pCAMBIA1304-*TFT10*，携带卡那霉素抗性基因；pB7GWIWG2-35S-*TFT1*、pB7GWIWG2-35S-*TFT10*，携带壮观霉素抗性基因。

（3）试验方法

1）无菌外植体的获得　选取饱满的普通栽培型番茄种子蒸馏水洗净后在室温浸泡 12 h，然后在 55℃水浴锅中热激 15 min，在超净工作台上倒掉多余的水分后，再滴加一滴吐温-80 的 10%次氯酸钠溶液浸泡消毒 15 min，将废液倒掉后添加适量 70%酒精，浸泡 30 s，再用无菌水漂洗 4～5 次，接种至种子萌发培养基上，在 25±1℃环境下暗培养 6 d，再置于 25±1℃、光照强度 1800 lx、16 h 光/8 h 暗的光循环条件的光照培养箱进行无菌苗培养。

取培养 10 d 左右的第一片真叶刚长出的幼苗，用手术刀切掉子叶两端，沿叶脉垂直方向将其从中间切成两段，获得无菌的子叶外植体。

2）菌液准备　分别在 YEB 平板（含 Kan 50 mg/L、Rif 25 mg/L）和 YEB 平板（含 Sp 100 mg/L、Rif 25 mg/L）上挑取含目的基因片段的农杆菌单菌落，分别接种于 5 mL 的 YEB 液体培养基（含 Kan 50 mg/L、Rif 25 mg/L）和 YEB 液体培养基（含 Sp 100 mg/L、Rif 25 mg/L）中，28℃，200 rpm 过夜培养至 OD_{600}=1.0，分别吸取 1 mL 菌液加到其对应相同的 YEB 液体培养基 50 mL 中振荡培养，至 OD_{600}=0.5，在转速 5000 rpm 的离心机中离心 10 min 后收集菌体，再用等体积的 MS 液体培养基（含有 AS 100 μmol/L）将菌体重悬。

3）外植体的侵染　取培养 10 d 左右的第一片真叶刚长出的无菌苗，用手术刀切掉子叶两端，沿叶脉垂直方向将其从中间切成两段。将获得的无菌外植体置于 MS 农杆菌悬浮液中 10 min，取出后用灭菌滤纸吸干子叶表面残留的菌液。

4）侵染后的培养　将侵染后的外植体正面向上接种在共培养基中，25±1℃进行暗培养 2 d。将共培养后的外植体分别接种到筛选培养基 A3＋Kan 50 mg/L＋Cef 300 mg/L 和 A3＋Sp 100 mg/L＋Cef 300 mg/L 中，在 25±1℃、光照强度 1800 lx、16 h 光/8 h 暗的光循环条件下进行抗性芽诱导筛选，每 14 d 进行一次继代培养。

5）转化效率的计算　愈伤组织形成率＝长出愈伤组织的外植体数/外植体总数×100%；不定芽形成率＝形成不定芽的外植体数/外植体总数×100%；抗性芽形成率＝再生抗性芽的外植体数/外植体总数×100%；转化率＝转基因植株数量/外植体总数×100%。

（4）转基因植株 PCR 检测

1）转基因植株总 DNA 提取　植物总 DNA 提取选用 SDS 法。取 200 mg 番茄叶片放入离心管，加液氮研磨成粉末；加入 800 μL 65℃预热的 SDS 提取缓冲液和 160 μL

的 20% SDS 溶液，65℃水浴 30 min；加入 80 μL 5 mol/L 的 KAC，冰浴 20 min 后，4℃、12000×g 离心 15 min；将上清移入新管中，等体积加入酚和氯仿抽提液，混匀后放置几分钟，4℃、12000×g 离心 15 min；重复上一步；吸取上清，加入 1/5 体积 NaAC、2.5 倍体积−20℃预冷的无水乙醇，轻晃至出现白色絮状物，放置几分钟后，4℃、13000×g 离心 10 min；用 80%酒精漂洗两次后晾干，加入 40 μL 的 TE 缓冲液将沉淀溶解；加 5 μL 的 RNaseA 混匀后，37℃保温 30 min，−20℃保存。

2）目的基因的检测　　以载体上带有的 35 S 启动子基因序列进行植株转基因鉴定，引物由华大基因合成，引物序列如下。

35S F 5′-CTGATGGTTAGAGAGGCTTACGC-3′

　　　　R 5′-ATAGCTCAATGGAATCCGAG-3′

检测片段大小为 500 bp。

6.3.2.2 结果与分析

（1）转入 *TFT1* 过表达载体的转基因植株 PCR 鉴定

取成功移栽成活的 10 株抗性株系，以 pCAMBIA1304 载体为阳性对照，没有经过转化的植株为阴性对照进行 PCR 检测鉴定。结果如图 6-23 所示，这 10 株卡那霉素抗性苗都扩增出了 500 bp 的目的片段，即有 10 个转基因株系被鉴定出来。

（2）转入 *TFT10* 过表达载体的转基因植株 PCR 鉴定

取成功移栽成活的 11 株抗性株系，以 pCAMBIA1304 载体为阳性对照，没有经过转化的植株为阴性对照进行 PCR 检测鉴定。结果如图 6-24 所示，这 11 株卡那霉素抗性苗中有 6 株扩增出了 500 bp 的目的片段，即有 6 个转基因株系被鉴定出来。

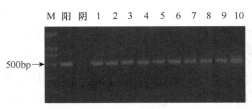

图 6-23　PCR 鉴定结果

M 为 DL2000

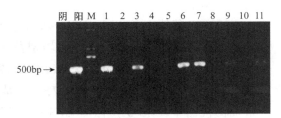

图 6-24　PCR 鉴定结果

M 为 DL2000

（3）转入 *TFT1* RNAi 载体的转基因植株 PCR 鉴定

取成功移栽成活的 10 株抗性株系，以 pB7GWIWG2-35S 载体为阳性对照，没有经过转化的植株为阴性对照进行 PCR 检测鉴定。结果如图 6-25 所示，这 10 株壮观霉素抗性苗中有 4 株扩增出了 500 bp 的目的片段，即有 4 个转基因株系被鉴定出来。

（4）转入 *TFT10* RNAi 载体的转基因植株 PCR 鉴定

取成功移栽成活的 12 株抗性株系，以 pB7GWIWG2-35S 载体为阳性对照，没有经过转化的植株为阴性对照进行 PCR 检测鉴定。结果如图 6-26 所示，这 12 株壮观霉素抗性苗中有 3 株扩增出了 500 bp 的目的片段，即有 3 个转基因株系被鉴定出来。

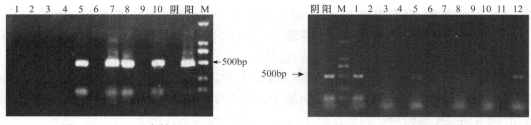

图 6-25　PCR 鉴定结果
M 为 DL2000

图 6-26　PCR 鉴定结果
M 为 DL2000

（5）转基因植株株高、株幅和茎粗的测定

测量对照植株和转基因成功株系的株高、株幅及茎粗，结果如表 6-15 所示，转基因植株与对照植株，以及不同类型转基因植株之间株高、株幅和茎粗存在明显差异，暗示 *TFT1* 和 *TFT10* 基因可能与番茄植株的生长发育有关。

表 6-15　植株的株高、株幅和茎粗　　　　　　　　　（单位：cm）

植株类型	株高	株幅	茎粗
对照	10.09c	19.95d	1.60d
E1	9.64b	13.52c	1.21c
E10	9.39b	12.33c	1.19bc
R1	6.99a	9.27b	1.06b
R10	6.77a	7.01a	0.90a

注：a、b、c、d 表示差异显著性水平（$P<0.05$）

6.3.2.3　小结

本研究以载体上的 35S 启动子基因为筛选基因，分别以卡那霉素和壮观霉素为体系筛选剂，利用建立完成的普通栽培型番茄遗传转化系统，最终得到抗性芽分化率分别为 35.1%、12.7%、20.5% 和 17.3%，最终转化植株转化率分别为 23.2%、9.8%、14.4% 和 8.7%。成功获得了转 *TFT1* 和 *TFT10* 基因的普通栽培型番茄植株，下一步即可研究番茄糖代谢中 14-3-3 蛋白对 SPS 的调节作用和其分子机理。所得转基因植株与未转化植株相比存在表型差异，由此推测 *TFT1* 和 *TFT10* 基因表达可能会影响植物的生长发育。

6.4　讨论

6.4.1　RNAi 载体构建的 Gateway 技术

Gateway 技术已广泛应用于基因克隆和载体构建中。此技术把目的基因克隆到 TOPO 克隆载体中后，不用依赖于限制性内切酶，而是靠载体上存在的特定重组位点和重组酶的作用，高效、快速地将目的基因克隆到最终载体上。在 Gateway 系统中，入门载体包含两个重组位点序列——*attL1* 和 *attL2*，中间夹着一个 *ccdB* 自杀基因，因为 *ccdB* 基因的表达产物能抑制普通的大肠杆菌生长，所以在克隆时没有切开或者自身环化的载体在转化时不能生长，因此在入门载体接入目的基因时必须切掉这个基因。同样，最终载体的表达调控元件下游也含有两个重组位点——*attR1* 和 *attR2*，中间也夹着一个 *ccdB* 自杀基因。当需要将目的基因从入门载体转移到最终载体时，只要将两种质粒混合，在重组酶的作用下，*attL2* 序列和 *attR2* 序列发生重组，*attL1* 序列和 *attR1* 发生重组，生成一个新的质粒，通过抗生素筛选，可得到含有目的基因的最终表达载体。本研究选用的最终 RNAi 表达载体 pk7GWIWG2（I）是和 TOPO 克隆载体配套使用的，可将目的基因整合到植物基因组中，在基因转录翻译过程中产生发夹状结构，最终导致基因沉默。

　　本试验根据 TOPO 克隆载体要求设计特异性引物，RT-PCR 方法获得目的基因——*TFT1* 和 *TFT10* 基因，PCR 过程采用高效热启动酶获得平末端，与 TOPO 载体连接。通过测序比对结果发现，*TFT1* 基因片段与 GenBank 中发表的基因序列存在 1 bp 的差异，其推导的氨基酸序列有一个氨基酸残基的差异，而 *TFT10* 基因片段与 GenBank 中发表的基因序列存在 5 bp 的差异，但其编码的氨基酸序列完全相同，这可能是由于品种间遗传背景存在差异。将 TOPO 克隆与最终载体混合，在 LRmix 作用下，使 TOPO 克隆与最终表达载体发生 LR 置换反应，将最终表达载体上的 *ccdB* 基因置换掉，形成 RNAi 表达载体，然后通过壮观霉素进行抗性筛选，质粒 PCR，*xba*I 和 *Hind*III 限制性内切酶酶切验证，最终成功构建 *TFT1* 和 *TFT10* 基因 RNAi 表达载体，为进一步研究两个基因的功能奠定了基础。

6.4.2　高效植物转化体系的优化

　　科研人员在对卡那霉素应用在番茄遗传转化中的最适筛选浓度研究中确定了 100 mg/L 是其最适浓度；在普通栽培型番茄遗传转化研究中，使用了 100 mg/L 作为转化时最佳的卡那霉素使用浓度。本研究通过子叶对 Kan 的抗敏性试验，确定了番茄遗传转化中最适的 Kan 浓度是 50 mg/L。与之前的研究结果有差异的原因可能是采用的番茄品种不同。

　　有报道在研究富有柿子叶对壮观霉素的抗敏性研究中，采用 30 mg/L 的 Sp 进行遗传转化研究最适宜。本研究通过子叶对 Sp 的抗敏性试验，确定了番茄遗传转化中最适的 Sp 浓度是 100 mg/L。与之前的研究结果不同，可能原因是植物的基因型不同。

　　本研究确定了番茄遗传转化中最适的 Cef 使用浓度为 300 mg/L，且也是筛选出的最适抑菌浓度。这一结果与前人的研究结论一致。

　　侵染用农杆菌菌液浓度以及侵染时间是对转化效率产生影响的两个重要因素。不同的外植体对侵染用菌液浓度的需求也存在差别。对于农杆菌敏感性强的植物来说，由于其易产生过敏反应而造成外植体切口部分出现褐化现象，从而适合选择的 OD 值要低，选择的侵染时间也要短。若是外植体在悬浮液中被侵染的时间过久，往往由于农杆菌中毒缺氧导致软腐病，并且在外植体培养的过程中也容易出现农杆菌污染的现象；但是侵染时间要是过短则会致使伤口面未能被成功接种，从而会降低转化率。

在已有的研究中，不同的研究者选用的侵染时间存在差异，从 30 s 到 30 min 均有选用，这可能是由于试验材料的基因型不同。

共培养时间也是影响转化效率的一个重要条件，研究者选用的共培养时间不等，一般为 1～4 d。有研究优化了普通栽培型番茄遗传转化系统，筛选出的最优条件是：菌液浓度 OD_{600}＝0.5，5 min 的侵染，1 d 的共培养时间。本研究优化了番茄遗传转化体系，筛选出的最优条件是：OD_{600}＝0.5，10 min 的侵染，2 d 的共培养时间。这与前人的研究结果基本一致。

6.4.3　*TFT1* 和 *TFT10* 基因的遗传转化

通过优化番茄遗传转化体系筛选出的最优条件组合进行转化，然后进行生根、移栽、PCR 鉴定、炼苗获得转基因株系，最终得到抗性芽分化率分别为 35.1%、12.7%、20.5% 和 17.3%，最终植株转化率分别为 23.2%、9.8%、14.4%和 8.7%，成功获得了转 *TFT1* 和 *TFT10* 基因的普通栽培型番茄植株。

影响植物遗传转化效率的因素，除了转化过程中的菌浓度、侵染时间、共培养时间外，还与载体的选择有关。选择的载体不同，其含有的筛选剂的抗性基因就会存在差别，且转化效率在一定程度上由所选的筛选剂决定。现阶段，在番茄转化的研究中，卡那霉素由于其相对来说对植物伤害小的特点，常用作筛选剂，所以带有卡那霉素抗性基因的载体往往被用来进行番茄转化试验。在前人的研究中，以卡那霉素为筛选剂获得的抗性芽转化率范围在 12%～14%。本研究以卡那霉素为筛选剂，最终获得的转化效率分别为 23.2%、9.8%，平均较前人研究略有提高。以壮观霉素为筛选剂的番茄转化研究较少。尹虹（2007）以壮观霉素为筛选剂转化富有柿时获得的转化率极低。本研究获得的转化率分别为 14.4%和 8.7%，较前人研究有所提高。

6.5　本章小结

本研究以普通栽培型番茄的子叶作为外植体，以添加了不同激素配比生物 MS 培养基作为愈伤组织、不定芽以及根的诱导培养基，筛选出适合愈伤组织诱导及其不定芽分化的最优培养基及最优的生根培养基，建立了番茄高效再生体系。

以番茄子叶作为外植体进行愈伤组织诱导时，获得最大愈伤形成率的是诱导培养基（MS＋30.0 g/L 蔗糖＋7.0 g/L 琼脂＋2.0 mg/L ZR＋0.1 mg/L IAA），诱导率为 100%。同时，该培养基得到的不定芽形成率也是最大的，达到 80%。综合考虑，确定选择其作为最优诱导培养基。同时，本研究确定最优生根培养基为（MS＋30.0 g/L 蔗糖＋7.0 g/L 琼脂＋0.5 mg/L IBA），生根率为 100%。

通过设计特异引物，获得 *TFT1* 和 *TFT10* 基因的编码区，构建了植物表达载体 pCAMBIA1304-*TFT1* 和 pCAMBIA1304-*TFT10*，并成功转化入根癌农杆菌 EH105。

番茄遗传转化系统的优化研究显示，番茄子叶外植体对 Kan 的耐受浓度为 50 mg/L，不定芽生根时对其耐受浓度为 10 mg/L。子叶外植体对 Sp 的耐受浓度为 100 mg/L，不定芽生根时对其耐受浓度为 15 mg/L。使用 300 mg/L 的 Cef 可以有效控制农杆菌的生长。

子叶外植体对 Cef 的耐受浓度为 300 mg/L，不定芽生根时对其的耐受浓度为 300 mg/L。

以 OD_{600}＝0.5 的菌液浓度侵染子叶外植体 10 min，共培养 2 d，可以获得最大的转化效率。

以载体上的 35 S 启动子基因为筛选基因，分别以卡那霉素和壮观霉素为体系筛选剂，利用建立的番茄遗传转化体系，最终得到抗性芽分化率分别为 35.1%、12.7%、20.5% 和 17.3%，最终转化植株转化率分别为 23.2%、9.8%、14.4% 和 8.7%。成功获得了转 *TFT1* 和 *TFT10* 基因的普通栽培型番茄植株，所得转基因植株与未转化植株相比存在表型差异，由此推测 *TFT1* 和 *TFT10* 基因表达可能会影响番茄植株的生长发育。

参 考 文 献

曹慧颖，张立军，夏润玺，等．2012．番茄组织培养研究．中国蔬菜，16：10-14．

陈俊伟，张良诚，张上隆．2000．果实中糖分积累机理．植物生理学通讯，36（6）：497-503．

陈双臣，刘爱荣，王凤华，等．2010．农杆菌介导的番茄 Micro-Tom 遗传转化体系的建立．华北农学报，25（2）：112-115．

崔娜．2006．花期施用外源生长素类物质对番茄果实糖积累的影响．辽宁：沈阳农业大学博士学位论文．

崔娜，李天来，赵聚勇．2009．外源生长素对番茄果实蔗糖代谢关键酶活性及基因表达的影响．华北农学报，24（3）：99-101．

方金豹，黄宏文，李绍华．2002．CPPU 对猕猴桃果实发育过程中糖、酸含量变化的影响．果树学报，19（4）：235-239．

甘彩霞，吴楚．2007．蔗糖代谢中 3 类关键酶的研究进展．长江大学学报（自然科学版），4（1）：74-78．

高东升，孟繁国，王兴安．1999．GA$_3$ 对温室盆栽桃坐果及幼果糖酶活性的影响．植物生理学通讯，35（5）：365-366．

龚荣高，张光伦，吕秀兰，等．2004．脐橙在不同生境下果实蔗糖代谢相关酶的研究．园艺学报，31（6）：719-722．

郭旻．2010．Micro-Tom 番茄高效遗传转化体系建立及转 INH 基因植株的获得．辽宁：沈阳农业大学硕士学位论文．

胡任碧，赵强．1997．巨峰葡萄开花前至落果期 ^{14}C-光合产物的运转分配及与落花落果的关系．河北农业大学学报，1：36-38．

霍月青．2007．砂梨品种资源糖酸及石细胞含量特点研究．武汉：华中农业大学硕士学位论文．

姜晶，李天来，李伟．2005．番茄酸性转化酶 cDNA 片段的克隆与表达分析．园艺学报，32（5）：885-888．

蒋科技，皮妍，侯嵘，等．2010．植物内源茉莉酸类物质的生物合成途径及其生物学意义．植物学报，45（2）：137-148．

赖广润．1982．GA$_3$ 对马铃薯等地下繁殖器官萌发过程中酸性转化酶及糖类含量变化的影响．植物生理学通讯，2：26-29．

李玲，潘瑞炽．1994．BA 对花生叶片蔗糖和淀粉代谢有关酶活性的影响．热带亚热带植物学报，2（2）：52-57．

李天来，刘爽，沈丹峰．2010．赤霉素及其合成抑制剂（多效唑）对番茄心室数影响的初步研究．园艺学报，37：21-22．

李小汀．2007．水稻 GATAWAY RNA 干涉技术的建立及应用．浙江：浙江大学硕士学位论文．

李晓东，刘玲，陈杭，等．2002．樱桃番茄再生系统的研究．西北农林科技大学学报（自然科学版），30（1）：57-60．

李兴军，汪国云．2000．杨梅花芽孕育期间叶片酸性转化酶活性及糖类含量的变化．四川农业大学学报，18（2）：164-166．

李永庚，于振文，姜东，等．2001．冬小麦旗叶蔗糖和籽粒淀粉合成动态及与其有关的酶活性的研究．作物学报，27（5）：658-664．

刘爱荣，张远兵，凌娜．2002．精胺和亚精胺对油菜几个生理指标的影响．植物生理学通讯，38（4）：349-351．

刘小花．2008．Micro-Tom 番茄高效遗传转化体系建立．浙江：浙江大学硕士学位论文．

刘永忠，李道高．2002．脐橙果实发育中糖分积累与 SPS 活性研究．西南农业大学学报，24（4）：340-342．

刘永忠，李道高．2003．柑橘果实糖积累和蔗糖代谢酶活性的研究．园艺学报，30（4）：457-459．

陆续，江伟民，唐克轩．2011．茉莉酸类物质在植物次生代谢调控方面的研究进展．上海交通大学学报，29（6）：87-91．

罗素兰，田嘉堵，长孙东亭．2002．番茄高效再生体系的建立．海南大学学报（自然科学版），20（4）：314-328．

倪德祥，邓志龙．1992．植物激素对基因表达的调控．植物生理学通讯，28（6）：461-466．

倪竹如，陈俊伟，阮美颖，等．2000．BA 对椪柑果实生长发育及其同化产物分配的影响．浙江农业学报，12（5）：272-276．

牛森．1994．作物品质分析．北京：中国农业出版社．

潘瑞炽，董愚得．1995．植物生理学．北京：高等教育出版社．

齐红岩，李天来，邹琳娜，等．2001．番茄果实不同发育阶段糖分组成和含量变化的研究初报．沈阳农业大学学报，32（5）：346-348．

齐红岩，李天来，张杰．2002．不同品种番茄果实发育过程中糖分含量变化的研究．农业工程学报，18（增刊）：135-137．

齐红岩，李天来，张洁．2003．叶面喷肥对设施番茄产量、品质及干物质的影响．农业工程学报，19（增刊）：115-118．

齐红岩，李天来，张洁，等．2004．亏缺灌溉对番茄蔗糖代谢和干物质分配及果实品质的影响．中国农业科学，37（7）：1045-1049．

齐红岩，李天来，刘海涛．2005．番茄不同部位中糖含量和相关酶活性的研究．园艺学报，32（2）：239-243．

齐红岩，李天来，张洁，等．2006．番茄果实发育过程中糖的变化与相关酶活性的关系．园艺学报，33：294-299．

秦巧平．2004．柑橘果糖激酶分子生理特性及功能研究．浙江：浙江大学博士学位论文．

石兰蓉，吴岚芳，徐立，等．2005．乙烯利促进观赏凤梨花芽分化的生理机制初探．热带农业科学，25（1）：10-13，17．

苏彩霞，霍秀文，庆海，等．2006．番茄子叶下胚轴植株再生体系的建立．内蒙古农业大学学报，27（4）：91-95．

孙灿．2010．不同浓度茉莉酸甲酯诱导对植物营养和繁殖性状的影响．上海：华东师范大学硕士学位论文．

孙丽萍．2005．番茄果实蔗糖磷酸合成酶基因的克隆和番茄遗传转化体系的研究．山东：山东农业大学硕士学位论文．

王春丽，梁宗锁，李殿荣，等．2011．茉莉酸甲酯和水杨酸对丹参幼苗中蔗糖代谢和酚酸类物质积累的影响．西北植物学报, 31（7）：1405-1410.

王惠聪, 黄辉白, 黄旭明. 2003. 荔枝果实的糖积累与相关酶的括性. 园艺学报, 30（1）：1-5.

王秀芹, 黄卫东, 战吉成. 2004. 水杨酸对弱光下'大久保'桃果实库强的影响. 中国农学通报, 20（3）：169-172, 178.

王永章, 张大鹏. 2000. 乙烯对成熟期新红星苹果果实碳水化合物代谢的调控. 园艺学报, 27（6）：391-395.

王永章, 张大鹏. 2001. '红富士'苹果果实蔗糖代谢与酸性转化酶和蔗糖合成酶关系的研究. 园艺学报, 28（3）：259-261.

王永章, 张大鹏. 2002. 果糖和葡萄糖参与诱导苹果果实酸性转化酶翻译后的抑制性调节. 中国科学（C辑）, 32（1）：30-39.

魏佳, 贾承国, 李振, 等. 2009. 利用突变体研究植物激素对番茄果实品质的影响. 核农学报, 23（3）：521-525.

吴俊, 钟家煌, 徐凯. 2001. 外源GA₃对藤稔葡萄果实生长发育及内源激素水平的影响. 果树学报, 18（4）：209-212.

夏国海, 张大鹏, 贾文锁. 2000. IAA、GA和ABA对葡萄果实¹⁴C蔗糖输入与代谢的调控. 园艺学报, 27（1）：6-10.

夏宁. 2001. 多效唑对高羊茅叶片淀粉酶和转化酶活性的影响. 植物生理学通讯, 37（2）：116-118.

徐如涓, 李向东, 何宇炯, 等. 1994. 表油菜素内酯和胆甾内酯对葡萄坐果和成熟的影响. 上海农学院学报, 12（2）：90-95.

徐胜利, 陈青云, 李绍华, 等. 2005. 糖代谢相关酶和GA₃、ABA在嫁接伽师瓜果实糖分积累中的作用. 果树学报, 22（5）：514-518.

徐迎春. 2000. 需水非关键期节水栽培条件下果树碳水化合物代谢规律的研究. 北京：中国农业大学博士学位论文.

姚瑞亮, 李杨瑞, 黄玉辉, 等. 2005. 甘蔗生长后期乙烯利处理对节间转化酶活性的影响及与蔗糖分积累的关系. 广西农业科学, 36（2）：106-109.

姚瑞亮, 李杨瑞, 杨丽涛. 2000. 乙烯利对甘蔗成熟和未成熟节间的催熟增糖效应. 西南农业学报, 13（2）：89-94.

叶燕萍, 蒙显标, 黄立祝, 等. 2005. 乙烯利对宿根蔗生理生化特性和农艺性状的影响. 广西农业科学, 36（4）：308-311.

尹虹. 2007. 根癌农杆菌介导的富有柿遗传转化体系的研究. 河北：河北农业大学硕士学位论文.

於新建. 1985. 植物生理学实验手册. 上海：上海科学技术出版社.

于喜艳, 赵双宜, 何启伟, 等. 2002. 番茄果实酸性转化酶基因cDNA片段的克隆. 中国蔬菜, 6：9-11.

于志海. 2012. 番茄不同时期14-3-3蛋白与蔗糖代谢关系的初步研究. 辽宁：沈阳农业大学硕士学位论文.

余叔文, 汤章城. 2001. 植物生理与分子生物学. 北京：科学出版社.

张爱华, 解连军, 李荣, 等. 1994. 表高油菜素内酯BR-120在甘蔗中应用效果初报. 甘蔗糖业, 2：26-28.

张建人, 陆宏. 1995. 油菜素内酯对草莓生长及品质的影响. 浙江农村技术师专学报, 4：74-76.

张洁, 李天来, 徐晶. 2005. 昼夜亚高温对日光温室番茄生长发育、产量及品质的影响. 应用生态学报, 16（6）：1051-1055.

张进, 姜远茂, 张序, 等. 2004. 环剥和喷施赤霉素对鲁北冬枣果实品质的影响. 落叶果树, 1：6-8.

张明方, 李志凌. 2002. 高等植物中与蔗糖代谢相关的酶. 植物生理学通讯, 38（3）：289-295.

赵晓翠. 2013. 番茄TFT1和TFT10基因的表达分析及超表达载体构建. 辽宁：沈阳农业大学硕士学位论文.

赵智中, 张上隆, 徐昌杰, 等. 2001. 蔗糖代谢相关酶在温州蜜柑果实糖积累中的作用. 园艺学报, 28（2）：112-118.

钟小红, 石雪晖, 马定渭, 等. 2004. IAA色氨酸处理对索非亚草莓营养生长和果实品质的调控. 果树学报, 21（6）：565-568.

周睿, 杨洪强, 束怀瑞. 1996. 脱落酸对植物库强的调控. 植物生理学通讯, 32（3）：223-228.

周秀梅, 李保印, 刘弘. 2003. 油菜素内酯在加工葡萄品种上的应用效果. 安徽农业科学, 31（2）：308-309.

李天来, 清野贵将, 大川亘. 2000. トマトにおける维管束の走向と光合成产物の转流经路との関係. 园艺学会雑誌, 69（1）：69-75.

Abdin O, Zhou X, Coulman B, et al. 1998. Effect of sucrose supplementation by stem injection on the development of soybean plants. J Exp Bot, 49: 2013-2018.

Ackerson R C. 1985. Regulation of soybean embryogenesis by abscisic acid. J Exp Bot, 35: 403-413.

Aitken A. 2006. 14-3-3 proteins: a historic overview. In Seminars in Cancer Biology, 16(3): 162-172.

Akio S, Hidokazu I, Takanori S, et al. 1995. Suppression of acid invertase activity by antisence RNA modifies the sugar composition of tomato fruit. Plant Cell Physiol, 36(2): 369-376.

Akio S, Yoshinori K, Shohei Y. 1996. Occurrence of two sucrose synthase isoenzymes during aturation of Japanese pear fruit. J Amer Hort Sci, 121(5): 943-947.

Alderson A, Sabelli P A, Dickinson J R, et al. 1991. Complementation of snf1, a mutation affecting global regulation of carbon metabolism in yeast, by a plant protein kinase cDNA. PNAS, 88: 8602-8605.

Aldridge D C, Galt S, Giles D, et al. 1971. Metabolotes of Lasiodiplodia theobromae. J Chem Soc C, 0: 1623-1627.

Alexander R D, Morris P C. 2006. A proteomic analysis of 14-3-3 binding proteins from developing barley grains. Proteomics, 6(6):1886-1896.

Amor Y, Haigler C H, Johnson S, et al. 1995. A membrane-associated form of sucrose synthase and its potential role in synthesis of cellulose and callose in plant. Proc Nantl Acad Sci USA, 92: 9353-9357.

Aoki K, Yano K, Suzuki A S, et al. 2010. Large-scale analysis of full-length cDNAs from the tomato (*Solanum lycopersicum*) cultivar Micro-Tom, a reference system for the Solanaceae genomics. BMC genomics, 11(1): 210.

Archbold D. 1988. ABA facilitates sucrose import by strawberry explant and cortex disks in vitro. Hortscience, 23: 880-888.

Arnold K, Bordoli L, Kopp J, et al. 2006. The SWISS-MODEL workspace: a web-based environment for protein structure homology modelling. Bioinformatics, 22(2): 195-201.

Atkinson R G, Perry J, Matsui T, et al. 1996. A stress-, pathogenesis-, and allergen-related cDNA in apple fruit is also ripening-related. New Zeal and J Crop Hort Sci, 24: 103-107.

Avigad G. 1982. Sucrose and other disaccharides. In: Encyclopedia of Plant Physiology. New Series, 13: 217.

Bachelier D, Heineke D, Sonnewald U, et al. 1997. Solute accumulation and decreased photosynthesis in leaves of potato plants expressing yeast-derived invertase either in the apoplast, vacuole or cytosol. Planta, 202: 126-136.

Baker D A. 2000. Long-distance vascular transport of endogenous hormones in plants and their role in source: sink regulation. Israel Journal of Plant Science, 48(3): 199-203.

Barker L, Kühn C, Weise A, et al. 2000. SUT2, a putative sucrose sensor in sieve elements. Plant Cell, 12: 1153-1164.

Baxter C T, Feyer C H, Turner J, et al. 2003. Elevated sucrose-phosphate synthase activity in transgenic tobacco sustains photosynthesis in older leaves and alters development. Journal of experiment Botany, 54(389): 1813-1820.

Benedetti C E, Xie D, Turner J G. 1995. COI1-dependent expression of an *Arabidopsis* vegetative storage protein in flowers and siliques and in response to coronatine or methyl jasmonate. Plant Physiol, 109: 567-572.

Beruter J. 1983. Effect of abscisic acid on sorbitol uptake in growing apple fruits. J Expert Bot, 143: 737-743.

Beurter J. 1985. Sugar accumulation and changes in the activities of related enzymes during development of the apple fruit. Plant Physiology, 121:331-341.

Blée E. 2002. Impact of phyto-oxylipins in plant defense. Trends Plant Sci, 7: 315-321.

Bornke F. 2005. The variable C-terminus of 14-3-3 proteins mediates isoform-specific interaction with sucrose phosphate synthase in the yeast two-hybrid system. J Plant Physiol, 162: 161-168.

Bradford K J, Downie A B, Gee O H, et al. 2003. Abscisic acid and gibberellin differentially regulate expression of genes of the SNF1-related kinase complex in tomato seeds. Plant Physiol, 132(3): 1560-1576.

Brandon R, Hockema E D. 2001. Metabolic contributors to drought-enhanced ccumulation of sugars and acids in oranges. J Mer Soc Hort Sci, 126(5): 599-605.

Brandt J, Thordal-Christensen H, Vad K, et al. 1992. A pathogen-induced gene of barley encodes a protein showing high similarity to a protein kinase regulator. Plant J, 2(5): 815-820.

Brenner M L. 1989. Hormonal control of assimilate portioning:regulation in the sink. Acta Hort, 239: 141-148.

Buchanan B B, Gruissem W, Jones R L. 2004. Biochemistry & Molecular Biology of Plants. Rockville, MD, USA: American Society of Plant Physiologists.

Cakir B, Agasse A, Gaillard C, et al. 2003. A grape ASR protein involved in sugar and abscisic acid signaling. Plant Cell, 15: 2165-2180.

Castleden C K, Aoki N, GillespieV J, et al. 2004. Evolution and function of the sucrose-phosphate synthase gene families in wheat and other grasses. Plant Physiology, 135(3): 1753.

Chen F, Li Q, Sun L, et al. 2006.The rice *14-3-3* gene family and its involvement in responses to biotic and abiotic stress. DNA Res, 13(2): 53-63.

Chen W L, Huang D J, Liu P H, et al. 2001. Purification and characterization of sucrose phosphate synthase from sweet potato tuberous roots. Bot Bull Acad Sin, 42(2): 123-129.

Chengappa S, Guilleroux M, Philips W, et al. 1999. Transgenic tomato plants with decreased sucrose synthase are unaltered in starch and sugar accumulation in the fruit. Plant Mol Biol, 40: 213-221.

Chengappa S, Loader N, Shields R. 1998. Cloning, expression and mapping of a second tomato sucrose synthase gene, Sus3. Plant Physiol, 118: 1533.

Cheong Y H, Chang H S, Gupta R, et al. 2002. Transcriptional profiling reveals novel interaction between wounding, pathogen, abiotic stress, and hormonal responses in *Arabidopsis*. American Society of Plant Physiologists, 129 (2):661-677.

Chevalier D, Morris E R, Walker J C. 2009. 14-3-3 and FHA domains mediate phosphoprotein interactions. Annu Rev Plant Biol ,

260: 67-91.

Chico J M, Chini A, fonseca S, et al. 2008. JAZ repressors set the rhythm in jasmonate signaling. Curr Opin Plant Biol, 11: 486-494.

Chini A, Fonseca S, Fernández G, et al. 2007. The JAZ family of repressors is the missing link in jasmonate signaling. Nature, 448(7154): 666-671.

Chiou T J, Bush D R. 1998. Sucrose is a signal molecule in assimilate partitioning. Proc Nath Acad Sci USA, 95: 4784-4788.

Chung H S, Koo A J K, Gao X, et al. 2008. Regulation and function of *Arabidopsis JASMONATE ZIM*-domain genes in response to wounding and herbivory. Plant Physiol, 146: 952-964.

Coombe B G. 1976. The development of fleshy fruits. Annu Rev Plant Physiol, 27:207-228.

Cotelle V, Meek S E M, Provan F, et al. 2000. 14-3-3s regulate global cleavage of their diverse binding partners in sugar-starved *Arabidopsis* cells. EMBO J, 19: 2869-2876.

Crawford R M, Halford N G , Hardie D G. 2001. Cloning of DNA encoding a catalytic subunit of SNF1-related protein kinase-1 (SnRK1-alpha1), and immunological analysis of multiple forms of the kinase, in spinach leaf. Plant Mol Biol, 45(6): 731-741.

D'Aoust M A, Yelle S, Nguyen Q B. 1999. Antisense inhibition of tomato fruit sucrose synthase decreases fruit setting and the sucrose unloading capacity of young fruit. Plant Cell, 11: 2407-2418.

Dai N, German M A, Matsevitz T, et al. 2002 . *LeFRK2*, the gene encoding the major fructokinase in tomato fruits, is not required for starch biosynthesis in developing fruits. Plant Sci, 162: 423-430.

Dai N, Schaffer A A, Petreikov M, et al. 1999. Over expression of *Arabidopsis* hexokinase in tomato plants inhibits growth, reduces photosynthesis, and induces rapid senescence. Plant Cell, 11(7): 1253-1266.

Dali N, Michaud D, Yelle S. 1992. Evidence for the involvement of sucrose phosphate synthase in the pathway of sugar accumulation in sucrose accumulating tomato fruits. Plant physiol, 99: 434-438.

Dave A, Hernández M L, He Z, et al. 2011. 12-oxo-phytodienoic acid accumulation during seed development represses seed germination in *Arabidopsi*. Plant Cell, 23: 583-599.

David A M. 1996. Hormonal regulation of sucrose-sink relationships: An overview of potential control mechanisms. In: Zamski E, Schaffer A A. Photoassimilate Distribution in Plants and Crope: Source-Sink Relationships. New York: Marcel Dekker Inc.

Davies C, Robinson S P. 1996. Sugar accumulation in grape berries. Cloning of two putative vacuolar invertase cDNAs and their expression in grapevine tissues. Plant Physiol, 111: 275-283.

Demnitz-King A, Ho L C, Baker D A. 1997. Activity of sucrose hydrolyzing enzyme and sugar accumulation during tomato fruit development. Plant Growth Regulation, 22: 193-201.

Devoto A, Nieto-Rostro M, Xie D, et al. 2002. COI1 links jasmonate signaling and fertility to the SCF ubiquitin-ligase complex in *Arabidopsis*. Plant J, 32(4): 457-466.

Doehlert D C. 1989. Separation and characterization of four hexose kinases from developing maize kemels. Plant Physiol, 89: 1042-1048.

Echeverria E, Valich J. 1988. Carbohydrate and enzyme distribution in protoplasts from *Valencia orange* juice sacs. Phytochem, 27: 73-76.

Ehness R, Ecker M, Godt D E, et al. 1997. Glucose and stress independently regulate source and sink metabolism and defense mechanisms via signal transduction pathways involving protein phosphorylation. Plant Cell, 9:1825-1841.

Eleazar M B, Thierry D. 2011. Wheat grain development is characterized by remarkable trehalose 6-phosphate accumulation pre-grain filling: tissue distribution and relationship to SNF1-related protein kinase1 activity. Plant Physiology Preview, 10: 111-140.

Elliott K L, Butler W O, Dickinson C D, et al. 1993. Isolation and characterization of fruit vacuolar invertase genes from two tomato species and temporal differences in mRNA levels during fruit ripening. Plant Mol Biol, 21: 524-585.

Eschrich W. 1980. Free space invertase, its possible role in phloem unloading. Ber Deut Bot Ges, 93: 363-378.

Estruch J J, Beltran J P. 1991. Changes in invertase activities precede ovary growth induced by gibberellic acid in *Pisum sativum*. Physiol Plant, 81: 319-326.

Farmaki T, Sanmartin M, Jimenez P, et al. 2007. Differential distribution of the lipoxygenase pathway enzymes within potato chloroplasts. J Exp Bot, 58: 555-568.

Farrar J F. 1993. Sink strength: What is it and how do we measure it? Plant Cell and Environ, 16: 1014-1046.

Farrar J, Pollock C, Gallagher J. 2000. Sucrose and the integration of metabolism in vascular plants. Plant Sci , 154: 1-11.

Feys B J F, Benedetti C E, Penfold C N, et al. 1994. *Arabidopsis* mutants selected for resistance to the phytotoxin coronatine are

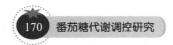

male sterile, insensitive to methyl jasmonate, and resistant to a bacterial pathogen. The Plant Cell, 6(5): 751-759.

Fieuw S, Willenbrink J. 1987. Sucrose synthase and sucrose phosphate synthase in sugar beet plants (*Beta vulgaris* L. ssp. *altissima*). J Plant Physiol, 131: 153-162.

Fridman E, Zamir D. 2003. Functional divergence of a syntenic invertase gene family in tomato, potato, and *Arabidopsis*. Plant Physiol, 131(2): 603-609.

Frommer W B, Uwe S. 1995. Molecular analysis of carbon partitioning in *Solanaceous* species. J Exp Bot, 46: 587-607.

Fu H, Kim S Y, Park W D. 1995. High-level tuber expression and sucrose inducibility of a potato *Sus4* sucrose synthase gene require 5'- and 3'-flanking sequences and the leader intron. The Plant Cell, 7: 1387-1394.

Fu H, Park W D. 1995. Sink and vascular-associated sucrose synthase functions are encoded by different gene classes in potato. The Plant Cell, 7: 1369-1385.

Galtier N, Foyer C H, Huber J, et al. 1993. Effects of elevated sucrose-phosphate synthase activity on photosynthesis, assimilate partitioning, and growth in tomato (*Lycopersicon esculentum* var *UC82B*). Plant Physiol, 101: 535-543.

Gao Z, Petreikov M, Zamski E, et al. 1999. Carbohydrate metabolism during early fruit development of sweet melon (*Cucumis melo*). Physiol Plant, 106: 1-8.

German M A, Dai N, Matsevitz T, et al. 2003. Suppression of fructokinase encoded by *LeFRK2* in tomato stem inhibits growth and causes wilting of young leaves. Plant J, 34(6): 837-846.

Giaquinta R. 1977. Sucrose hydrolysis in relation to phloem translocation in *Beta vulgaris*. Plant Physiol, 60: 339-343.

Gifford R M, Evans L T. 1981. Photosynthesis, carbon partitioning and yield. Annu Rev Plant Physiol, 32: 485-509.

Godt D E, Roitsch T. 1997. Regulation and tissue-specific distribution of mRNA for three extracellular invertase isozymes in tomato suggests an important function in establishing and maintaining sink metabolism. Plant Physiol, 115: 273-278.

Gross K C, Pharr D M. 1982. A potential pathway for galactose metabolism in *Cucumis sativus* L., a stachyose transporting species. Plant Physiol, 69: 117-121.

Gustavo T D, Cleverson C M, Juarez P T. 2011. The *Arabidopsis* b-ZIP gene *AtbZIP63* is a sensitive integrator of transient abscisic acid and glucose signals. Plant Physiology, 157: 692-704.

Haigler C H, Hequet E F, Krieg D R. 2000. Transgenic cotton with improved fiber micronare, strength, and length and increased fiber weight. Proceedings of the Beltwide Cotton Conference, 1(3): 483.

Hardin S C, Huber S C. 2004. Proteasome activity and the post-translational control of sucrose synthase stability in maize leaves. Plant Physiol and Biochemistry, 42: 197-208.

Harthill J E, Meek S E M, Morrice N. 2006. Phosphorylation and 14-3-3 binding of *Arabidopsis* trehalose-phosphate synthase 5 in response to 2-deoxyglucose. Plant J, 47: 211-223.

Hawker J S. 1971. Enzymes concerned with sucrose synthesis and transformations in seeds of maize broad bean and castor bean. Phytochem, 10(10): 2313-2322.

Heidi M A, Thomas M A, Jack C S. 2012. Effects of jasmonic acid, branching and girdling on carbon and nitrogen transport in poplar. New Phytologist, 195: 419-426.

Hein M B, Brenner M L, Brun W A. 1984. Concentratob of abscisic acid and indole-3-acetic acid in soybeans seeds during development. Plant Physiol, 76: 951-954.

Hesse H, Sonnewald U, Willmitzer L. 1995. Cloning and expression analysis of sucrose phosphate synthase from sugar beet (*Betaml garis* L.). Mol Cen Cenet, 247(4): 515-520.

Hesse H, Wilimizer L. 1996. Expression analysis of a sucrose synthase gene from sugar beet (*Beta vulgaris* L). Plant Mol Biol, 30: 863-872.

Hirose T, Irnaizunri N, Scofield G N, et al. 1997. cDNA cloning and tissue specific expression of a gene for sucrose transporter from rice (*Oryza sativa* L.). Plant Cell Physiol, 38(12): 1389-1396.

Hirsch S, Aitken A, Bertsch U, et al. 1992. A plant homologue to mammalian brain 14-3-3 protein and protein kinase C inhibitor. FEBS Lett, 296(2): 222-224.

Ho L C. 1988. Metabolism and campartmentation of imported sugars in sink organs in relation to sink strength. Plant Physiol Plant Mol Biol, 39: 355-378.

Hubbard N I, Huber S C, Pharr D M. 1989. Sucrose phosphate synthase and acid invertase as determinants of sucrose concen tration in developing muskmelon (*Cucumis milo* L.) Fruits. Plant Physiology, 91: 1527-1534.

Hubbard N L, Pharr D M, Huber S C. 1990. Role of sucrose-phosphate synthase in sucrose biosynthesis in ripening bananas and its relationship to the respiratory climacteric. Plant Physiol, 94: 201-208.

Hubbard N L, Pharr D M, Huber S C. 1991. Sucrose phosphate synthase and other sucrose metabolizing enzymes in fruits of various species. Physiol Plant, 82: 191-196.

Huber S C, Akazawa T. 1985. A novel sucrose synthase pathway for sucrose degradation in cultured sycamore cells. Plant Physiol, 81: 1008-1013.

Huber S C, Huber J L. 1996. Role and regulation sucrose phosphate synthase in higher plants. Plant MolBiol, 47: 431-445.

Huber S G. 1983. Role of sucrose-phosphate synthase in partition of carbon in leaves. Plant Physiol, 71: 818-821.

Islam M S, Matsui T, Yoshida Y. 1996. Carbohydrate content and activities of sucrose synthase, sucrose phosphate synthase and acid invertase in different tomato cultivars during fruit development. Scientia Horticulturae, 65: 125-136.

Isobe T, Ichimura T, Sunaya T, et al. 1991. Distinct forms of the protein kinase-dependent activator of tyrosine and tryptophan hydroxylases. J Mol Biol, 217(1): 125-132.

Jang J C, Leon P, Zhou L, et al. 1997. Hexokinase as a sugar sensor in higher plants. Plant Cell, 9: 5-19.

Jang J C, Sheen J. 1994. Sugar sensing in higher plants. Plant Cell, 6: 1665-1679.

Jang J C, Sheen J S. 1997. Sugar sensing in higher plants. Trends Plant Sci, 2: 208-214.

Jiang H, Dian W, Liu F. 2003. Isolation and characterization of two fructokinase cDNA clones from rice. Phytochemistry, 62(1): 47-52.

Jone O A , Kanayama Y, Yamaki S. 1996. Sugar uptake into strawberry fruit is stimulated by ABA and IAA. Physiol Plant, 97: 169-174.

Kanayama Y, Dai N, Granot D. 1997. Divergent fructokinase genes are differentially expressed in tomato. Plant Physiol, 113(4): 1379-1384.

Karrer E E, Rodriguez R L. 1992. Metabolic regulation of rice α-amylase and sucrose synthase genes in planta. Plant J, 2: 517-523.

Kim J G, Li X, Roden J A. 2009. Xanthomonas T3S effector XopN suppresses PAMP-triggered immunity and interacts with a tomato atypical receptor-like kinase and TFT1. The Plant Cell, 21:1305-1323.

Klann E M, Chetelat R T, Bennett A B. 1993. Expression of acid invertase gene controls sugar composition in tomato (*Lycopersicon*) Fruit. Plant physiol, 103: 863-870.

Klann E M, Hall B, Bennett A B. 1996. Antisense acid invertase (*TIV 1*) gene alters soluble sugar composition and size in transgenic tomato fruit. Plant Physiol, 112: 1321-1330.

Klein R R, Crafts B S J, Salvucci M E. 1993. Cloning and developmental expression of the sucrose-phosphate-synthase gene from spinach. Planta, 190: 498-510.

Kleinow T, Bhalerao R, Breuer F, et al. 2000. Functional identification of an *Arabidopsis* snf4 ortholog by screening for heterologous multicopy suppressors of snf4 deficiency in yeast. Plant J, 23: 115-122.

Kleinow T, Himbert S, Krenz B. 2009. NAC domain transcription factor ATAF1 interacts with SNF1-related kinases and silencing of its subfamily causes severe developmental defects in *Arabidopsis*. Plant Science, 177: 360-370.

Koch K E, Avigne W T. 1990. Postphloem, nonvascular transfer in citrus: kinetics, metabolism, and sugar gradients. Plant Physiol, 93:1405-1416.

Koch K E. 1996. Carbohydrate-modulated gene expression in plants. Annu Rev Plant Physiol Plant Mol Biol, 47: 509-540.

Koch K E, Lowell C A, Avigne W T. 1986. Assimilate transfer through citrus juice vesicle stalks: a nonvascular portion of the transport path. In: Cronshaw J, Lucas W T, Giaquinta R T. Plant biology Vol I: Phloem Transport. New York: Alan Liss Inc.

Koch K E, Nolte K D, Duke E R, et al. 1992. Sugar levels modulate differential expression of maize sucrose synthase genes. Plant Cell, 4: 59-69.

Komatsu A. 2002. Analysis of sucrose synthase genes in citrus suggests different roles and phylogenetic relationships. Journal of Experimental Botany, 53: 61-71.

Komatsu A, Takanokura Y, Moriguchi T, et al. 1999. Differential expression of three sucrose-phosphate synthase isoforms during sucrose accumulation in citrus fruits (*Citrus unshiu* Marc). Plant Sci, 140(2): 169-178.

Komatsu A, Takanokura Y, Omura M, et al. 1996. Cloning and molecular of cDNA encoding three sucrose phosphate synthase isoforms from a citrus fruit (*Citrus unshiu* Marc.). Mol Gen Genet, 252: 346-351.

Lalonde S, Boles E, Hellmann H, et al. 1999. The dual function of sugar carriers: transport and sugar sensing. Plant Cell, 11: 702-726.

Laporte M M, Galagan J A, Shapiro J A. 1997. Sucrose phosphate synthase activity and yield analysis of tomato transformed with maize sucrose phosphate synthase. Planta, 203: 253-259.

Laurie S, McKibbin R S, Halford N G. 2003. Antisense SNF1-related (SnRK1) protein kinase gene represses transient activity of an alpha-amylase (*alpha-Amy2*) gene promoter in cultured wheat embryos. J Exp Bot, 4(383): 739-747.

Le G L, Thomas M, Bianchi M, et al. 1992. Structure and expression of a gene from *Arabidopsis thaliana* encoding a protein related to SNF1 protein kinase. Gene, 120 (2): 249-54.

Leloir L F, Cardini C E. 1955. The biosynthesis of sucrose. J Boil Chem, 214: 149-154.

Levin I, Gilboa N, Yeselson E, et al. 2000. Fgr, a major locus that modulates the fructose to glucose ratio in mature tomato fruits. Thore APPI Genet, 100(2): 256-262.

Li C R, Zhang X B, Huang C H, et al. 2004. Cloning, characterization and tissue specific expression of a sucrose synthase gene from tropical epiphytic CAM orchid *Mokara Yellow*. J Plant Physiol, 161: 87-94.

Li C, Liu G, Xu C, et al. 2003. The tomato suppressor of prosystemin-mediated responses2 gene encodes a fatty acid desaturase required for the biosynthesis of jasmonic acid and the production of a systemic wound signal for defense gene expression. The Plant Cell, 15(7): 1646-1661.

Li J, Brader G, Palva E T. 2004. The WEKY70 transcription factor: a node of convergence for jasmonate-mediated and salicylate-mediate signal in plant defense. Plant Cell, 16: 319-331.

Li W, Koste A Y, James M E, et al. 2013. The Pseudomonas effe or HopQ1 promotes bacterial virulence and interacts with tomato 14-3-3 proteins in a phosphorylation dependent manner. Plant Physiology Preview, 10: 1-42.

Linden J C, Ehness R, Roitsch T. 1996. Regulation by ethylene of apoplastic invertase expression in *Chenopodium rubrum* tissue culture cells. Plant Growth Regul, 19: 219-222.

Lingle S E. 1999. Sugar metabolism during growth and development in sugarcane internodes. Crop Sei, 39: 480-486.

Lingle S E, Dunlap J R. 1987. Sucrose metabolism in netted muskmelon fruit during development. Plant Physiol, 84: 386-389.

Lorenzo O, Chico J M, Sanchez-Serrano J J, et al. 2004. *JAMONATE-INSENSITIVE1* encodes a *MYC* transcription factor essential to discriminate between different jasmonate-ragulated defense responses in *Arabidopsis*. Plant Cell, 16: 1938-1950.

Lorenzo O, Piqueras R, Sanchez-Serrano J J, et al. 2003. ETHYLENE RESPONSE FACTOR1 integrates signals from etylene and jasmonate pathways in plant defense. Plant Cell, 15: 165-178.

Lowell C A, Tomlinson P T, Koch K E. 1989. Sucrose-metabolizing enzymes in transport and adjacent sink structure in developing citrus fruit. Plant Physiol, 90: 1394-1402.

Lu G , DeLisle A J, de Vetten N C, et al. 1992. Brain proteins in plants: an *Arabidopsis* homolog to neurotransmitter pathway activators is part of a DNA binding complex. Proc Natl Acad Sci USA, 89(23): 11490-11494.

MacRae E, Puick W P, Benker C, et al. 1992. Carbohydrate metabolism during postharvest ripening in kiwifruit. Planta, 188: 314-323.

Mandaokar A, Thines B, Shin B, et al. 2006. Transcriptional regulators of stamen development in *Arabidopsis* identified by transcriptional profiling. Plant J, 46: 984-1008.

Marian C, Barbara C O. 1981. Mutants of yeast defective in sucrose utilization. Genetxs, 98: 25-40.

Mathieu J, Jean P, Bouly P M. 2009. SnRK1 (SNF1-related kinase 1) has a central role in sugar and ABA signaling in *Arabidopsis thaliana*. The Plant Journal, 59: 316-328.

MB Y. 2002. How do 14-3-3 proteins work?- Gatekeeper phosphorylation and the molecular anvil hypothesis. FEBS Lett, 513(1): 53-57.

Mccollum T G , Huber D J, Cantliffe D J. 1988. Soluble sugar accumulation and activity of related enzymes during musk melon fruit development. Amer Soc Hort Sci, 113: 399-403.

McGrath K C, Dombrecht B, Manners J M, et al. 2005. Repressor- and activator-type ethylene resistance identified via a genome-wide screen of *Arabidopsis* transcription factor gene expression. Plant Physiol, 139: 949-959.

McKibbin R S, Muttucumaru N, Paul M J, et al. 2006. Production of high-starch, low-glucose potatoes through over-expression of the metabolic regulator SnRK1. Plant Biotechnol, 4(4): 409-418.

Memelink J. 2009. Regulation of gene expression by jasmonate hormones. Phytochemistry, 70: 1560-1570.

Menu T, Saglio P, Granot D. 2004. High hexokinase activity in tomato fruit perturbs carbon and energy metabolism and reduces fruit and seed size. Plant Cell Environ, 27: 89-98.

Micallef B J, Haskins K A, Vanderveer. 1995. Altered photosynthesis, flowering, and fruiting in transgenic tomato plants that have increased capacity for sucrose synthesis. Planta, 196: 327-334.

Milner I D, Ho L C, Hall J L. 1995. Properties of proton and sugar transport at tonoplast of tomato (*Lycopersicon esculentum*) fruit. Physiol Plant, 94: 399-410.

Miron D, Schaffer A A. 1991. Sucrose phosphate synthase, sucrose synthase, and invertase activities in developing fruit of *Lycopersicon esculentum* Mill. and the sucrose accumulating *Lycopersicon Humb.* and Bonpl. Plant Physiol, 95: 623-627.

Mitsuhashi W, Sasaki S, Kanazawa A, et al. 2004. Differential expression of acid invertase genes during seed germination in *Arabidopsis thaliana*. Biosci Biotechnol Biochem, 68(3): 602-608.

Moore B W, Perez V J, Carlson F D. 1967. Physiological and biochemical aspects of nervous integration. Englewood Cliffs, NJ: Prentice-Hall.

Moorhead C, Douglas P, Cotelle V. 1999. Phosphorylation-dependent interactions between enzymes of plant metabolism and 14-3-3 proteins. Plant J, 18(1): 1-12.

Moriguchi T, Abe K, Sanada T. 1992. Levels and role of sucrose synthase, sucrose-phosphate synthase, and acid invertase in sucrose accumulation in fruit of *Asian pear*. Am Soc Hort Sci, 117: 274-278.

Moriguchi T, Ishizawa Y, Sanada T. 1991. Role of sucrose and other related enzymes insucrose accumulation in pearch fruit. J Japan Soc Hort Sci, 160: 531-538.

Moriguchi T, Yamaki S. 1988. Purification and characterization of sucrose synthase from peach (*Prunus persica*) fruit. Plant Cell Physiol, 29(8): 1361-1366.

Nguyen-Quoc B, Foyer C H. 2001. A role for "futile cycles" involving invertase and sucrose synthase in sucrose metabolism of tomato fruit. Journal of Experimental Botany, 52(358): 881-889.

Nguyen-Quoc B, Hyacinthe N, Tchobo, et al. 1999. Overexpression of sucrose phosphate synthase increase sucrose unloading in transformed tomato fruit. Journal of Experimental Botany, 50(335): 785-791.

Odanaka S, Bennett A B, Kanayama Y. 2002. Distinct physiological roles of fructokinase isozymes revealed by gene-specific suppression of *FRK1* and *FRK2* expression in tomato. Plant Physiol, 129(3): 1119-1126.

Offer C E, Horder B A. 1992. The cellular pathway of short distance transfer of photosynthates in developing tomato fruit. Plant Physiol, 99:5-41.

Offer C E, Patrick J W. 1986. Cellular pathway and hormonal control of short distance transfer in sink regions. Plant Biology, 1: 295-306.

Ofosu-Anim J, Yamaki S. 1994. Sugar content and compartmentation in melon fruit and the restriction of sugar efflux from flesh tissue by ABA. J Japan Soc Hort Sci, 63:685-692.

Oh C S, Pedley K F, Martin G B. 2010. Tomato 14-3-3 protein 7 positively regulates immunity-associated programmed cell death by enhancing protein abundance and signaling ability of MAPKKKα. Plant Cell, 22(1): 260-272.

Ohyama A, Hirai M. 1999. Introducing an antisense gene for a cell- wall- bound acid invertase to tomato (*Lycopersicon esculentum*) plants reduces carbohydrate content in leaves and fertility. Plant Biotechnol, 16(2): 147- 151.

Ohyama A, Ito H, Sato T. 1995. Suppression of acid invertase activity by antisense RNA modifies the sugar composition of tomato fruit. Plant Cell Physiol, 36: 369-376.

Patrick J W. 1990. Sieve element unloading cellular pathway, mechanism and control. Physiol Plant, 78: 298-308.

Pego J V, Smeekens S C M. 2000. Plant fructokinases: A sweet family get-together. Trends in Plant Sci, 5(12): 531-536.

Penninck I, Thomma B, Buchala A, et al. 1998. Concomitant activation of jasmonate and ethylene response pathways is required for induction of a plant defense gene in *Arabidopsis*. The Plant Cell, 10(12): 2103-2114.

Perata P, Matsukura C, Vemieri P, et al. 1997. Sugar repression of a gibberellin dependent signaling pathway in barley embryos. Plant Cell, 9: 2197-2208.

Piattoni C V, Bustos D M, Guerrero S A, et al. 2011. Nonphosphorylating glyceraldehyde-3-phosphate dehydrogenase is phosphorylated in wheat endosperm at serine-404 by an SNF1-related protein kinase allosterically inhibited by ribose-5-phosphate. Plant Physiol, 156(3): 1337-1350.

Pozuelo R M, Geraghty K M, Wong B H, et al. 2004. 14-3-3-affinity purification of over 200 human phosphoproteins reveals new links to regulation of cellular metabolism, proliferation and trafficking. Biochem J, 379(2): 395-408.

Prata R T N, Williamson J D, Conkling M A, et al. 1997. Sugar repression of mannitol dehydrogenase activity in celery cells. Plant Physiol, 114: 307-314.

Pre M, Atallah M, Champion A, et al. 2008. The AP2/ERF domain transcription factor *ORA59* integrate jasmonic acid and ethylene signals in plant defense. Plant Physiol, 147: 1347-1357.

Qin Q P, Zhang S L, Chen J W. 2004. Isolation and expression analysis of fructokinase genes from citrus. Acta Botanica Sinica, 46(12): 1408-1415.

Raskin I. 1992. Salicylic acid a new plant hormone. Plant physiol, 99: 799-803.

Renner R, Schuler K, Sonnewald U. 1996. Soluble acid invertase determines the hexose-to-sucrose ratio in cold-stored potato tubers. Planta, 198: 246-252.

Renz A, Stitt M. 1993. Substrate specificity and product inhibition of different forms of fructokinases and hexokinases developing potato tubers. Planta, 190: 166-175.

Reymond P, Weber H, Damond M, et al. 2000. Differential gene expression in response to mechanical wounding and insect feeding in *Arabidopsis*. Plant Cell, 12: 707-719.

Ricardo C P P, ApRees T. 1970. Invertase activity during the development of carrots roots. Phytochem, 9: 239-247.

Roberts M R, Bowles D J. 1999. Fusicoccin, 14-3-3 proteins, and defense responses in tomato plants. Plant Physiol, 119(4): 1243-1250.

Roberts M R, Bruxelles G L. 2002. Plant 14-3-3 protein families: evidence for isoform-specific functions? Biochem Soc Trans, 30(4): 373-378.

Robinson N L, Hewitt J D, Bennett A B. 1988. Sink metabolism in tomato fruit: I . Developmental changes in carbohydrate metabolizing enzymes. Plant Physiol, 87: 727-730.

Roitsch T, Bittner M, Godt D E. 1995. Induction of apoplastic invertase cf *Chenopodium rubrum* by D-glucose and a glucose analogue and tissue-specific expression suggest a role in sink-souce regulation. Plant Physiol, 108: 285-294.

Rontein D, Dieuaide-Noubhani M, Dufourc E J, et al. 2002. The metabolic architecture of plant cells. Stability of central metabolism and flexibility of anabolic pathways during the growth cycle of tomato cells. J Biol Chem, 277: 43948-43960.

Rook F, Corke F, Card R, et al. 2001. Impaired sucrose-induction mutants reveal the modulation of sugar-induced starch biosynthetic gene expression by abscisic acid signalling. Plant J, 26:421-433.

Rook F, Gerrits N, Kortstee A, et al. 1998. Sucrose specific signalling represses translation of the *Arabidopsis ATB2* bZIP transciption factor gene. Plant J, 15: 253-263.

Rosenquist M, Alsterfjord L M C, Sommarin M. 2001. Data mining the *Arabidopsis* genome reveals fifteen 14-3-3 genes. Expression is demonstrated for two out of five novel genes. Plant physiology, 127(1): 142.

Ruan Y L, Patrick J W. 1995. The cellular pathway of postphloem sugar transport in developing tomato fruit. Planta, 196: 434-444.

Saftner K A, Wyse R E. 1984. Effect of plant hormones on sucrose uptake by sugar beet root tissue discs. Plant Physiol, 74(4): 951-955.

Salanoubat M, Belliard G. 1989. The steady-state level of potato sucrose synthase mRNA is dependent on wounding, anaerobiosis and sucrose concentration. Gene, 84: 181-185.

Salanoubat M, Lemcke K, Rieger M, et al. 2000. Sequence and analysis of chromosome 3 of the plant *Arabidopsis thaliana*. Nature, 408(6814): 820-822.

Sato T, Iwatsubo T, Takahashi M. 1993. Intercellular localization of acid invertase in tomato fruit and molecular cloning of a cDNA for the enzyme. Plant Cell Physiol, 34: 263-269.

Schaewen A, Stitt M, Schmidt R, et al. 1990. Expression of a yeast-derived invertase in the cell wall of tobacco and *Arabidopsis* plants leads to accumulation of carbohydrate and strongly influences growth and phenotype of transgenic tobacco plants. EMBO, 9(10): 3033-3044.

Schaffer A, Petreikov M. 1997. Sucrose-to-starch metabolism in tomato fruit undergoing transient starch accumulation. Plant Physiol, 113: 739-746.

Schaller A, Stintzi A. 2009. Enzymes in jasmonate biosynthesis, structure, function, regulation. Phytochemistry, 70: 1532-1538.

Schaffer A A. 1986. Invertase in young and mature leaves of citrus sinensis. Phytochemistry, 25: 2275-2277.

Schaffer A A, Aloni B, Fogelman E. 1987. Sucrose metabolism and accumulation in developing fruit of *Cucumis*. Phytochemistry, 26(7): 1883-1887.

Schaffer A A, Petreikow M, Miron D. 1999. Modification of carbohydrate content in developing tomato fruit. Hort Sci, 34(6): 1024-1027.

Schaffer A A B, Fogelman E. 1987. Sucrose metabolism and accumulation in developing fruit of cucumis. Phytochem, 26: 1883-1887.

Scholes J, Bundock N, Wilde R, et al. 1996. The impact of reduced vacuolar invertase activity on the photosynthetic and carbohydrate metabolism of tomato. Planta, 200: 265-272.

Schoonheim P J, Veiga H, Pereira D C, et al. 2007. A comprehensive analysis of the 14-3-3 interactome in barley leaves using a complementary proteomics and two-hybrid approach. Plant Physiol, 143(2): 670-683.

Schwede T, Diemand A, Guex N, et al. 2000. Protein structure computing in the genomic era. Res Microbiol, 151(2): 107-112.

Schwede T, Kopp J, Guex N, et al. 2003. SWISS-MODEL: An automated protein homology-modeling server. Nucleic Acids Res, 31(13): 3381-3385.

Sehnke P C, Chung H J, Wu K, et al. 2001. Regulation of starch accumulation by granule-associated plant 14-3-3 proteins. Proc Nat Acad Sci USA, 98:765-770.

Sheen J, Zhou L, Jang J C. 1999. Sugars as signaling molecules. Curr OPin Plant Biol, 2: 410-418.

Signora L, Galtier N, Skot , et al. 1998. Over-expression of sucrose phosphate synthase in *Arabidopsis thaliana* results in increased foliar sucrose/starch ratios and favours decreased foliar carbohydrate accumulation in plants after prolonged growth with CO_2 enrichment. J of Experimental Botany, 49(32): 669-680.

Skrzypek E, Miyamoto K, Saniewski M, et al. 2005. Jasmonates are essential factors inducing gummosis in tulips: mode of action of jasmonates focusing on sugar metabolism. Journal of Plant Physiology, 162(5): 495-505.

Smeekens S. 2000. Sugar-induced signal transduction in plants. Annu Rev Plant Phys Plant Mol Biol, 51: 49-81.

Smeekens S, Rook F. 1997. Sugar sensing and sugar-mediated signal reansduetion in plants. Plant Physiol, 115: 7-13.

Sokolova SV, Balakshina N O, Krasavina M S. 2002. Activation of soluble acid invertase accompanies the cytokinin-induced souce-sink leaf transition. Russian Journal of Plant Physiology, 49(1):86-91.

Staswick P E.1995. Jasmonates, salicylic acid and brassinolides. In: Davies P J. Plant hormones: physiolgy, biochemistry and molecular biology. 2nd ed. Dordrecht: Kluwer Academic Pub.

Strand A, Foyer C H, Gustafsson P, et al. 2003. Increased expression of sucrose phosphate synthase in transgenic *Arabidopsis thaliana* results in improved photosynthetic performance and increased freezing tolerance at low temperatures. Plant Cell Environment, 26(4): 523-535.

Sturm A. 1999. Invertase, primary structures, function, and roles in plant development and sucrose partitioning. Plant Physiol, 121(1): 1-7.

Sturm A, Chrispeels M J. 1990. cDNA cloning of carrot extracellular β-fructosidase and its expression in response to wounding and bacterial infection. Plant Cell, 2: 1107-1119.

Sturm A, Lienhard S, Schatt S, et al. 1999. Tissue-specific expression of two genes for sucrose synthase in carrot (*Daucua catota* L.). Plant Mol Biol, 39: 349-360.

Sugden C, Donaghy P G, Halford N G. 1999. Two SNF1-related protein kinase from spinach leaf phosphorylate and inactivate 3-hydroxy-3-methylglutaryl-coenzyme a reductase, nitrate reductase, and sucrose phosphate synthase in vitro. Plant Physiol, 120: 257-274.

Sugiharto B, Sakakibara H, Sugiyama S, et al. 1997. Differential expression of two genes for sucrose-phosphate synthase in sugarcane: molecular cloning of the cDNAs and comparative analysis of gene expression. Plant Cell Physiol, 38: 961-965.

Sun J D, Loboda T, Sung S S, et al. 1992. Sucrose synthase in wild tomato, *Lycopersicon chmielewskii*, and tomato fruit sink strength. Plant Physiol, 98: 1163-1169.

Sung S S, Sheih W J, Geiger D R, et al. 1994. Growth, sucrose synthase, and invertase activities of developing *Phaseolus vulgeris* L. fruit. Plant Cell and Environ, 17:419-426.

Tanase K, Yamaki S. 2000. Purification and characterization of two sucrose synthase isoforms from *Japanese pear* fruit. Plant Cell Physiol, 41: 408-414.

Tang G Q, Luscher M, Strum A. 1999. Antisense repression of vacuolar and cell wall invertase in transgenic carrot alters early plant development and sucrose partitioning. The Plant Cell, 11: 177-189.

Tang G Q, Sturm A. 1999. Antisense repression of sucrose synthase in carrot (*Daucus carota* L.) affects growth rather than sucrose partitioning. Plant Mol Biol, 41: 465-479.

Taoka K, Ohki I, Tsuji H, et al. 2011. 14-3-3 proteins act as intracellular receptors for rice Hd3a florigen. Nature, 476(7360): 332-335.

Thines B, Katsir L, Melotto M, et al. 2007. JAZ repressor proteins are targets of the SCF^{COI1} complex during jasmonate signalling. Nature, 448: 661-665.

Ting S V, Attaway J A. 1971. The biochemistry of fruit and their products. New York: Academic Press.

Toroser D, Athwal G S, Huber S C. 1998. Site-specific regulatory interaction between spinach leaf sucrose-phosphate synthase and 14-3-3 proteins. FEBS letters, 435(1): 110-114.

Trouverie J, Thévenot C, Rocher J P, et al. 2003. The role of abscisic acid in the response of a specific vacuolar invertase to water stress in the adult maize leaf. J Experimental Botany, 54: 2177-2186.

Ueda J, Kato J. 1980. Isolation and identification of a senescence promoting substance from wormwood (*Artemisia absinthium* L.). Plant Physiol, 66: 246-249.

Uggla C, Magel E, Moritz T Z, et al. 1998. Expression of the *Arabidopsis thaiiana* invertase gene family. Planta, 207: 259-265.

Valdez A J J, Ferrando M, Salerno G, et al. 1996. Characterization of a rice sucrose-phosphate synthase-encoding gene. Gene, 170: 217-222.

van Hemert M J, Steensma H Y, van Heusden G P. 2001. 14-3-3 proteins: key regulators of cell division, signalling and apoptosis. Bioessays, 23(10): 936-946.

Veramendi J R U, Renz A, Willmitzer L, et al. 1999. Antisense repression of hexokinase I leads to an overaccumulation of starch in leaves of transgenic potato plants but not to significant changes in tuber carbohydrate metabolism. Plant Physiol, 121(1): 123-133.

Vizzotto G , Pinton R, Varanini Z. 1996. Sucrose accumulation in developing peach fruit. Physiol Plant, 96: 225-230.

Walker A J, HoL C. 1977. Carbon translocation in the tomato: carbon import and fruit growth. Ann Bot, 41: 813-823.

Walters D R. 2003. Polyamines and plant disease. Phytochemistry, 64: 97-107.

Wang A Y, Kao M H. 1999. Differentially and developmentally regulated expression of three rice sucrose synthase genes. Plant Cell Physiology, 40(8): 800-807.

Wang C, Ma Q H, Lin Z B, et al. 2008. Cloning and characterization of a cDNA encoding 14-3-3 protein with leaf and stem-specific expression from wheat. DNA Seq, 19(2): 130-136.

Wang F, Sanz A, Brenner M L, et al. 1993. Sucrose synthase, starch accumulation, and tomato fruit sink strength. Plant Physiol, 101(1): 321-327.

Wang F, Smith A G, Brenner M L. 1994. Temporal and spatial expression pattern of sucrose synthase during tomato fruit-development. Plant Physiol, 104: 535-540.

Wang Z, Dai L, Jiang Z, et al. 2005. GmCOI1, a soybean F-box protein gene, shows ability to mediate jasmonate-regulated plant defense and fertility in *Arabidopsis*. Moleculr Plant Microbe Interaction, 18(12): 1285-1295.

Wasternack C, Hause B. 2002. Jasmonates and octadecanoids: signals in plant stress responses and development. Prog Nucleic Acid Res Mol Biol, 72: 165-221.

Weaver R, Shindy W. 1969. Growth regulator induced movement of photosynthetic products into fruits of 'Black Corinth' grapes. Plant Physiol, 44: 183-188.

Winter H, Huber S C. 2000. Regulation of sucrose metabolism in higher plants: localization and regulation of activity of key enzymes. Critical Reviews in Plant Sciences, 19(1): 31-67.

Wolosiuk R A, Pontis H G. 1974. Studies on sucrose synthase. Arch Bioehem Biophys, 165: 140-145.

Worrell A C, Bruneau J M, Summerfelt K. 1991. Expression of a maize sucrose phosphate synthase in tomato leaf carbohydrate partitioning. Plant Cell, 3: 1121-1130.

Wu K M, Rooney F, Ferl R J. 1997. The *Arabidopsis* 14-3-3 multigene family. Plant Physiol, 114(4): 1421-1431.

Wu L L, Song I, Kim D, et al. 1993. Molecular basis of the increase in invertase activity elicited by gravistimulation invertase oat shoot pulvini. J Plant Physiol, 142: 179-183.

Wyse R E, Zamskii E, Tomos A D. 1986. Turgor regulation of sucrose transport in sugar beet taproot tissue. Plant Physiol, 181: 478-481.

Xu D P, Sung S J, Black C C. 1989. Sucrose metabolism in *lima bean* seeds. Plant Physiol, 89: 1106-1116.

Xu H X, Xiong J H, Fu B Y. 2007. Construction of RNAi vectors for *OsDAD1* gene of rice using gateway technology. Molecular Plant Breeding, 15(1): 133-136.

Xu J, Yu S, Fu S M, et al. 2010. Rapid cloning and high expression of brucella melitensis antigens. Letters in Biotechnology, 21(3): 323-329.

Xu Li, Liu F, Lechner E, et al. 2002. The SCF(COI1) ubiquitin-ligase complexes are required for jasmonate response in *Arabidopsis*. Plant Cell, 14(8):1919-1935.

Xu W, Shi W, Jia L, et al. 2012. *TFT6* and *TFT7*, two different members of tomato 14-3-3 gene family, play distinct roles in plant adaption to low phosphorus stress. Plant, Cell & Environment, 35(8): 1393-1406.

Xu W, Shi W. 2006. Expression profiling of the 14-3-3 gene family in response to salt stress and potassium and iron deficiencies in young tomato (*Solanum lycopersicum*) roots: analysis by real-time RT-PCR. Annals of Botany, 98: 965-974.

Xu X, Chen C, Fan B, et al. 2006. Physical and functional interactions between pathogen-induced *Arabidopsis WRKY18*, *WRKY40*, and *WRKY60* transcription factors. Plant Cell, 18: 1310-1326.

Yaffe M B, Elia A E. 2001. Phosphoserine/threonine-binding domains. Curr Opin Cell Biol, 13(2): 131-138.

Yamaki S, Asakura T. 1991. Stimulation of the uptake of sorbitol into vacuoles from apple fruit flesh by abscisic acid and into protoplasts by indoleacetic acid. Plant Cell Physiol, 32 (2): 315-318.

Yan Y, Stolz S, Chethlat A, et al. 2007. A downsream mediator in the grow repression limb of the jasmonate pathway. Plant Cell, 19: 2470-2483.

Yao Y, Du Y, Jiang L, et al. 2007. Molecular analysis and expression patterns of the 14-3-3 gene family from *Oryza sativa*. J Biochem Mol Biol, 40(3): 349-357.

Yarnaki S, Asakura T. 1991. Stimulation of the uptake of sorbitol into vacuoles from apple fruit flesh by abscisic acid and into protoplasts by indoleacetic acid. Plant Cell Physiol, 32(2): 315-318.

Yelle S, Chetelat R T, Dorains M. 1991. Sink metabolism in tomato fruit: IV. Genetic and biochemical analysis of sucrose accumulation. Plant Physiol, 95: 1026-1035.

Yelle S, Hewitt J D, Robinson N L, et al. 1988. Sink metabolism in tomato fruit: III. Analysis of carbohydrate assimilation in a wild species. Plant Physiol, 87: 737-740.

Yu Z H, Cui N. 2010. TFT1 and TFT10 are most likely to interact with sucrose-phosphate synthase (SPS) in tomato (in chinese). Acta Horticulturae Sinica, 37: 2150.

Zhang S, Nichols S E, Dong J G. 2003. Cloning and characterization of two fructokinases from maize. Plant Sci, 165(5): 1051-1058.

Zhu Y J, Komor E, Moore P H. 1997. Sucrose accumulation in the sugarcane stem is regulated by the difference between the activities of soluble acid invertase and sucrose phosphate synthase. Plant Physiol, 115: 609-616.

Zrenner R, Salanoubay M, Willmitzer L. 1995. Evidence of the crucial role of sucrose synthase for sink strength using transgenic potato plant. Plant J, 7: 97-107.

Zrenner R, Schüler K, Sonnewald U. 1996. Soluble acid invertase determines the hexose-to-sucrose ratio in cold-stored potato tubes. Planta, 198: 246-252.

Zuk M, Weber R, Szopa J. 2005. 14-3-3 protein down-regulates key enzyme activities of nitrate and carbohydrate metabolism in potato plants. J Agric Food Chem, 53(9): 3454-3460.